二级注册建造师继续教育培训教材

市 政 工 程

（下册）

北京市建筑业联合会 主编

中国建筑工业出版社

目　　录

上　　册

下　册

4 环境工程施工新技术

4.1 大型空间曲壳体水工结构插模施工技术

机械加速澄清池是目前水处理工艺中常用的水工构筑物（图 4-1）。某净配水厂工程，共设置 12 座机械加速澄清池，斜壁厚为 400mm，单个池体内面积约为 $593m^2$，属大型空间曲壳体池壁结构，环形曲面斜壁与水平面夹角为 41°。

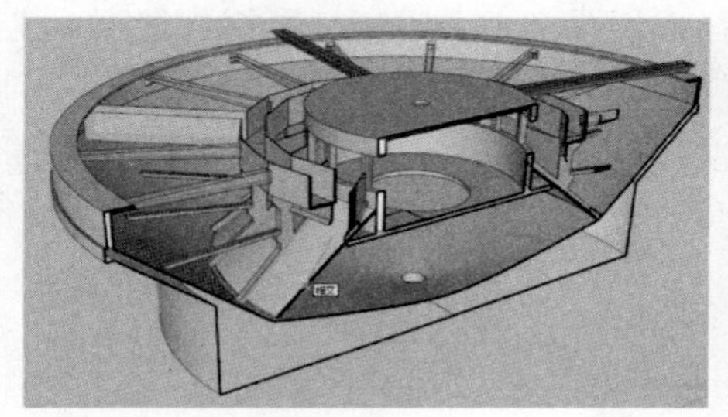

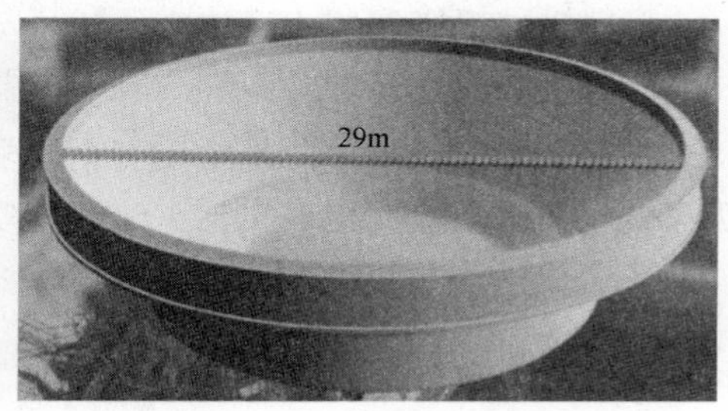

图 4-1 机械加速澄清池结构示意图

传统池壁施工方法采用对拉螺栓完成双侧模板支设，并在竖向分段施工。因为分段施工无法实现整个池壁的连续浇筑，将在池壁上形成若干水平施工缝。对拉螺栓和水平施工缝将形成水工结构自防水体系的薄弱环节，是水工构筑物钢筋混凝土结构的常见渗漏水点易发区域。同时双侧模板一次性支设完成后，不利于混凝土振捣作业，混凝土中的气泡不易排出，容易造成混凝土内部不密实，易在薄弱处发生渗水。鉴于水工构筑物对结构抗渗性和模架整体稳定性要求高的特点，如何在保证施工模架安全性能的前提下少采用甚至不采用对拉螺栓，减少甚至不设施工缝，采取措施保证混凝土振捣质量，成为大型空间曲壳体水工构筑物施工的重大课题。

工程结合理论比选、现场试验，经反复实践优化，创造性地研发出“大型空间曲壳体水工结构插模施工工法”成果。对机械加速澄清池的环形斜壁，用以直代曲的理论，底模及下部模板支架一次搭设成型。合理划分环向单元，并按环向单元的竖向安设工字钢，上层模板采用合理的竖向分割单元进行模板分割后，插设在竖向安设的相邻两根工字钢之间。实现先插模再下料振捣，实现“环向分块插模闭合后分层浇筑，竖向自下循环插模浇筑连续施工”的既定目标。从而实现大型空间曲壳体水工结构施工中无对拉螺栓、无水平施工缝，大大降低水工构筑物混凝土结构渗漏的质量风险。

大型空间曲壳体水工结构插模施工工法在研发前系首次应用于水工构筑物，施工前无成熟的施工工艺可借鉴，施工不确定性因素多，施工复杂。因此，探索总结大型空间曲壳体水工结构插模施工技术及推动插模技术在曲壳体水工构筑物中的应用具有积极的创新意义，同时从节约资源的角度符合我国节约资源和保护环境的基本国策。

4.1.1 技术特点

（1）曲面斜壁与水平面夹角为 41°，本技术不受常规模板支设方法对混凝土振捣的限制。上层模板竖向以 900mm 为一单元，环向插模闭合后，环向分层浇筑混凝土并分层振捣。相对传统方法振捣混凝土更易操作，能够保证混凝土密实度和混凝土外观质量，实现内坚外美。

（2）底模及下部模板支架一次搭设成型，上层模板插设和分层浇筑混凝土交替进行，保证混凝土连续性浇筑，一次浇筑成型。

（3）创造性地实现无对拉螺栓、无水平施工缝情况下的连续混凝土浇筑施工，直接提高了水工构筑物的抗渗性能，间接提高了水工构筑物的耐久性，提高了质量管理的水平。

（4）上层模板采用组装式，施工便捷，可操作性强，单元模板安装拆卸灵活，劳动强度低，施工效率高。

（5）作为上层模板支撑龙骨的工字钢可多次周转循环使用；上层模板采用酚醛覆膜胶合板切割插设，可周转使用多次。工法经济实用、制作安装简便易行，减少了建筑垃圾，降低了木材的使用量，施工总体成本有效降低。

4.1.2 适用范围

本技术适用于斜壁曲面壳体、曲面水工构筑物与建筑物钢筋混凝土结构施工，对于其他截面形状的钢筋混凝土结构施工也具有参考作用。

4.1.3 工艺流程

大型空间曲壳体水工结构插模施工工法的施工工艺流程如图 4-2 所示。

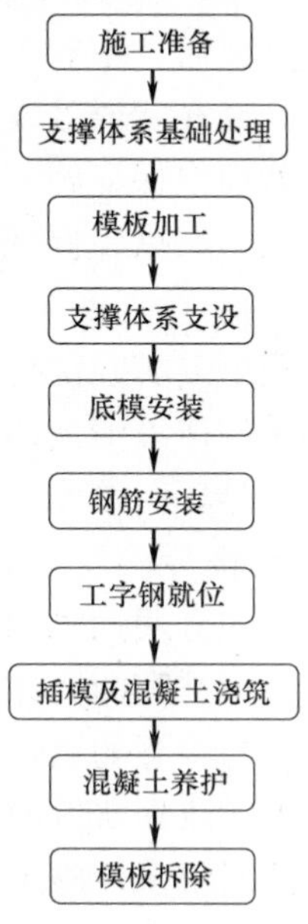

图 4-2 工艺流程图

4.1.4 操作要点

1. 施工准备

施工前对模板选材、模板计算及浇筑混凝土的方式进行设计和验算，并复核模架基础的承载力，根据工程实际情况编制专项施工方案。

对进入现场的架体及构配件，使用前对其质量进行检验，复试合格后方可使用，不合格的应予以退场。构配件堆放的场地应排水畅通，不得有积水。

人员配备到位，并做好现场管理人员及操作人员的技术交底及安全技术交底工作，所有特种作业人员必须持证上岗。

设备物资需完成进场报验，经监理工程师审批合格后方可用于施工。

2. 支撑体系基础处理

根据基础土质情况可采取素土回填压实、级配砂石换填或混凝土垫层等支撑体系基础加固措施。经检验基础承载力满足要求后方可进行下一步施工。

3. 模板加工

通过“以直代曲”的方法，将曲面壳体模板划分为多模块、标准化模板。根据放样按尺寸精确地进行加工，保证每块模板尺寸精度。每块模板背后钉设横向方木肋板，并按编号排序。上层模板竖向长度不大于 900mm。

4. 支撑体系支设

曲壳体模板支架基础采用 100mm×100mm 方木，下层采用 U 形托架支撑上部支架，方便调节支架位置和高度。斜壁下方采用 ϕ48 扣件式钢管支架。底模主龙骨可采用 ϕ25 圆钢或冷弯 Φ48 钢管，水平设置；次龙骨采用 50mm×100mm 方木（方木应按实测尺寸进行受力计算），沿环向均布设置。根据模板分块的宽度和支架承受的荷载计算设置横杆、纵杆和立杆的数量。为满足曲壳体的构造要求，钢管支架加设与地锚牢固连接的斜杆（图 4-3）。

5. 底模安装

调整方木次龙骨标高并检验合格后，在其上方铺设酚醛覆膜胶合板作为曲面壳体底模。底模的模板拼缝处采用海绵条或胶带进行密封处理，以防止混凝土漏浆。

6. 钢筋安装

钢筋安装中应准确定位，并绑扎牢固，钢筋连接满足相应规范要求。预设锚筋应按施工方案设计的位置安装并与结构钢筋焊接牢固。保护层垫块的数量和位置满足要求并安设牢固，确保钢筋（包括预留锚筋）保护层合格。

7. 工字钢就位

根据以直代曲的相关理论，科学划分上层模板的环向单元。相邻两个环向单元之间设置工字钢，如图 4-4 所示。工字钢安设前需严格进行测量定位，然后将工字钢精确安装就位，各锚固节点处应焊接牢固。

8. 插模及混凝土浇筑

如图 4-3 和图 4-4 所示，工字钢将曲壳体池壁分隔成若干环向模板单元。在每个环向单元中，按竖向长度 900mm 的模数进行竖向模板单元划分。上层模板安设时，将加工好的带肋板的模板按编号沿环向插入两根工字钢之间，并用木楔楔入模板与工字钢之间的缝

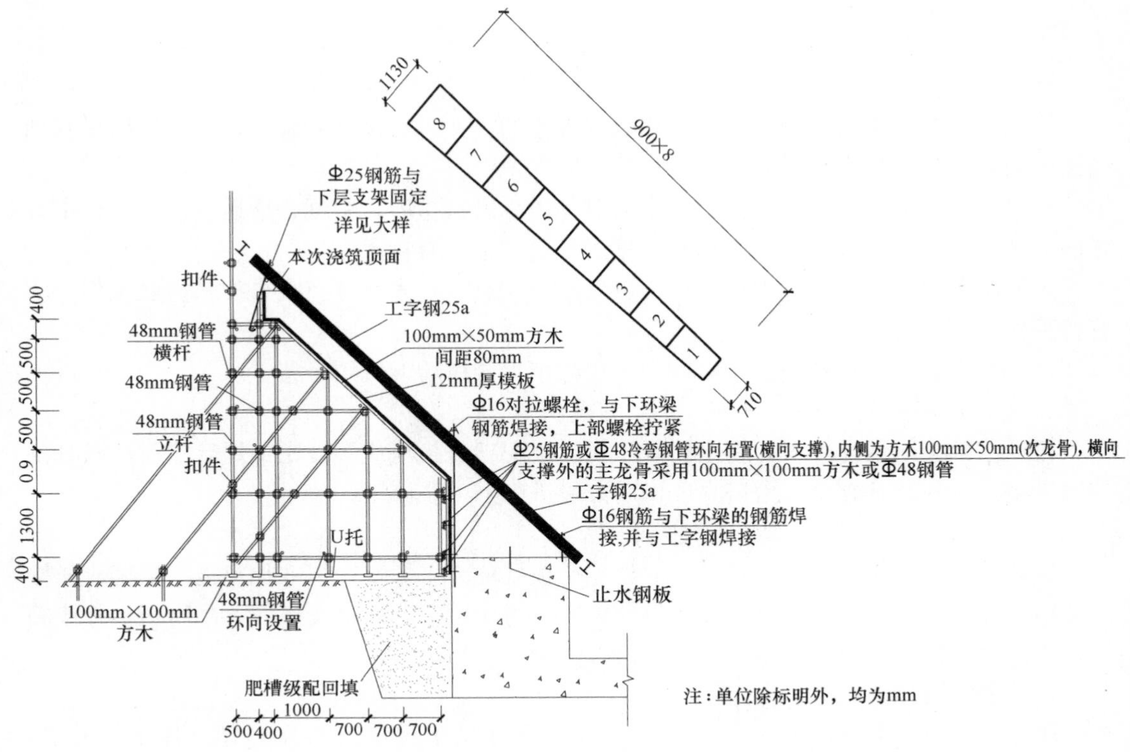

图 4-3　支撑体系示意图

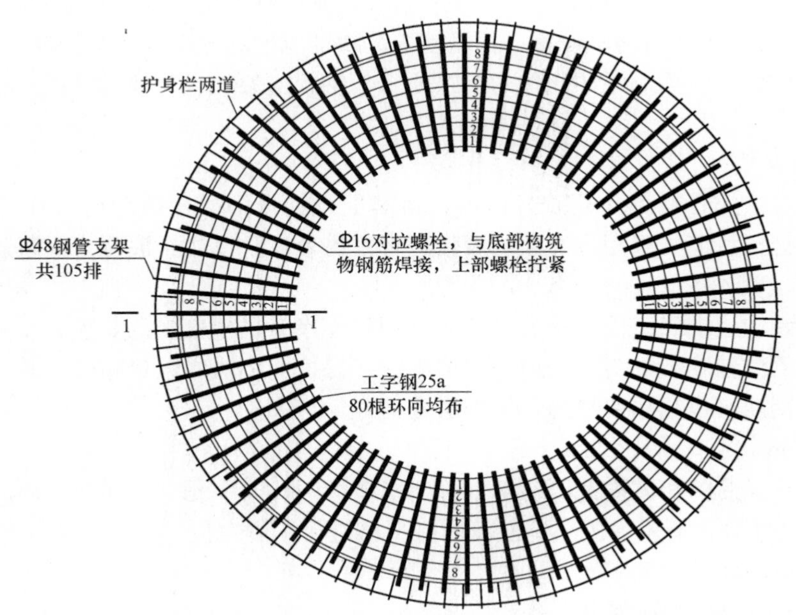

图 4-4　工字钢平面布置、环向和竖向模板单元划分示意图

隙，将模板固定。保证两环的模板安装严密，无错台，外表面平整一致，插模后与工字钢之间固定的做法如图 4-5 和图 4-6 所示。

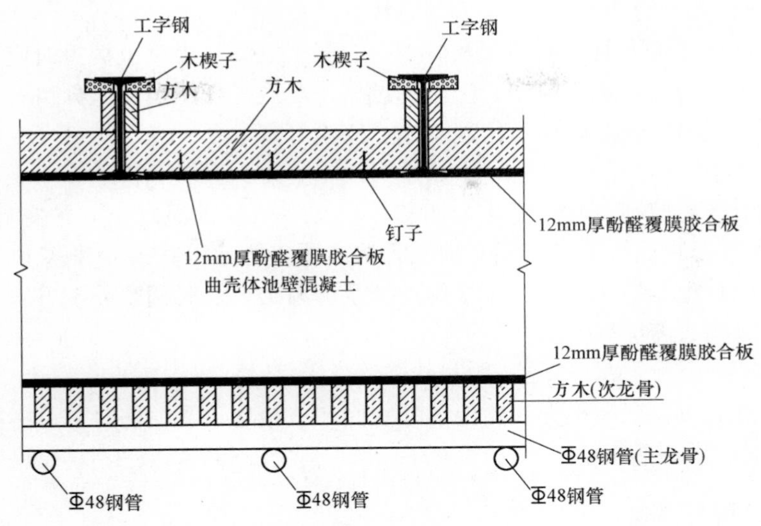

图 4-5　上层模板插模的固定做法示意图

图 4-6　上层模板插模的固定做法的三维示意图

沿环向分别在工字钢空当处插设上层模板，环向插模封闭并完成固定后，在底模和竖向长度 900mm 上层模板之间，环向分层浇筑混凝土，混凝土的竖向分层厚度 300mm。

按上述方法循环插模和分层浇筑混凝土至斜壁顶端，完成整个池壁的混凝土连续浇筑。

为提高作业效率，可先在环向的分布单元中隔挡插模，在插设该环向单元的上层模板时，自下而上按顺序插设。隔挡插模后，将下部第 1 环未插模的各环向模板单元的空当处依次插模封闭成环，固定牢固后分层浇筑完成该环混凝土。按此方法交替插模和浇筑混凝土，循环施工至完成池壁顶部混凝土施工。

混凝土配合比需满足设计要求，并经试验进行配合比验证。商品混凝土入场前加强混凝土坍落度等质量检验，控制混凝土坍落度在 140～160mm。混凝土运输、浇筑及间歇的全部时间不应超过混凝土的初凝时间。确保每环混凝土浇筑闭合之前、上下环连续浇筑的时间不超过混凝土的初凝时间，避免出现冷接缝。

利用振捣棒在浇筑混凝土的同时及时进行混凝土振捣。混凝土振捣时应使模板内各个部位混凝土密实、均匀，不应漏振、欠振、过振。浇筑过程中设专人分组看护模板，如有异常应及时应急加固处理，确保不出现胀模、跑模等现象。

9. 混凝土养护

加强混凝土测温控制，及时优化和调整养护方案。夏季混凝土养护宜保水养护 10～14d，可采用塑料薄膜洒水覆盖保湿养护、无纺布覆盖洒水养护或喷淋养护等。冬期混凝土施工应进行混凝土养护热工计算，根据计算及测温结果及时调整养护方式。可采用综合蓄热法养护、暖棚法养护等。

10. 模板拆除

上层模板拆除应在混凝土强度能保证其表面和棱角处不受损伤时方可拆除；底模应在混凝土强度达到 100%后拆除。

4.1.5 材料与设备

主要材料包括工字钢、酚醛覆膜胶合板、钢筋、混凝土、方木、木板、钢管、扣件等。

主要设备如表 4-1 所示。

主要设备表 **表 4-1**

序号	设备名称	规格	数量	单位	用途
1	电锯		1	台	模板加工
2	起重机	25t	1	台	吊装运输
3	钢筋切断机		1	台	钢筋加工
4	钢筋弯曲机		1	台	钢筋加工
5	电焊机	500A 型	2	台	焊接
6	振捣器	ZN30	20	套	混凝土振捣
7	混凝土运输车		4	台	混凝土运输
8	混凝土汽车泵		1	台	混凝土浇筑

4.1.6 质量控制

1. 执行的主要质量标准

本技术实施中应执行的主要标准、规范有：《工程测量规范》GB 50026、《建筑地基基础工程施工质量验收标准》GB 50202、《给水排水构筑物工程施工及验收规范》GB 50141、《混凝土结构工程施工质量验收规范》GB 50204、《钢筋焊接及验收规程》JGJ 18、《建筑施工扣件式钢管脚手架安全技术规范》JGJ 130 等。

2. 主要质量要求

（1）支撑体系基础承载力满足施工与规范要求。

(2) 工字钢材料横纵向不得有影响模板安装的翘曲变形，吊装安设后确保位置准确。工字钢与顶部、底部等各锚固连接处要焊接固定牢靠。支架杆件和连接件应进行抽样检验，合格后方可使用。

(3) 模板严格按照尺寸精确加工，不得出现胶合层脱胶翘角现象，模板上的横肋板钉装牢固。循环使用的木模再次使用前，应及时清理和修整，安装前应刷涂界面剂。模板拼缝要求严密，不出现错台，拼缝处用 20mm×10mm 海绵条粘贴牢固，防止拼缝漏浆。模板的安装允许偏差满足表 4-2 的要求。

模板安装允许偏差表　　**表 4-2**

<table>
<tr><th colspan="3" rowspan="2">检查项目</th><th rowspan="2">允许偏差
(mm)</th><th colspan="2">检查数量</th><th rowspan="2">检查方法</th></tr>
<tr><th>范围</th><th>点数</th></tr>
<tr><td>1</td><td colspan="2">相邻板差</td><td>2</td><td>每 20cm</td><td>1</td><td>用靠尺量测</td></tr>
<tr><td>2</td><td colspan="2">表面平整度</td><td>3</td><td>每 20cm</td><td>1</td><td>用 2m 直尺配合塞尺检查</td></tr>
<tr><td>3</td><td colspan="2">高程</td><td>±5</td><td>每 10m</td><td>1</td><td>用水准仪测量</td></tr>
<tr><td rowspan="2">4</td><td rowspan="2">池壁垂直度</td><td>$H \leqslant 5m$</td><td>5</td><td rowspan="2">每 10m</td><td>1</td><td rowspan="2">用垂线或经纬仪测量</td></tr>
<tr><td>$5m < H \leqslant 15m$</td><td>$0.1\%H$，且≤6</td><td>2</td></tr>
<tr><td rowspan="3">5</td><td rowspan="3">平面尺寸</td><td>$D \leqslant 20m$</td><td>±10</td><td rowspan="3">每池</td><td>4</td><td rowspan="3">用钢尺量测</td></tr>
<tr><td>$20m \leqslant D \leqslant 50m$</td><td>$\pm D/2000$</td><td>6</td></tr>
<tr><td>$50m \leqslant D$</td><td>±25</td><td>8</td></tr>
<tr><td>6</td><td colspan="2">池壁截面尺寸</td><td>±3</td><td>每池</td><td>4</td><td>用钢尺量测</td></tr>
<tr><td rowspan="3">7</td><td rowspan="3">轴线位移</td><td>底板</td><td>10</td><td>每侧面</td><td>1</td><td rowspan="3">用经纬仪测量</td></tr>
<tr><td>环梁</td><td>5</td><td>每 10m</td><td>1</td></tr>
<tr><td>预埋件、预埋管</td><td>3</td><td>每件</td><td>1</td></tr>
<tr><td>8</td><td>中心位置</td><td>预留洞</td><td>5</td><td>每洞</td><td>1</td><td>用钢尺量测</td></tr>
<tr><td rowspan="2">9</td><td rowspan="2">止水带</td><td>中心位移</td><td>5</td><td>每 5m</td><td>1</td><td>用钢尺量测</td></tr>
<tr><td>垂直度</td><td>5</td><td>每 5m</td><td>1</td><td>用垂线配合钢尺量测</td></tr>
</table>

(4) 混凝土采用防水商品混凝土，其配合比由混凝土搅拌站提前进行试验确定。施工时在同一个施工流水段要连续浇筑。确保在前一环混凝土初凝前完成当前环混凝土浇筑。严格控制混凝土坍落度。混凝土应振捣密实，每根振捣棒的插入振捣时间控制在 10～30s，以混凝土表面开始出浆和不冒气泡为准，并避免漏振、欠振和过振。插入式振捣器的移动间距不大于 300mm，振捣棒插入到下一层混凝土内 50～100mm，使下一层未凝固的混凝土受到二次振捣。混凝土结构允许偏差如表 4-3 所示。

混凝土结构允许偏差　　**表 4-3**

<table>
<tr><th colspan="3" rowspan="2">检查项目</th><th rowspan="2">允许偏差(mm)</th><th colspan="2">检查数量</th><th rowspan="2">检查方法</th></tr>
<tr><th>范围</th><th>点数</th></tr>
<tr><td>1</td><td>轴线位移</td><td>池壁、环梁</td><td>8</td><td>每池壁、梁</td><td>2</td><td>用经纬仪测量
纵横轴线各计 1 点</td></tr>
</table>

续表

检查项目			允许偏差(mm)	检查数量		检查方法
				范围	点数	
2	高程	池壁顶	±10	每 10cm	1	用水准仪测量
		底板顶		每 $25m^2$	1	
		顶板		每 $25m^2$	1	
		梁		每梁	1	
3	平面尺寸（直径）	D≤20cm	±20	直径各 4		用钢尺量测
		20m＜D≤50cm	±L/1000			
		D＞50m	±50			
4	截面尺寸	池壁	＋10，－5	每 10m	1	用钢尺量测
		底板		每 10m	1	
		梁		每梁	1	
		孔、洞、槽内净空	±10	每孔、洞、槽	1	用钢尺量测
5	表面平整度	一般平面	8	每 $25m^2$	1	用 2m 直尺配合塞尺检查
		轮轨面	5	每 10m	1	用水准仪测量
6	垂直度	H≤5m	8	每 10m	1	用垂线检查
		5m＜H≤20m	1.5H/1000	每 10m	1	
7	中心线位置偏移	预埋件、预埋管	5	每件	1	用钢尺量测
		预留洞	10	每洞	1	
		水槽	±5	每 10m	2	用经纬仪测量纵横轴线各计 1 点
8	坡度		0.15	每 10m	1	水准仪测量

（5）底模及其支架拆除时的混凝土强度应达到 100%设计强度。

4.1.7 安全措施

严格遵守施工现场安全管理规定，遵守国家有关的法律法规、标准规范、技术操作规程和地方有关安全的文件规定。

施工技术交底的同时进行安全交底，按规定要求作业，做到组织、制度、措施三落实，确保作业区的安全。

施工用模板、支架、作业平台、吊装设备等承重结构经过结构检算，确保其有足够的强度和安全系数，并做到稳定、牢固。

进行电焊作业的焊工等特殊工种需持证上岗，动火作业前，要办理动火证。

混凝土浇筑过程中设置专人分组、分区域看护模板及支架，如有异常及时采取相应的应急措施。

施工现场设专职用电管理安全员，加强对临时用电的安全管理。

各种中小型机具，如钢筋切断机、弯钩机、木工机械等要严格执行操作规程、规范，严禁违章作业。

起重吊装作业中，应统一指挥，信号工需持证上岗。

高处作业的临边防护应到位，高处作业人员应正确佩戴合格的安全带。

4.1.8 环保措施

严格遵守国家有关环境保护的法律法规、标准规范、技术规程和地方有关环保的文件规定。

加强对职工与操作人员的环保意识教育。

施工现场应做好围挡和封闭，防止“扰民”和“民扰”。

焊接时应采取有效措施，避免弧光对其他施工人员及周边环境的影响，焊条、焊丝头及焊渣等设专用容器随时清理。

施工现场应建立环境保护管理体系，责任落实到人，并保证有效运行。

施工过程中产生的建筑垃圾按要求集中分类存放。

混凝土泵车与混凝土运输车清洗要到指定地点清洗，其他车辆进出场安排专人在指定地点清洗。禁止商品混凝土罐车随意冲洗罐车并随意排放废灰浆等。

编制施工组织设计时充分考虑环保要求，配置专职环保人员，加强环保宣传。

及时清理旧木模板上的灰浆，做好木模板的修整和存放工作，防止受潮变形，避免人为因素造成的木材浪费。

探索更节约和有效的混凝土保水养护措施，在工程中节约水资源和电资源。

4.1.9 实施效果

1. 社会效益

在工程技术复杂的大型空间曲壳体水工结构中应用插模施工工法，能够实现混凝土结构施工中无对拉螺栓、无施工缝，有效地缩短工期，能够实现更高的混凝土施工质量，提高了结构适用性和耐久性，能够为社会奉献不渗不漏、外观精美的水工构筑物产品。

插模技术的应用能够提高模板的周转次数，节约了木材和其他周转材料的使用数量。

在曲壳体中采用插模工法的无缝浇筑，取消了传统工法中施工缝处的凿毛工序，减少了混凝土材料浪费的同时，降低了整个工程中的废弃混凝土块等固体废弃物数量，降低了施工扬尘。

插模技术提高了施工效率，大大节约工期，实现整体工程如期完工。

2. 经济效益

据现场测算，在模架安装阶段单池体 593m^2，常规方法 15 人需要 10d 完成，采用插模方法 15 人需要 3d 完成，节省工力 105 工日。整个厂区节约工日 1260 工日，实现节约人工 70%，节省人工费 33 万余元。

标准化“插模”工艺经过程中简单修整即可实现模板周转 4 次以上，且无须处理凿毛和对拉螺栓孔洞，节省模板材料 5337m^2，此部分节省成本 45 万元。

4.2 水工构筑物基础处理施工技术

4.2.1 技术研发背景

随着地基处理技术的不断发展和在土木工程建设中应用的推广，复合地基技术也在不断地发展，各种新技术、新工艺推广使用，产生了良好的社会效益和经济效益。1990 年中国建筑学会地基基础专业委员会在黄熙龄院士的主持下在承德召开了我国第一次以复合地基为专题的学术讨论会，会上交流总结了复合地基在我国的应用情况，有力地促进了复合地基理论和实践的进一步发展。1996 年中国土木工程学会土力学及基础工程学会在浙江大学召开了复合地基与实践学术论证会，促进了复合地基理论和实践水平的进一步提高。目前我国工程实践中应用的复合地基形式已经由最初的碎石桩复合地基扩展为下面的几类：碎石桩复合地基、水泥土桩复合地基、低强度混凝土桩复合地基、灰土桩复合地基、加筋土地基等。复合地基的研究和发展还体现在多种复合地基技术综合应用水平的提高，组合桩复合地基（又叫长短桩复合地基，多元复合地基等）理论较大的发展。

某净水厂工程设机械加速澄清池 12 座，由于对抗渗、抗裂、整体稳定性要求较高，所以必须确保地基基础的质量。根据地勘报告，机械加速澄清池池体基础坐落于新近沉积之粉质黏土、黏质粉土、砂质粉土层上。粉质黏土-黏质粉土层地基承载力特征值 100kPa，不能满足机械加速澄清池池体对地基承载力的要求，通过对软土复合地基处理技术现状进行分析，初步选定了 CFG 桩、夯实水泥土桩和钻孔夯扩挤密桩三种方案，然后从适用地层、施工工法、工法特点、桩体材料、工期制约及经济性方面进行了对比分析，最后选定了钻孔夯扩挤密桩。

钻孔夯扩碎石挤密桩处理地基的方法首次应用于水工构筑物，目前尚无成熟的施工工艺可借鉴，施工不确定性因素多，施工复杂。因此，探索总结钻孔夯扩碎石挤密桩施工技术对推动该方法应用于水工构筑物地基基础具有积极的创新意义，同时从节约资源的角度上符合我国节约资源和保护环境的基本国策。

4.2.2 水工构筑物基础处理方案介绍及对比

1. 常用的软土地基处理方法

目前，常用的软土地基处理方法主要有：碾压及夯实、排水固结法、换土垫层法、振冲法、高压喷射注浆法与深层搅拌法、铺设土工聚合物、CFG 桩复合地基、桩基、振动沉管碎石桩、钻孔夯扩挤密碎石桩及其他方法。

（1）碾压法与夯实法

碾压法与夯实法是修路、筑堤、加固地基表层最常用的简易处理方法。软土地基通过处理，可使填土或地基表层疏松土的孔隙体积减小，密实度提高，从而降低土的压缩性，提高其抗剪强度和承载力。

目前我国常用的有机械碾压法、振动压实法和重锤夯实法，以及 20 世纪 70 年代发展起来的强夯法。机械碾压法是利用压路机、羊足碾、平碾、振动碾等碾压机械将地基土压实。振动碾压法是通过在地基表面施加振动把浅层松散土振实的方法。重锤夯实法是利用起重机械将夯锤提到一定高度后，使锤自由落下并重复夯击以加固地基的方法。强夯法与重锤夯实法在表面上看起来没有大的区别，只是前者锤重和重锤起吊高度更大。强夯法是用重力 80～400kN 的重锤，落距 6～40m 冲击地基，使地基土振密和压密，以加固地基土，达到提高强度和降低压缩性的目的。碾压法与夯实法适用于碎石土、砂土、粉土、低饱和黏性土、杂填土等。对于含水量过高的土夯实效果差，易形成“橡皮土”，不宜使用。强夯法因其振动大，对周围环境会产生一定的影响，不适于居住稠密区及周围有重要建筑设施的场地。强夯法以其适应土质广、效果好，不耗混凝土、钢筋等材料，且造价低、工期短的特点，成为我国地基处理的一项重要措施。

(2) 排水固结法

排水固结法是利用地基排水固结的特性，通过施加预加载荷，并增设各种排水条件，以加速饱和软黏土固结的一种地基处理方法。饱和软黏土地基在载荷作用下，孔隙中的水被慢慢排出，孔隙体积慢慢减小，地基发生固结变形，同时，随着超孔隙水压力逐渐消散，有效应力逐渐提高，地基土的强度逐渐提高。排水固结法包括堆载预压法、砂井堆载预压法、塑料排水板法以及真空预压法。这种方法在处理淤泥、淤泥质土及其他饱和软黏土中占有统治地位，但对于渗透性极低的泥炭土，必须慎重对待。

(3) 换土垫层法

换土垫层法是将基础下一定深度内的软弱土层挖掉，回填强度较高的砂、碎石或灰土等，并夯至密实的一种地基处理方法。当建筑物载荷不大、软弱土层厚度较小时，采用该法能取得较好的效果。当前，常用的垫层有：砂垫层、砂卵石垫层、碎石垫层、灰土或素土垫层、煤渣垫层、矿渣垫层以及用其他性能稳定、无侵蚀性材料做的垫层。这种方法比较适用于处理暗沟、暗塘等软弱土地基。夯实或压实机具可用人力夯、蛙式打夯机、推土机、压路机等。

(4) 振冲法

振冲法又称振动水冲法，是以起重机吊起振冲器，启动潜水电机带动偏心块，使振动器产生高频振动，同时启动水泵，通过喷嘴喷射高压水流，在边振边冲的共同作用下，将振动器沉到土中的预定深度，经清孔后，从地面向孔内逐段填入碎石或不加填料，使其在振动作用下被挤密实，待达到要求的密实度后即可提升振动器，如此重复填料和振密直至地面，从而由在地基中形成的大直径的密实桩体与原地基构成复合地基，最终提高地基承载力，减少沉降和不均匀沉降。此方法比较适用于处理松砂、粉土、杂填土及湿陷性黄土。

(5) 高压喷射注浆法与深层搅拌法

高压喷射注浆法又称旋喷法，它利用钻机把带有特殊喷嘴的注浆管钻进至土层的预定位置后，用高压脉冲泵将化学药剂（如水泥浆液、以水玻璃为主的浆液、以丙烯酸胺为主的浆液、以纸浆液为主的浆液等）通过钻杆下端的喷射装置，向四周以高速水平喷入土体，借助液体的冲击力切削土层，使喷射流程内土体遭受破坏，与此同时钻杆一边以一定的速度旋转，一边低速徐徐提升，使土体与水泥浆充分搅拌混合，胶结硬化后即在地基中形成直径比较均匀、具有一定强度的圆柱体，从而使地基得到加固。

深层搅拌法是利用水泥（石灰）等化学药剂作为固化剂，通过深层搅拌机在地基深部就地将软土和固化剂强制拌合，利用固化剂和软土发生一系列物理、化学反应，使其凝结成具有整体性强、水稳性高和较大强度的水泥加固体，最终与天然地基形成复合地基。这两种方法原理与作用一样，适用于黏性土、冲填土、粉砂、细砂等地基状况。

（6）铺设土工聚合物

铺设土工聚合物处理软土地基的原理即在地基土中埋设强度较大的土工聚合物，使地基土能够承受抗拉力，防止断裂，保持整体性，提高刚度，改变地基土体的应力场和应变场，从而提高地基的承载力，改善地基的变形特性。土工聚合物包括土工纤维（即土工织物）、土工膜、土工格栅、土工垫以及各种组合的复合聚合材料。土工聚合物具有良好的力学、水理及抗腐蚀性能，它主要起排水、反滤、隔离和加固补强的作用。适宜处理软弱土地基、填土及高填土、砂土地基等。

（7）CFG 桩复合地基

在碎石桩桩体材料中掺加适量石屑、粉煤灰和水泥加水拌合，制成一种粘结强度较高的桩体，称之为水泥粉煤灰碎石桩，简称为 CFG 桩。CFG 桩、桩间土和褥垫层一起构成 CFG 桩复合地基。如果在材料中加入砂子，即成为素混凝土桩。该地基处理方法可通过 CFC 桩、桩间土和褥垫层根据各自的刚度分配受力，共同形成受力整体。碎石作为粗骨料，是保证 CFG 桩强度的骨干材料。石屑作为中等粒径骨料，可以有效改善桩体的级配，从而增强桩体的强度。粉煤灰作为细骨料，有低强度等级水泥的作用，可有效增强桩体的后期强度。三种不同级配粒径的材料组合在一起，通过水泥进行粘结，形成 CFG 桩的组合模式。

对基础形式而言，CFG 桩适用于条形基础、独立基础，也可用于筏基和条形基础。就土性而言，CFG 桩可用于处理黏性土、粉土、砂土和自重固结的素填土等地基。

（8）桩基

主要分为预制桩与灌注桩，预制桩由于施工时用锤击、振动法沉桩，因而易产生振动、噪声，还由于其造价较高，因而在北京地区目前已很少使用。

传统钻孔灌注桩是利用钻机或人工挖成孔下钢筋笼后浇筑混凝土形成的桩。

桩基础具有承载力高、沉降量小、适应持力层埋深变化大的特点，因此，被广泛用于各种建筑、构筑物中，如：

1）荷重大、沉降限制严格的高大楼房、库房等建筑物及高架桥。

2）扰力大的动力设备基础，采用桩基可减小基础振幅，减少对周围环境的影响。

3）重大、精密（机械）仪器、设备基础常采用桩基，以减少外界的影响，提高仪器设备精度。

4）严格控制倾斜度的高耸构筑物等。

5）地震区建筑物、构筑物采用桩基以减少震害。

6）软弱土的大型厂房以及持力层埋深变化大的浅丘、山区等建筑物。

7）水岸线以外的结构物，如码头、船台及船坞等。

（9）振动沉管碎石桩

振动沉管碎石桩是采用振动沉管打桩机通过锤击、振动或静压将钢管沉入设计深度，将碎石通过料口灌入，边振动边拔出钢管而形成的碎石桩。其具有无泥浆污染、操作简单、造价低、施工速度快、能消除土层液化等特点，适用于黏性土、粉土、松散～中密砂土，但在厚度较大的中密以上砂层中沉桩施工困难。其提高承载力有限，主要是由于本施工工艺采用振动沉管法，该法穿透可塑-硬塑土层及密实砂层的能力很差，当沉桩激振时间过长后，会对相邻桩产生很不利的影响，断桩缩径的比率太大，且振动强烈、噪声较大。其复合地基的安全度以及可靠性较小，常用于多层建筑地基处理。

（10）夯实水泥土桩

夯实水泥土桩指在地面用工人洛阳铲或长螺旋钻机成孔，把土料筛过后与水泥拉倒填入孔内，分层填分场夯，直至填到设计桩顶标高所形成的桩。夯实水泥土桩与桩间土共同作用即形成夯实水泥土桩复合地基。

夯实水泥土桩因其桩体材料强度限制，提高承载力的空间有限，因此常用于多层建筑地基处理。跟石灰桩相比，因以水泥取代了其中的石灰，使用更安全，应用也更广泛。

夯实水泥土桩适用于处理地下水位以上的粉土、素填土、杂填土、黏性土和淤泥质土等地基。人工洛阳铲成孔深度一般不超过 6m。

（11）钻孔夯扩挤密碎石桩

钻孔夯扩水泥砂子碎石挤密桩通过先钻孔，再向孔内填料，以重锤（必要时也可用轻锤）冲击夯砸，使填料自身加密并向孔周围侧向挤压，形成密实度大的桩体及桩间土，达到提高地基承载力的目的。

钻孔夯扩挤密复合桩是在砂石桩法基础上的改进桩型，它用长螺旋钻成孔，填料为干硬性混凝土，用夯锤进行夯实并侧向挤密地基土，使处理后的混凝土桩与挤密的桩间土共同承担上部荷载，充分体现了地基的复合受力特点。

钻孔夯扩挤密桩，它是近年来发展起来的一种新的地基处理方法，是对传统的灰土挤密桩工法的改进和完善。该方法是在总结国内外夯扩挤密桩施工工艺基础上提出的，同时也彻底解决了 CFG 桩和高压灌注桩所产生的断桩、缩颈、单桩承载力低，桩间土挤密效果差的弱点。通过对北京地区多项高层工程的施工试验研究，取得了良好的经济效益和社会效益。本施工工艺的特点是：桩体完整性好，无断桩缩颈问题；桩身强度高，密实度好，桩身压缩量小；桩间土能强力挤密，使桩间土含水量减少和桩侧摩阻力和端阻力提高，单桩承载力高，地基承载力提高幅度大；施工设备简便，无污染、低噪声，用电量小，能穿透坚硬土层；复合地基均性好，施工速度快，工程造价相对较低。

钻孔夯扩挤密桩复合地基属于既有密实作用也有置换作用的一般粘结度桩复合地基。由于这种工法冲击能量可控，夯扩能力很强，尤其适用于地下有一定障碍物的杂填土地基，这是其他成孔方法难以相比的。它还可以处理粉土、黏性土、素填土和黄土等地基。此外，由于其处理地下障碍物的能力及可替代便宜的材料，成本低廉，因而成为一种新型的处理措施。

2. 三种水工构筑物基础处理技术对比

本工程考虑到净水厂机械加速澄清池处于黏质粉土素填土和粉质黏土地层之上，黏质粉土素填土和粉质黏土覆盖了地表大概 5m 左右的地层，不能满足上部机械加速澄清池对地基承载力的需要，不宜作为持力层，且由于机械加速澄清池上部荷载对地基要求为：池壁投影位置，复合地基承载力达到 250kPa；池壁内测位置，复合地基承载力达到 150kPa。填土下面就承载力较高的卵石层，可作为持力层，浅基础承载力即能满足要求，所以对地基的处理，只需要进行浅基础加固即可。考虑到施工的地层特性，工程处在市区以免对居民造成影响，施工工期对施工的要求及工程经济性、安全性等因素，初步选定了

CFG 桩、夯实水泥土桩和钻孔夯扩挤密桩三种方案。

表 4-4 对 CFG 桩、夯实水泥土桩和钻孔夯扩挤密桩进行了对比分析。

机械加速澄清池——CFG 桩与夯实水泥土桩、钻孔夯扩挤密桩的对比　　表 4-4

序号	特性特点	CFG 桩	夯实水泥土桩	钻孔夯扩挤密桩
1	适用地层	黏性土、粉土、砂土和已自重固结的素填土地基	地下水位以上的杂填土、粉土、黏性土和素填土	杂填土、粉土、黏性土、素填土和黄土
2	施工工法	采用长螺旋钻孔，管内泵压商品混凝土灌注成桩	将水泥与土料在孔外地面充分拌合均匀，然后回填孔内并强力夯实形成具有一定强度的水泥加固体。在此过程中，水泥与土体发生胶结固化作用，又有拌合料的夯实挤密作用	通过长螺旋机先钻孔，再向孔内填料，然后以吊起的柱锤，在重力作用下自由落体，多次循环进行，直至形成达到预定深度的桩孔，然后分层填料并夯实。挤密桩与原地基形成复合地基，提高了地基土的承载力，减少沉降和不均匀沉降，是一种既简便，又快速、经济的加固地基方法
3	工法特点	（1）使用广泛，属非挤土成桩工艺。 （2）穿透能力强、低噪声、无振动、无泥浆污染。 （3）施工效率高及质量容易控制	（1）施工灵活简便、受场地限制较小，速度快；无污染；填充材料可就地取土，方便经济、造价低；质量易控制。 （2）孔内分层回填水泥土拌合料并夯击密实，不仅形成具有一定强度的水泥加固体。还在夯实过程中对桩间土体起到侧向深层挤密加固作用，使得桩间土的承载力得到提高。 （3）桩长范围内，桩体密度是均匀的，桩身强度基本相等，因而使得夯实水泥土桩复合地基均匀性好，地基强度高	机具设备简单，主要有长螺旋钻孔机、履带或轮式吊车、装载机、推土机等。 填充材料随处可取，可采用建筑、工业垃圾，也可采用碎石、卵石或灰土。 填料的透水性良好，可加速地基固结，夯扩产生的振动效应，可增强地基抗液化能力。 加固速度快，节约投资
4	桩体材料工期制约	材料：商品混凝土。现场无法暂存	材料：现场取得的土料，购买的水泥。水泥可以提前一次上料或大批量购买，在现场暂存，随用随取，可确保现场连续施工，工期可控	材料：购买的级配砂石、水泥。两者均可以提前一次上料或大批量购买，在现场暂存，随用随取，可确保现场连续施工，工期可控
5	冬施费用	混凝土内加入抗冻剂，费用需增加约 9 万元	无抗冻剂费用增加	无抗冻剂费用增加
6	承载力	承载力较高，能满足要求	其桩体材料强度限制，提高承载力的空间有限	承载力较高，满足要求
7	综合	夯实水泥土桩、钻孔夯扩挤密桩的费用比 CFG 桩处理费用要少，但是夯实水泥土桩的承载力对地基的提升有限，所以选择钻孔夯扩挤密桩比较合适		

4.2.3　钻孔夯扩挤密水泥碎石桩加固机理

由于钻孔夯扩挤密水泥碎石桩复合地基加固区由基体（桩间土）和加筋体（桩体）两部分组成，因此天然地基土体的物理力学性质、桩体的物理力学性质以及由它们形成的复合土体特性决定了复合地基的基本性状。钻孔夯扩挤密水泥碎石桩复合地基加固区主要由以下几种效应共同作用。

1. 挤密效应

成桩的施工过程中，钻孔夯扩挤密桩周地基土受到桩周土挤密而强度增大。采用强夯重锤对孔内深层填料，进行分层强夯或边填料边强夯的孔内深层作业，在特制重锤（几吨至十几吨）作用下，每平方米能产生几百至几千个千牛·米的高压强的动能。夯击时，对下层填料是深层动力夯、砸、压密，对上层新填料是动力夯、砸、劈裂和强制侧向挤压密实。通过桩锤的动力夯击，在锤侧面上，产生极大的动态被动土压力，迫使土料向周边强制挤出，桩间土也被强力挤密加固。

2. 置换效应

用强度较高、承载力较高、抗变形能力较强的桩体材料部分置换承载力较小、抗变形能力较差的原有天然体，在等同荷载条件下，复合地基变形量减小、承载力提高。

3. 咬合效应

对于分层地基或软硬不均土层，桩体在施工挤密过程中，往往形成串珠状体，有利于桩与桩侧土的紧密“咬合”，增大了侧壁摩阻力，使加固后的桩与桩间土形成一个密实整体，处理后的复合地基不仅刚度均匀，而且承载能力显著提高。

4. 抱紧效应

成桩过程中的由于冲、砸、挤压产生的强力压实和挤密作用，不仅使桩体十分密实，受到很大夯击能后缓慢释放，不断对桩周土施加侧向挤压力，而桩周土受到的侧向强力挤密应力，成桩后慢慢释放，对桩体产生很大的侧向约束的“抱紧”作用，使桩体具有刚性或柔性桩的特点。

5. 遮掩效应（桩土共同作用效应）

对于桩体复合地基，桩体和桩间土共同承担上部荷载，用桩土荷载比（n）来表示。群桩中桩与桩之间存在遮掩效应以及垫层与底面的摩擦，限制桩间土变形而不易挤出；垫层的存在使桩间土分担部分荷载，这部分荷载增加了桩间土的应力水平，从而对摩阻力有加强作用。褥垫层及素混凝土垫层使桩体和土体同时下沉，从而限制了上部桩土间的摩阻力发展而起到削弱作用；垫层的存在增加了端承力的发挥，使桩更有利于刺入下卧层中。总之由于桩间土受到周围桩体和承台（垫层）的遮掩作用，使桩和桩间土共同分担上部荷载，限制桩间土变形的作用，从而提供了桩间土的抗挤能力，进而提高了地基的承载力。

6. 群桩效应

钻孔夯扩挤密桩桩体复合地基受竖向荷载后，由于承台（垫层）、桩和土体之间的相互作用，使其桩侧和桩端阻力以及沉降等性状发生变化，而与单桩明显不同，复合地基不等于各单桩简单之和，即存在显著群桩效应。群桩效应受土性、桩距、桩数、桩的长径比、桩长与承台宽度比、成桩方法等多因素的影响而变化，通常用群桩效应系数来度量构成群桩承载力的各个分量因群桩效应而降低或提高的幅度指标，如侧阻、端阻、承台底土阻力的群桩效应系数等。

7. 垫层效应

桩体及桩周土体组成的加固层扩散上部荷载，对下卧层起到很好的“垫层作用”。通过桩体，上部荷载传递到地基中较深的土层，使上层地基（加固区）中附加应力减小、深层（下卧层）中附加应力相对增大，从而改善整个地基的应力场状态，加固区模量提高且附加应力减小，因而变形量减小而承载力提高，而下卧层附加应力增大，变形量相对增大，从而整体上减小了地基的沉降量并提高其承载力。

4.2.4 钻孔夯扩挤密水泥碎石桩施工技术

1. 施工工法

钻孔夯扩水泥砂子碎石挤密桩通过先钻孔，再向孔内分层填料，以重锤冲击夯砸，使填料自身加密并向孔周围侧向挤压，形成密实度大的桩体及桩间土，达到提高地基承载力的目的。

挤密桩与原地基形成了复合地基，提高了地基土的承载力，减少沉降和不均匀沉降，是一种既简便、又快速、还经济的加固地基方法。

2. 工法特点

“钻孔夯扩挤密水泥碎石桩处理技术”由于施工时不断对侧向土产生强制挤压作用，至成桩后桩侧土对桩体产生很好的“抱紧”“咬合”作用，增大了桩与桩间土的密实性，形成良好整体受力的复合地基。

钻孔夯扩挤密水泥碎石桩工法特点如表 4-5 所示。

钻孔夯扩挤密水泥碎石桩工法特点 **表 4-5**

项目方法	施工方法	适应环境	公害	处理何种地基	地基处理用料	地基处理深度(m)	地基处理特征
钻孔夯扩挤密桩法处理地基(素混凝土)	钻孔夯扩挤密桩法处理地基	场地开阔及危险房区	小	杂填土、湿陷土、各类软弱土地基及特种地基	混凝土	约 30	具有强夯功能，但无强夯公害

（1）适用范围广泛，可用于各类地基处理

在地基处理工程中，钻孔夯扩挤密桩处理技术和其他技术相比，能适用于各种复杂地层的地基加固处理，具有广泛的适用性。如用于大厚度的黄土、杂填土、液化土地基，各类软弱土、湿陷性土以及具有酸、碱、盐腐蚀的地基，具有硬夹层的不均匀地基、石料及废料回填垃圾地基以及地下人防等各种复杂建筑场地的处理。通过钻孔、强力冲孔等手段成孔，只要能形成桩孔的地基，不论孔内有无地下水均可采用本法加固处理。总之，采用钻孔夯扩挤密水泥碎石桩处理技术，即可消除地基土的湿陷性、液化性，它兼有承载桩的特性以及刚度均匀符合地基的特性。不仅承载力高，而且压缩变形小。

（2）用料标准低，就地取材

该技术最大特点之一，就是能就地取材。凡是无机固体材料如土、砂、石、碎砖瓦、混凝土块、工业废料及其混合物等均可使用。

(3) 具有高动能、高压强和强挤密效应

该技术的重要特征就是由于孔内夯击的桩锤一般为100～180kN，根据需要可更大。在不断冲、砸动力作用下，使孔内填料不断受到高动能、高压强和劈裂挤密。夯击能E可达2000～3000kN·m/m^{2}或更高，它是一般强夯压能的5～8倍，根据工程设计需要还可进行调高或降低。

(4) 地基承载力提高显著

由于采用孔内深层强夯，具有高动能、高压强、高冲击能量，处理地基承载力提高的效果显著。

(5) 地基加固处理深度大

一般处理深度为20m左右，最深时可达30m左右，而且上下均匀。持力层范围内的地基土层都可以加固，深层的软弱下卧层也可加固，可显著地改善土性。

(6) 成桩直径大，挤密加固范围大，桩呈串珠状

在高动能冲击挤压下，桩径一般可达500～2500mm，在松软土层中，具有更大的侧向挤密效应。在分层土中，桩体呈串珠状，桩间土呈"咬合"和"抱紧"的强挤密现象。采用粗粒料作加固料时，桩体也是地基排水通道，有利于饱和土地基的排水固结。同时可将加固区范围内的土中水排挤到加固区以外的土体中去，改善地基土性，加固影响的范围大。

(7) 复合地基压缩模量高，沉降变形小，承载性状好

桩与桩间土具有良好的共同工作特性。桩体材料在受到高压强的强力冲击、挤压下，桩间土受到明显的侧向挤压密实，从而使处理后的地基符合上下均匀，左右"抱紧"，密实"咬合"，压缩模量显著提高，承载性状明显改善，地基压缩变形量大为降低。E_0值可达30～40MPa以上。

(8) 社会、经济效益好

孔内深层强夯钻孔夯扩挤密水泥碎石桩技术地基处理技术作为一项专利技术，通过在各种复杂场地上大量工程的广泛应用，证明其具有广泛的适用性和技术的可靠性，取得了令人信服的良好效果。

3. 设计参数

通过承载力验算进行参数优化、MIDAS/GTS软件进行数值模拟分析及试桩最终确定调整后的设计参数为：

(1) 料配比：水泥：天然级配砂石=1:4.4。

(2) 桩顶设置30cm厚褥垫层，材料为粒径不大于30mm的中粗砂，夯填度不大于0.9；铺设范围为基础混凝土垫层外皮外扩不小于300mm。

参数优化后，整体模型如图4-7所示，桩土垫层共同作用下桩的变形如图4-8所示。加载试桩如图4-9所示。

4.2.5 钻孔夯扩挤密水泥碎石桩施工工艺

钻孔夯扩水泥砂子碎石挤密桩是以螺旋钻成孔达到预定深度的桩孔后分层填料并夯实。挤密桩与原地基形成了复合地基，提高了地基土的承载力，减少沉降和不均匀沉降，是一种既简便，又快速、经济的加固地基方法。

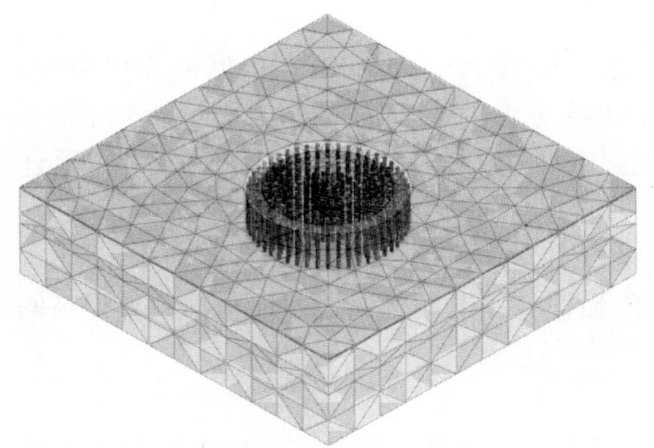

图 4-7　参数优化后整体模型图

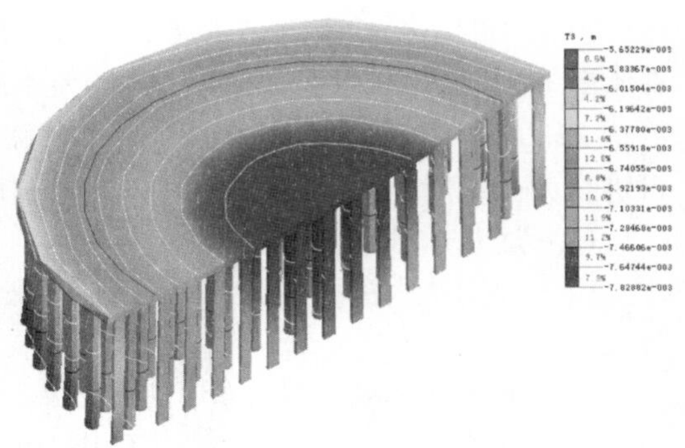

图 4-8　参数优化后桩土垫层共同作用下桩的变形

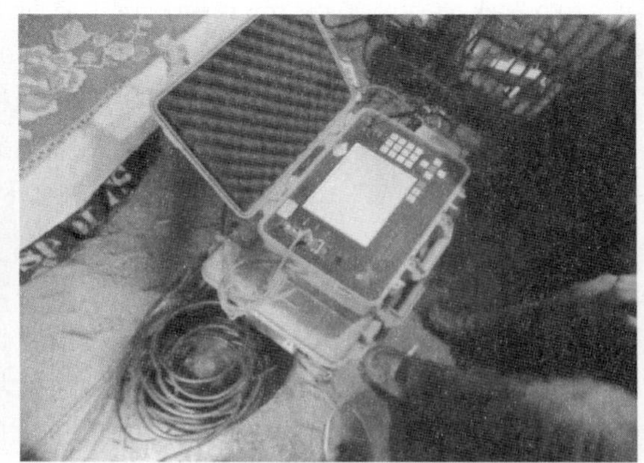

图 4-9　加载试桩

1. 工艺流程

施工工艺流程：平整场地、标高测量→定位放线→测放桩位点→成孔→拌料→成桩→等待强度→复合地基检测→清土砍桩头→铺设褥垫层。

工艺流程如图 4-10 所示。

2. 施工步骤

（1）测量放线：场地开挖至打桩作业面标高后，根据业主提供的测量资料进行机械加速澄清池池体定位放线，并请监理工程师验线。

（2）测放桩位点：验线合格后，开始按照设计要求进行桩位放点。先依据控制点使用电子经纬仪把各轴线控制点定出来，然后把需要放桩位点的矩形范围用白线围上，然后依据与轴线之间的关系把区域内桩位点定出来。在每个桩位点处用钢筋打入，以此作为记号，并撒上白灰，方便施工时找桩位点。

（3）拌合料：桩体材料为 C20 干硬性水泥砂石混合料。水泥砂石混合的原材料为天然级配砂石和水泥。试桩施工过程中采用现场人工拌合，每车砂石料在拌合之前过磅，按配合比要求拌料，拌合料要均匀。水泥砂石混合桩料随拌随用，拌好的料超过 2h 后不能使用。桩体材料为级配碎石使用前要通过实验室的检测，并出具相应的报告。

（4）成孔：钻孔夯扩水泥砂子碎石挤密桩采用螺旋钻机成孔。

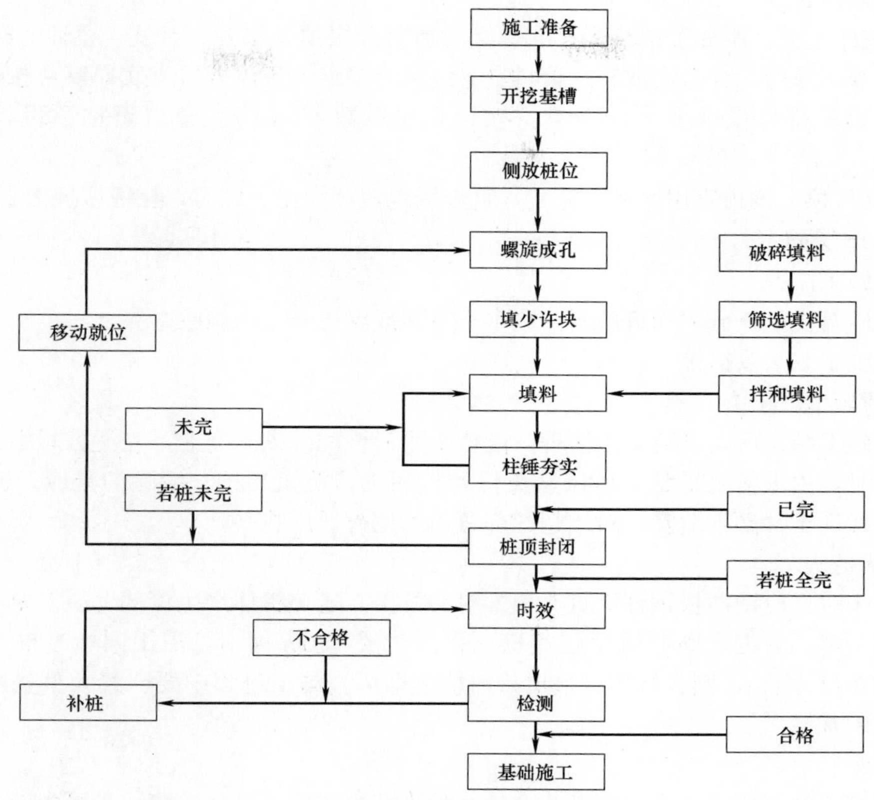

图 4-10　工艺流程图

1）桩机就位：检查核对桩位，并保证桩架、桩管垂直成孔中不发生移动或倾斜桩尖对中桩位对位偏差小于 5cm。

2）成孔直径不大于设计桩径。成孔深度不小于设计孔深允许误差为－5～＋10cm。孔口中心偏差小于等于 5cm。成孔深度应满足设计要求。可利用钢丝绳上施划尺寸标记。

3）成孔过程中应经常用线锤检查桩管的垂直度发现偏差及时调整保证成孔垂直度小于等于 1.5％。

4）钻进时如坍孔，需回填黏土重新钻孔或往孔内倒少量生石灰。

（5）成桩：钻孔到设计深度后，用标准料斗或运料车向孔内分层填入拌合好的水泥天然级配砂石混合料，将填料分层填入、分层夯实至桩顶施工控制标高。

锤的质量、锤长、落距、分层填料量、分层夯填度、夯击次数、总填料量等应根据试验或按当地经验确定。每个桩孔应夯填至桩顶设计标高以上至少 0.5m。施工中应做好记录，并对发现的问题及时进行处理。施工机具移位，重复上述步骤进行下一根桩施工。

（6）地基处理结束，待桩体龄期符合要求后，即由检测单位对处理后的地基进行检测开挖基槽，用 1～2 台小型挖掘机进行开挖，每边超出基础宽度 50cm，且力求坑底平整，基底预留 50mm 施工保护层为人工开挖。

（7）基坑开挖后人工开始清桩间土和凿桩头，符合要求后，并请业主、监理、勘察等进行验槽。

（8）操作要点：

1）桩体施工：用标准填料车将准备好的填料分层填入桩孔、夯实。落距、分层填料量、分层夯实厚度、夯击次数和总填料量等应符合要求。桩体分层夯实厚度可按每击或5击控制，如不符合设计要求应送空夯实，充盈系数 $k>1.5$。夯填至桩顶设计标高以上0.5m。

2）桩封顶：桩顶宜用原槽土夯实，直至场地地坪为止。此时，柱锤应换为平底锤。

3. 褥垫层施工

（1）施工流程

检验砂石质量→分层铺筑砂石→洒水→夯实或碾压→找平验收。

（2）施工方法及措施

1）清理槽底土方

打桩施工结束后，进行余土清理。清槽采用机械配合人工作业，先清桩间土，后凿桩头。清土时，力求槽底平整，尽量避免扰动桩间土，防止超挖。清除的土应及时外运消纳。若有扰动土，必须清除，对于超挖部分，可用褥垫层找平。

2）凿桩头

凿桩头时，应用两根钢钎沿桩头根部对称开凿，避免桩体产生深部劈裂。要求桩顶凿平，槽底平整。若桩头断裂深度超过桩顶标高位置15cm以上，需用同标号桩身材料补平，若不超过15cm，则直接用褥垫层材料填平即可。施工过程中要严禁大型机械设备进入开挖后的基槽。

3）检测

按照有关规范要求，进行单桩复合地基静力载荷试验，具体检测数量可由业主和监理按照有关规范最终确定。

4）褥垫层施工

褥垫层沿基槽满槽铺设。褥垫层材料采用粒径不大于20mm的碎石、石宵或粗砂等。褥垫层密实度按填夯度指标来进行控制，虚铺32～33cm厚，平板振动器夯实，夯实后厚度达到30cm即可，夯填度不大于0.9，铺设范围为基础混凝土垫层外皮外扩不小于200mm。若遇扰动土，砂石垫层施工前，必须进行清除。

5）清理现场，渣土消纳

复合地基施工结束后，将现场余土、余料及桩头等清理干净，做到“活完场清”，以便顺利进行下道工序的施工。

4.2.6 钻孔夯扩挤密水泥碎石桩施工质量及安全控制

1. 质量控制措施

（1）在施工过程中，由于机械或人、基土的隆起或振动使桩位移动，应及时对桩位进行检查校验。

（2）在施工过程中，由于基土逐渐挤密或出现振动沉陷，地面标高升高或降低，应随时检查成桩深度，使桩保证在设计土层上。

（3）设专用料场进行集中拌料，桩身填料质量及配合比应符合设计要求。级配砂石最大颗粒粒径为150mm，砂石中含泥量不得大于5%。

（4）成孔时出现缩颈和坍孔，可填入部分料块，边冲击边将料挤入孔壁及孔底，以改善桩间土性质。此时锤的落距应适当降低，夯入部分料块形成扩大端，或成桩0.5m后再送空夯复打至桩底。

（5）当坍孔严重难以成孔时，分层填入块料和生石灰（一般配合比为1∶1），与桩孔内松软土强行拌合。一般休止7～10d，待孔内生石灰吸水膨胀，桩间土性质有所改善后，再进行二次钻孔。

（6）施工过程中应随时检查施工记录及现场施工情况，并对照预定的施工工艺标准，对每根桩进行质量评定。对质量有怀疑的工程桩，应用重型动力触探进行自检。

（7）柱锤钻孔夯扩水泥砂子碎石挤密桩地基竣工验收时，承载力检验应采用复合地基载荷试验。

（8）检验数量为总桩数的0.5%，且每一单体工程不应少于3点。载荷试验应在成桩14d后进行。

（9）基槽开挖后，应检查桩位、桩径、桩数、桩顶密实度及槽底土质情况。如发现漏桩、桩位偏差过大、桩头及槽底土质松软等质量问题，应采取补救措施。

2. 安全控制措施

（1）起重机进行夯扩作业前，应清除回转半径内的一切障碍物。要有专人指挥。司机与指挥要经过培训并有上岗证。

（2）起重机的各种安全保护装置必须齐全完整，灵敏可靠，不得随意调换和拆除。

（3）起重机严禁超载超加速作业。

（4）起重机移位时，应先提起柱锤100～300mm，检查整机稳定性，确认可靠后方可作业。

（5）夯锤下落但吊钩未降至吊环附近，操作人员不得提前靠近挂钩，以防碰伤。

（6）起重机夯扩作业时，锤下不得有人停留或通行，作业后，应将夯锤放稳或平放在地面上，严禁悬空或直立地面。

（7）因吸附力较大，应采取措施排除，不得强提，防止起重机超载而倾覆。

（8）若遇有六级以上大风或大雪等恶劣气候时，应停止作业。

（9）作业完毕，起重臂杆应转到顺风方向，并降至40°～60°。吊钩提升接近顶端的位置，伸缩式臂杆应全部缩回放妥挂钩，全部制动都应加保险固定。

4.2.7　钻孔夯扩挤密桩复合地基检测

1. 桩间土检测

桩间土经夯扩挤密后孔隙减少，干密度增加，湿陷性消除或减弱，其检测方法如下：

（1）地基处理前通过现场勘察或地基处理试验采用探井取样、室内试验或原位测试方法取得未处理地基的干密度、地基强度等土性指标，作为地基处理后的基本值。

（2）开挖取样法。以三个桩体构成的挤密单元体为对象，开挖探井，在图4-11中三条CC弧线上各取一件土样进行干密度试验，计算挤密系数，分层计算其平均值得到处理范围内桩间土的平均挤密系数。其中C点距桩边$0.3(s-d)$。在三桩形心（即$\Delta A'2A'3A'4$之形心O点）取样测定干密度，以确定挤密处理后的最小挤密系数。

（3）原位测试法。可根据工程情况采用标准贯入试验或静载荷试验，通过与处理前的

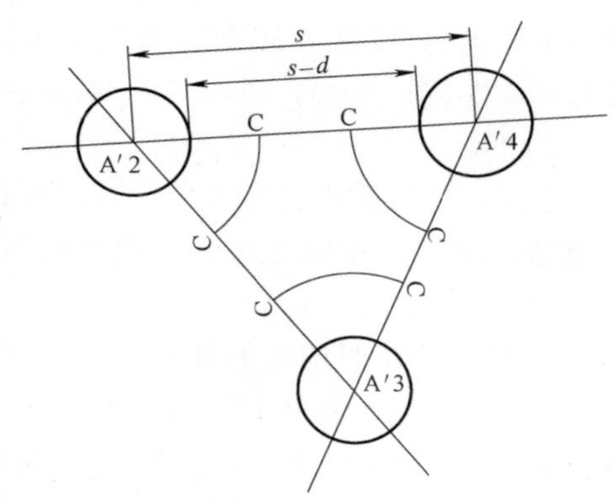

图 4-11　施工后挤密效果图

相应指标对比，检验桩间土的处理效果。

2. 桩体检测

承载力试验：

（1）本工程的地基承载力由第三方检测单位检测。

（2）检测项目为复合地基竖向静载荷试验。

（3）试验前，需将试验桩位的周边土体清除，清除成大小为 2m×2m，深度 500mm 的方坑，然后人工剔掉桩头，直至露出坚硬的桩体部分。然后铺设 300mm 的中粗砂。$R=9$m 范围内的桩，承载力要求大于 150kPa，最大的加载力为 1050kN。$R>9$m 的范围的桩，承载力要求大于 250kPa，最大的加载力为 900kN。加载分 10 级加载，卸载分 5 级卸载。

（4）静载荷试验的试验周期约为 20h/颗。

（5）总体检测数量为全部桩的 0.5%，每个池体至少选取一根桩试验。

（6）施工结束后可采用低应变动力检测，检测桩身完整性。

（7）施工过程中，要求对使用的干硬性混凝土进行材料强度试验检测。

（8）承载力试验结果作为施工的竣工验收标准。

钻孔夯扩水泥砂子碎石挤密桩复合地基剖面如图 4-12 所示。

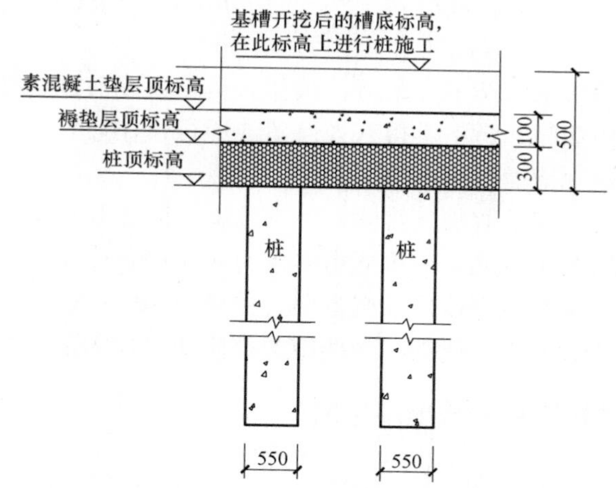

图 4-12　钻孔夯扩水泥砂子碎石挤密桩复合地基剖面示意图

3. 复合地基检测

工程场地经钻孔夯扩挤密桩处理后的复合地基是否达到建筑物对地基强度、变形的要求，以确保建筑物的安全和正常使用，需要通过地基检测做出评价。从成桩到开始试验的间歇时间原则上应为 28d，当工期较紧时不应少于 15d。复合地基检测主要采用以下几种方式：

（1）综合评价法：通过对加固处理后的桩间土及夯扩挤密桩体检测结果的综合分析，

可以对复合地基的均匀性及强度承载力等做出综合评价。利用桩间土及桩体的检测结果，经相应的复合地基承载力及变形计算，即可得到复合地基承载力和变形的计算量值。

(2) 复合地基载荷试验法：在综合评价复合地基的均匀性、强度和变形性状的基础上，对复合地基承载力应采取复合地基载荷试验最终确定。检测数量不应小于总桩数的0.5%，且每项工程不应少于3点。本工程进行单桩复合地基载荷试验，竣工验收承载力检验应采用标准贯入、动力触探、载荷试验或其他合适的试验方法。检验点应选择在有代表性或地基土质较差的地段，并位于振冲点围成的单元形心处及振冲点中心处。

这项技术经济与社会效益显著，安全可靠并且有利于环境保护，是一项带有绿色工程特征的建筑地基处理新技术，也是解决建筑工程对环境污染的重要手段。随着这项成熟、稳定的地基处理技术在今后众多工程中进一步应用，必然对我国建设事业做出新的、更大的贡献。

4.3 给水排水构筑物结构复杂接合部施工控制技术

在水工构筑物群中，存在着大量的管道，当刚性管道穿越沉降缝时，需要做一些措施来防止由于沉降缝两侧的差异沉降造成对刚性管道以及结构的破坏。目前常用的方法有软接头法、丝扣弯头法、活动支架法等方法。但对于水工构筑物或者是对穿墙管道有防水要求的构筑物，由于沉降缝内空间狭小，目前常用的方法无法满足管道与墙体之间的防水要求。同时，由于沉降缝的存在，必然给沉降缝两侧的施工带来极大的困难，施工空间狭小、大型机械化设备无法架设等问题严重影响着工程的施工质量。

施工中构筑物之间的相互影响也不可避免，如何降低相邻构筑物之间的相互影响以及施工过程中在狭小空间内的操作水平显得尤为重要。

某水厂工程，是一座大型的水工构筑物。在炭吸附池系列建筑中，因为单独建筑的功能和规模以及建筑顺序先后的问题，导致后施工的反冲洗设备间、主臭氧接触池之间会设置100mm的建筑沉降缝。相对于一般的构筑物，其对自身的防水、防渗要求较高。无论是对构筑物自身的防水防渗性能，还是管道穿越墙体时的密封性，都有非常高的要求。同时，在主臭氧接触池与炭吸附池之间、反冲洗设备间与炭吸附池之间形成了两道“孤墙”，所以在浇筑沉降缝处的墙体时，当不能采用传统的对拉螺栓的方法来固定模板时，可采用以下技术解决施工难题。

4.3.1 管线穿越不均匀沉降缝处理技术

1. 技术研究背景

由于工程用地紧张，为了节省用地，尽量缩短反冲洗设备间与炭吸附池之间的距离。由于构筑物的功能、规模及构筑物荷载不同，为防止相邻构筑物在施工完成后的不均匀沉降，所以在反冲洗设备间与炭吸附池之间设置了100mm的沉降缝。现在反冲洗设备间与炭吸附池中的清水渠之间需要连接直径$D=2000$mm的刚性管道，所以刚性管道需要穿越两建筑之间的沉降缝，如图4-13所示。

刚性管道穿越反冲洗设备间与清水渠的墙体时，管道与清水渠墙体连接处有很高的防水防渗要求。同时，两构筑物的工后差异沉降会造成管道的变形及带水结构破坏。而在两

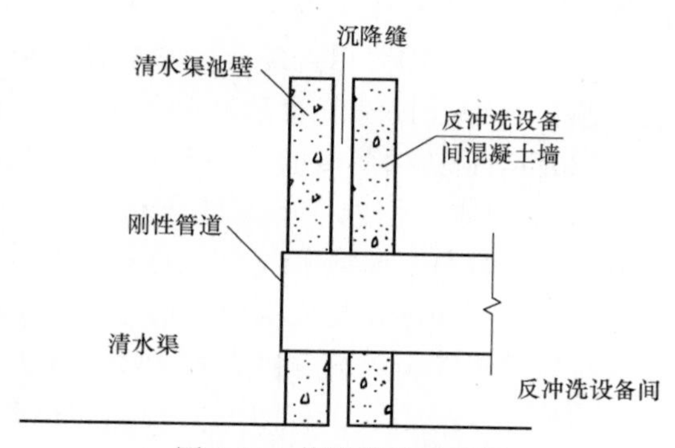

图 4-13　管道穿墙示意图

构筑物墙体之间，仅存在 100mm 的沉降缝，空间极为狭小，给管道的施工以及后期维护带来很大问题。因此，该工程的重点就是防水防渗。当管道穿越墙体时，管道与墙体之间的结合处会给防水带来影响，同时，两构筑物的工后沉降差会给管道的变形及带水结构破坏，进而影响工程的防水质量。

基于工程的特殊性，综合了穿墙管道的防水防渗和管道穿越沉降缝的一般处理方法，提出了一种管线穿越不均匀结构沉降缝的施工技术和控制方法，解决因不均匀沉降造成带水构筑物破坏及管道变形问题，实现降低因不均匀沉降造成跨越沉降缝的工艺管道变形及带水结构破坏风险。

2. 技术原理

设计方案如图 4-14 所示。

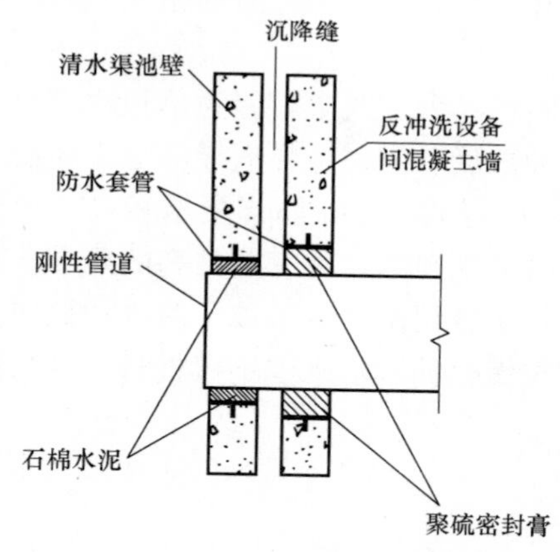

图 4-14　设计方案示意图

在管道穿越清水渠池壁时，选用传统的防水措施来解决管道与混凝土墙体之间的防水防渗问题，即采用刚性防水套管。在防水套管与刚性管道之间的防水材料的选择上，既不宜是水泥砂浆类刚性物质，也不宜是密封膏类柔性物质。这是因为，由于气温变化，套管与穿墙管之间常存在着伸缩位移，如采用刚性止水材料，极易因套管与穿墙管之间的伸缩位移被拉碎；如采用柔性止水材料，因其与钢制品粘结强度有限，清水渠一侧水压较大，防水要求很高，柔性止水材料很难保证套管与刚性管道之间的防水效果。

在管道与套管的连接处，选用石棉水泥作为填充材料，其具有较高强度、较好抗震性、水密性及粘结力好等诸多特点。工程实践证明，套管和穿墙管之间填放石棉水泥做止水材料是比较理想的。

在沉降缝的另一侧及反冲洗设备间的墙体与管道的连接上，采取柔性连接来保证管道的沉降不会造成对其自身的变形和墙体的破坏。

采取防水套管作为管道与墙体之间的防水措施，在管道与套管之间，填充柔性的聚硫密封膏，其具有一定的防水能力，防止沉降缝处地下水的渗入，同时又有一定的弹性，保证了管道在一定范围内的自由沉降。

3. 工艺流程

如图 4-15 所示。

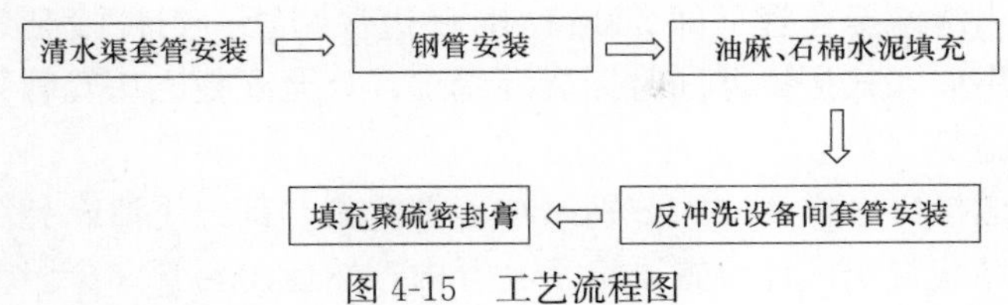

图 4-15　工艺流程图

主要施工步骤如图 4-16 所示。

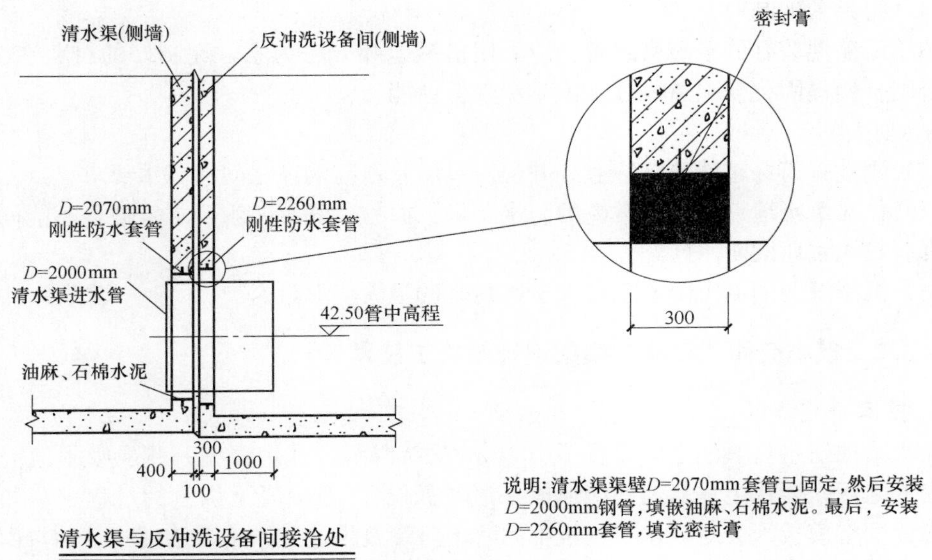

图 4-16　清水渠与反冲洗设备间接洽处施工示意图

(1) 在清水渠墙体内安装 $D=2070$mm 防水套管。

(2) 安装 $D=2000$mm 刚性管道，首先用油麻缠绕在管道上，打入孔洞内，打实后用石棉水泥填塞，然后打口。

(3) 安装 $D=2260$mm 防水套管，与反冲洗设备间混凝土墙体固定。

(4) 在 $D=2000$mm 钢管与 $D=2260$mm 防水套管之间填充聚硫密封膏。

4. 施工关键技术

(1) 套管加工及安装

所有套管必须加钢制止水环，止水环要由管工严格根据套管外周壁的弧度放样切割，焊止水环由专业电焊工操作，止水环与套管外周壁相接处两侧必须满焊。如止水环由两块以上拼接而成时，其块与块间必须焊接紧密。

在套管的安装过程中，由于两套管之间的距离太近，仅 100mm，若是先安装完两套管再放置管道，很难完成套管与穿墙管道内的防水材料填充的施工。故我们先安装清水渠池壁套管，安置穿墙管道，密封，然后再安装反冲洗设备间一侧套管。

预埋套管加止水环，钢套管外的止水环满焊严密。

(2) 混凝土浇筑

布放混凝土的起始点和结束点避开套管位置。在套管处布放混凝土时，首先让混凝土从套管两侧流入。当浇筑至套管下部300mm时一边从套管一侧布放混凝土，一边由两名工人在套管两侧，用插入式振捣器同时振捣混凝土，直至混凝土从套管另一侧翻出。

(3) 石棉水泥施工

施工时，像管道接口一样，二人分别站在套管两侧，首先用油麻缠绕在管道上，打入孔洞内，用木楔将穿墙管按设计位置固定于套管内，然后向套管和穿墙管之间填放配置好的石棉水泥，边填防边用錾子击打使之密实，先取出套管两侧的木楔，再取出套管上下的木楔，将木楔孔石棉水泥填充并使之密实。用铁抹子抹平，最后用湿润养护7d以上。

(4) 密封膏配制

选用压缩性较好的聚硫密封膏，以采用机械搅拌方法为宜，配制好的材料在2h内用完，否则，慢慢固化变稠造成施工困难和降低性能。

5. 适用条件

(1) 刚性管道穿越建筑沉降缝，并且对穿墙管道与墙体之间的防水要求。

(2) 仅对沉降缝一侧有非常高的防水要求，而另一侧对防水要求较低，不能同时解决两侧都有较大水压的防水问题。

(3) 沉降缝两侧的沉降差不得大于密封膏的最大变形量。

4.3.2 狭小空间“孤墙”模架设计及施工技术

1. 技术研究背景

炭吸附池与主臭氧池之间设置了100mm的沉降缝，在沉降缝一侧炭吸附池混凝土墙浇筑完成之后，会在主臭氧池一侧形成一道“孤墙”，在混凝土浇筑的过程中，如果采用对拉螺栓固定模板，会对该水工构筑物的防水防渗效果造成影响及给两构筑的自由沉降造成约束。同时，主臭氧池一侧施工用地紧张，空间狭小。

在后施工的主臭氧池与炭吸附池之间有一道100mm的沉降缝，在浇筑墙体时不能采用传统的对拉螺栓来保证模板的变形和安全，只能采用单侧模板支护方式。但是由于该工程的场地限制以及水工构筑物的特殊要求，传统的单侧模板支护方式无法在该工程中运用。

根据该工程的特殊要求以及施工现场的特殊条件，在无法架设大规模模板支护系统时，需要充分利用施工现场的现有条件设计模架支护系统。

2. 技术原理

选择抗弯性能较好的工字钢作为模板支护系统的主体。在主臭氧池的底板浇筑时预留U形钢筋，并在沉降缝东侧的炭吸附池墙体顶部预留钢筋。通过预留钢筋传递对工字钢的拉力，如图4-17所示。

模板支护系统的选择，最重要的就是保证在混凝土浇筑过程中保证混凝土的强度以及变形量，所以模架的强度、刚度和稳定性非常重要。在选择支护材料时，可选用25a工字钢，该类钢材具有非常好的抗弯性能，而且在建筑市场上流通性很广，可以多次循环利用。

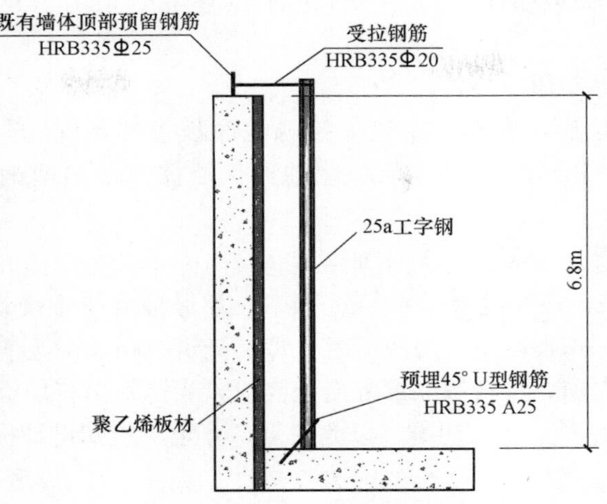

图 4-17 模架支护系统示意图

在固定模架顶部时，考虑到沉降缝一侧既有墙体的高度较待浇筑墙体略高，因此可以考虑充分利用既有墙体，在既有墙体的顶部预留钢筋，并用受拉钢筋连接工字钢与预留钢筋，给予模架顶部拉力来抵抗混凝土的侧压力。在固定模架底部时，可在墙体底部的底板中预埋 U 型钢筋，待工字钢吊装到位，套住模架并焊接固定，保证模架的稳定。

3. 工艺特点

该模架支护系统与传统的单侧混凝土墙木架支护系统比较，有以下特点：

(1) 支护材料具有很强的力学性能，同时具有很强的市场流通性，可多次回收利用，提高了经济效益。

(2) 支护方式结构简单，给施工带来便利。

(3) 占施工场地很小，适用于狭小空间内施工。

4. 工艺流程（图 4-18）

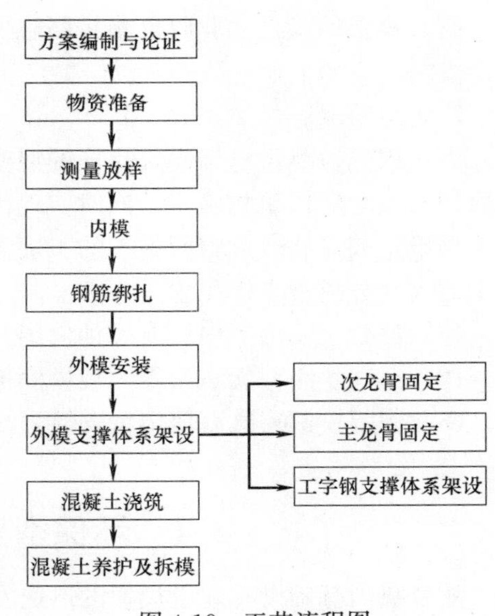

图 4-18 工艺流程图

5. 操作要点

(1) 钢筋预埋

以炭吸附池与反冲洗设备间之间沉降缝两侧墙体为例，炭吸附池东侧墙体已经浇筑完毕，且在墙体顶部预埋钢筋。反冲洗设备间墙体底板预埋 45°U 形钢筋。

(2) 内模安装

在炭吸附池西侧墙体粘贴无毒低发泡聚乙烯板材，聚乙烯板 100mm 厚，粘贴一层。

(3) 外模安装

模板采用 18mm 厚酚醛覆膜胶合板，按主臭氧池东侧墙的设计尺寸加工、组合模板，支模前模板应清理干净，并涂刷无毒脱模剂（或食用油）。模板的垂直度、平整度、板间接缝应符合规范要求，主龙骨采用Φ48 钢管，间距为 450mm，次龙骨采用 50mm×100mm 木方，间距 200mm。

（4）外模支撑体系架设

将工字钢吊装就位后，底部与主臭氧接触池底板上的预埋 45°U 形钢筋焊接，预埋 45°U 形钢筋轴间距为 30cm，顶部与炭吸附池西侧墙体顶部预埋钢筋焊接。工字钢间距为 30cm。

（5）混凝土浇筑

该混凝土墙高 6.8m，在混凝土浇筑过程中，为保证混凝土浇筑质量以及振捣效果，我们采取分层浇筑。采取混凝土分层浇筑时，每层浇筑 300mm，竖向浇筑速度为 0.3m/h。待第一层混凝土初凝之前，进行第二层混凝土浇筑，当浇筑第三层混凝土时，第一层混凝土必须初凝，第二层混凝土还未初凝，以此往复，直至浇筑知设计标高。每层混凝土的浇筑间歇时间不大于 1h。

（6）混凝土振捣

振捣棒的作用半径一般为振动棒半径的 8～10 倍，所以在插入式振捣器振捣泵送混凝土时，振动棒插入的间距为 400mm 左右，振捣时间一般为 15～30s，并且在 20～30min 后对其进行复振。因为混凝土采取分层浇筑，所以在振捣上一层混凝土时，应插入下一层中 50mm 左右，以消除两层之间的接缝，达到混凝土墙自身的防水防渗功能。

6. 施工变形控制

（1）模板在使用前把板面、板边粘结的水泥浆处理干净，对因拆除而损坏边肋的模板、翘曲变形的模板进行平整、修复保证接缝严密，板面平整。

（2）模板面涂刷脱模剂，未刷脱模剂的模板不准使用，为保证混凝土表面的外观质量，事先准备好刷脱模剂用的工具。

（3）模板安装在放线、验线之后进行。放线时弹出中心线、边线、支模控制线。

（4）模板拼缝要求严密，且用 20mm×10mm 海绵条粘贴，防止拼缝漏浆。

（5）模板的支搭和验收严格按照施工方案进行，对于不符合施工方案的，坚决整改，重新支搭。

7. 适用条件

由于内模一侧由已经浇筑完毕的混凝土做支撑，外模一侧采用工字钢固定，可适用于大面积大尺寸的构筑物施工。同时，现代建筑错综复杂，施工场地受多方面因素制约，往往大型设备或需要较大空间施工的工法无法顺利开展。该工艺所需场地很小，适用于场地受限的大部分模板支撑工程。

（1）混凝土墙施工中没有条件使用对拉螺栓固定模板。

（2）空间狭小，无法架设大规模模板支护系统。

（3）内膜一侧有既有墙体做支撑，高度不得低于待建混凝土墙，且不宜有较大高差。

4.4 环保型土壤固化剂应用技术

随着我国基础设施建设规模的迅速发展和交通量的迅猛增加，对道路的路基路面以及基坑回填提出了更高要求。为了保证公路和基础工程质量并降低工程造价，选择高效的建筑材料至关重要。为了避免过度开采以及减少对生态环境的破坏，寻找新的建筑材料就显得非常重要。如何选择更趋于合理、耐用和经济的建筑材料是工程技术人员应该深思熟虑的问题，也是当前我们面临的重大难题。土壤固化剂作为一种新型的土体加固材料，在美、日、欧等国家和地区已广泛应用，被日本认定为21世纪的土工新材料。我国政府也十分重视土壤固化剂的引进和开发，甚至将“土壤固化剂的引进开发和应用”列为2020年拟定实施的33项交通科技重点项目之一，进一步深化研究以及推广应用是广大工程技术人员义不容辞的责任。

根据“十三五”规划，国家突出强调要建设资源节约型、环境友好型社会，大力倡导发展绿色环保、再生能源、新材料、循环利用、垃圾处理等方面的新型产业。在工程建设领域，低碳节能方面的标准和要求也在不断加强，节能环保新材料、新技术的应用也在不断加速。以高科技为支撑，发展低碳经济，已经成为我国社会经济发展的重要方向，也是岩土工程行业的发展方向。岩土工程行业发展的大趋势是推广应用节能、绿色环保、节地、节材、成本省、工期短、效果好的创新技术。

目前国内外路基和基坑回填工程应用较多的材料是石灰加固土和二灰加固土，但其在工程应用上有两大主要缺点：一是早期强度不高，整体性差，形成一定的强度一般需要七天以上，这对工程工期的安排和节约资金是极为不利的。二是它们的水稳性和抗冻融能力严重不足，在使用期内随着温度和湿度的季节性变化，易产生较多的收缩裂缝，引起强度下降。另外，石灰及二灰本身易飞扬，施工中会有大量灰尘、粉粒弥漫于空气中，不仅有害于环境，而且对施工人员身体健康带来极大危害，同时也造成了经济上的损失。

环保型土壤固化剂是针对以上难题而专门创新出的一种来源环保的新型固化剂，在常温下，将施工现场土壤与土壤固化剂混合后，通过一系列物理化学反应改变土壤性质，并在压实功的作用下，使固化土易于压实和稳定，从而形成整体结构，达到常规所不能达到的压密度，显著提高土体强度、更优异的稳定性和抗渗性。

固化土工艺可利用原有土质作为主要地基材料，造价相对较低，环保生态；现有的施工固化设备可以满足在浅水区作业；施工工艺简单，施工完成后道路和基础使用品质高；改善施工条件，降低对周围环境污染及对施工人员健康危害；固化土具有早期强度较高，水稳性和抗冻融能力优异的特性，且可通过调整水泥及固化剂的掺入比可以达到不同强度的固化土体，并且最终能够达到缩短工期、节约投资等目的。

研发的新型环保固化土材料，可将其用于道路路面基层、场地硬化、盾构渣土回收利用、基坑回填、软基固化处理等方面。根据工程要求，将环保型土壤固化剂、土以及胶结材料按一定的配合比拌合，可实现7d无侧限抗压强度从0.5～4MPa的变化。研发使用环保型土壤固化剂符合国家关于建设生态文明的要求，具有重大意义，因此环保型土壤固化剂是未来的发展趋势。

4.4.1 工程案例

拟建某工业基地项目场地为滦河古三角洲前沿发育的冲、海积平原，潮滩发育。场地地面较平坦，起伏不大。设计地基承载力特征值 f_{ak} 不小于80kPa，场地内除废弃物填埋区以外，建筑区域及周边道路天然地基为人工填土层，场地土除地表揭露杂填土，存在饱和砂土地震液化不良地质作用，地基土较均匀，场地稳定性差，不满足建筑物承载力及沉降要求，未达到满足结构设计要求。

现场施工条件情况：

（1）现场水平运输条件差，施工通行场地存在多处未平整的土堆，高度在 0.5～2m 不等；多处为泥沙软土段；多处有低洼沟槽，深度在 0.5～1m 不等；山坡石路段有多处高低不平、多为块石外露或集中堆积，回填材料运输条件极差，效率低。

（2）车辆出入现场地质高低不平，下雨导致场地道路承载力不足，回填土运输到基坑四周难度较大。

（3）施工条件恶劣，该季节多雨水伴有台风，为雨期施工作业。施工场地为沿海地质地貌，多沙土、淤泥，地下水位高、地表水消沉缓慢等，目前基坑内存有大量积水，该积水来源于地下反水、地表渗水及雨水，需做排水处理。

4.4.2 基坑回填方案

基坑开挖深度为 1m，宽度 1.5m，结合现场实际情况，基坑采用灰土换填或素土夯实存在很大难度，主要有以下几项原因：

（1）现场水平运输条件差，回填土运输到基坑四周难度较大。

（2）工期紧，灰土换填或强夯工法施工速度慢、施工周期长，且夯实的质量不稳定，难以达到设计要求，容易出现质量事故。

（3）基坑处理长度 2690m，基坑周边有大量积土，采用换填需大量处理土方，占线较长，且基坑周边不具备施工便道，运输外弃土方困难。

（4）采用灰土或素土夯实存在扬尘等环境污染的问题。

（5）采用换填灰土或素土夯实工程造价较高，常规胶凝材料价格持续上涨，工程成本日益增加，工程利润大大缩减。

根据上述基坑回填的特点，结合现场实际条件，采用创新技术环保型固化土进行回填，采用此项新技术不仅施工速度快，施工周期短，施工过程绿色、环保、无污染，回填后的固化土质量稳定、可靠，早期强度较高，水稳性和抗冻融能力优异。改善施工条件，降低对施工周围环境污染及对施工人员健康危害，并且最终能够达到缩短工期、节约投资等目的。

4.4.3 环保型固化土填筑特点

1. 因土制宜，因地制宜，因材制宜

根据不同土层、不同设计要求、不同适用场地等变化，然后结合就近获取土料的性质，再根据工程所需要的具体强度以及比重、压实度、弯沉等要求，对填筑材料的各材料配比进行相应调整。

2. 高效节约低碳

大量消耗积聚在施工现场周围的废弃土壤、减少废弃土占用的土地，既节约了材料成本，还节约了运输成本，避免二次处理，其固化剂可采用为磨细炉渣、矿渣和粉煤灰等工业废料，既实现了工业废料的有效利用，又降低了砂、石、水泥等成型建材的使用量，与直接采用混凝土相比，降低成型建材的使用率达到 30%～65%。属于高效、节约、低碳环保型产品，同时实现了废弃资源的循环利用，对社会的可持续发展具有重大意义。

3. 施工速度快，安全性高

按照目前的回填要求，底层无须养护即可达到进行下一层回填，这种特性可保证回填的连续进行，且环保型固化土回填基坑可多段同时施工，施工速度快、施工周期短、工艺环节少。

4. 质量可控，绿色环保

环保型固化土回填基坑可以解决采用传统方案回填时，对土料要求高、夯实难度大、夯实质量不稳定、与基础结构界面结合不好等问题，其回填的效果可以达到素混凝土的效果，但造价远低于采用混凝土回填。现场回填时固化剂等材料不会产生扬尘污染，绿色环保。

5. 应用范围广泛

对固化土作为路面基层及路基处理层，地基加固、沟槽回填、基坑支护帷幕墙、矿山采空区回填、墙体砌筑、项目部硬化、盾构渣土改良等工程中均可应用，应用前景广阔。特别适用于土质条件较差，如淤泥土、软土等，处理外弃土方困难，换填及其他处理方式成本较高，室内施工对环保要求高，工期紧张的工程使用。

4.4.4　施工工艺

1. 施工流程

环保型固化土施工流程如图 4-19 所示。

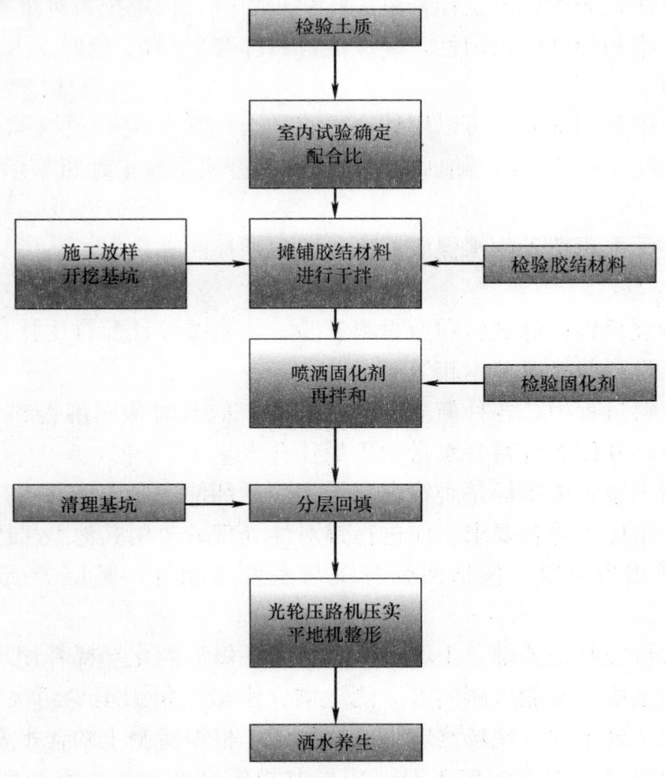

图 4-19　环保型固化土施工流程图

具体施工工艺：

（1）取土样室内试验

现场选取有代表性土样检验土质，通过室内击实和 7d 无侧限试验，确定处理软基的最优配合比。

（2）施工放样、开挖基坑

首先利用挖机清除表土，并摊铺到前一个基坑中，摊铺时利用平地机适当碾压。依照施工图纸进行施工测量和放线，然后用人工配合挖机挖基坑。基坑的尺寸以实际图纸设计为准。

（3）摊铺胶结材料进行干拌

将土排压平整，根据固化土的厚度和预定的干密度及石灰或水泥剂量，计算 $1m^2$ 固化土需要的石灰或水泥剂量，并确定石灰或水泥摆放的纵横间距。若是所用为散装石灰，则用人工按照单位长度或单位面积，将石灰用量折成袋数或方数，均匀地摊铺在土层表面。可以用稳定土拌合机来进行拌合，用挖机来协助搬运和拢堆拌合。

（4）喷洒固化剂再拌合

稀释固化剂时，将洒水车装入施工段计算所需的用水量，然后将计算好的固化剂用量倒入水中，用木杆搅拌均匀使固化剂溶于水中。稀释浓度一般在 1∶100～1∶200 之间，应根据混合料的天然含水率和设计的固化剂用量来确定。当混合料的天然含水率较低时，固化剂稀释液的浓度应小些，相反，当混合料的天然含水率较大时，固化剂稀释液的浓度应高些。拌合的方法是先用稳定土拌合机进行初步拌合，再用挖机拢堆拌合。应严格控制混合料的最佳含水率和拌合的均匀性，确保混合料拌合后颜色一致，干湿适度。

（5）分层回填

清理基坑，对于基础部分，可以用拌合机将拌合均匀的混合料摊铺到挖好的基坑中，每层松铺厚度控制在 15～30cm，随后用光轮压路机夯实配合平地机整形。

（6）洒水养生

碾压完后，必须采用覆盖洒水保湿养生，养生期控制在 7d 为宜。

2. 施工控制要点

（1）严格进行混合料设计试验和原材料试验。认真按设计配合比拌合均匀，计算好混合料堆放距离，每堆料数量要基本相等。

（2）拌合混合料过程中，各种衡器应保持准确，应及时检测混合料含水量及含灰量，根据结果及时调整，并使混合料含水量大于最佳含水量 1%～2%。

（3）准确判断土壤各项指标是否符合环保型固化剂使用要求，并不是所有土壤都能使用固化剂，如某一指标不符合要求，应进行针对性处理或改用其他型号固化剂材料。

（4）土基处理相当重要，包括回弹弯沉与密度检测等，基层的质量直接影响固化效果。

（5）土壤含水量控制是关键，土壤含水量决定环保型固化剂稀释用水量、环保型固化剂能否均匀混合在土壤中及能否碾实等。测土壤含水量（每天至少两次），在喷洒环保型固化剂作业段，取 3 处土样，现场测定土的含水量，根据所测土的含水量，与最佳含水量比较。工程施工中如遇大雨无法施工时，应采取相应措施，如加石灰粉、重新翻土、晒干，甚至进行重复固化施工。

（6）固化剂的拌合及喷洒，先测洒水汽车空车重，以装5t、6t、7t、8t、9t水分别标记，按照水的重量，算出应喷洒多少平方米（确定作业段），按每平方米固化剂用量加到洒水车灌中，加入时人工搅拌，使固化剂溶液均匀后再进行喷洒。

（7）为保证固化剂均匀加入混合料中，施工中应先将固化剂按比例加入水中并搅拌均匀，然后将固化剂稀释液均匀喷洒在混合料上，用装载机来回翻拌，直至均匀。为保证固化剂稀释液能够均匀加入混合料中，应一边拌合，一边加固化剂稀释液，不能一开始就将稀释液一次喷洒完。

（8）下雨天不能进行拌合，以免固化剂稀释液随雨水流失，一般不采用人工拌合。

3. 质量控制要点

（1）回填前基坑必须经过清理，清除垃圾积水等。严格把好固化剂等原材使用检验关，质量部门对拌合土进行控制验收，固化土强度符合图纸设计要求，不合格坚决不予使用。土料和固化剂及拌合水应严格进行计量。

（2）严格按照设计文件及技术规范进行施工。编制详细合理的施工组织设计、施工技术方案和操作规程，并以此为依据，合理组织和调配材料、机械设备和人员，使工程优质、高效、低耗进行。

（3）配齐满足工程施工需要的人力资源。有针对性地组织各类施工人员进行必要的施工前岗位培训，以保证工程施工的需要，配齐满足工程施工需要的各类设备。设备必须经检修、试机、检验合格后，方能进场施工。

（4）工程施工实行现场标牌管理，标示牌上注明工程作业内容、简要工艺和要求、施工及质量负责人姓名等。

（5）组织强有力的测量人员进行测量控制。

（6）对已经认可的施工方案、方法、工艺技术参数和指标进行严密的监视和控制，通过严把过程检验和试验关，保证工程施工的每一段、每个部位的质量在施工过程中受到控制。

（7）基坑回填后，及时进行压实覆盖养生，养生期内防止雨水浸泡。已填好的土层遭水浸，应把稀泥清除干净后，方能进行下一道工序施工。

（8）雨期施工，应定期对施工现场内原排水系统进行检查、疏通，必要时应相应增加排水设施，以保证排水畅通。施工现场内用配电设施须有防雨措施，并由专门人员负责检查、维修。

4.4.5　施工安全控制要点

1. 确定安全生产目标

安全目标确定为“三无一杜绝一创建”。“三无”即无工伤死亡事故、无交通死亡事故、无火灾事故；“一杜绝”即杜绝重伤事故；“一创建”即创建文明工地。

2. 建立安全生产体系

（1）建立健全安全生产管理机构，成立以项目经理为组长的安全生产领导小组，全面负责并领导本项目的安全生产工作。

（2）本项目实行安全生产三级管理，即：一级管理由经理负责，二级管理由专职安全员负责，三级管理由领工员（或班组长）负责，各作业点设立安全监督岗。

（3）按照《安全生产责任制》的要求，落实各级管理人员和操作人员的安全生产责任制做到纵向到底、横向到边，各自做好本岗位的安全工作。

（4）本项目在开工前，由项目经理部编制实施性安全技术施工组织设计，认真执行安全生产“五同时”原则，采取安全技术措施，确保施工安全。

（5）实行逐级安全技术交底制，由经理部组织有关人员对工程项目或专项进行书面详细安全技术交底，凡参加安全技术交底的人员要履行签字手续，并保存资料。项目经理部专职安全员要对安全技术措施的执行情况进行监督检查，并做好记录。

（6）加强施工现场安全教育

针对工程特点，对所有从事管理和生产的人员进行全面的安全教育，重点对专（兼）职安全员、领工员、班组长、电工、机械工、场内机动车辆以及新工上岗、工人变岗和改变工艺等进行培训教育。

对从事施工管理和生产的人员，未经安全教育的不准上岗；新工人（含民工、临时工）未进行三级教育的不准上岗；变换工种或采用新技术、新工艺、新设备、新材料没有进行培训不准上岗。

通过安全教育，增强职工安全意识，树立“安全第一、预防为主”，的思想；掌握基本生产知识和安全操作技能；提高职工遵守施工安全纪律的自觉性，认真执行安全操作规定，做到不违章指挥、不违章操作、不伤害自己、不被他人伤害，达到提高职工整体安全防护意识和自我防护能力。

（7）认真执行安全检查制度

经理部要保证检查制度的落实，要规定定期检查日期及参加检查的人员，经理部每周进行一次；作业班组每天进行一次，非定期检查应视工程情况如施工准备前、施工危险性、是否采取新工艺、天气变化时、交接班中等进行检查，并要有领导值班，对检查中发现的安全问题按照“三不放过”的原则制定整改措施，定人限期进行整改。管生产必须管安全的原则真正落实。

（8）事故报告制度

无论何时，一旦发生危害工程安全、工程进度、工程质量事故，除采取必要的抢救措施以外必须立即暂停此项目和与之有关项目的施工。

事故发生后，承包人必须以最快的方式上报。

3. 主要施工项目安全技术措施

（1）现场布置

1）设置安全标志，在路段施工现场配备、架立安全标志牌、警示灯，采取规范的保通措施。

2）施工料场的布置符合防火、防爆、防雷电等安全规定和文明施工的要求，施工现场的生产、生活办公用房、仓库、材料堆放场、停车场等按安全生产要求进行布置。

3）危险地点应悬挂按照现行国家标准《安全色》GB 2893 和《安全标志及其使用导则》GB 2894 规定的标牌。夜间有人经过的地方应设红灯示警，施工料场设置安全宣传标牌。

4）料场的生产、生活区均要设足够的消防水源和消防设施网点，消防器材有专人管理不得乱拿乱动，所有施工人员要熟悉并掌握消防设备的性能和使用方法。

5）室内外不得随意堆放易燃品；严禁在料库、油库等处吸烟；现场的易燃杂物，随时清除，严禁在有火种的场所或其近旁堆放。

（2）施工现场的临时用电安全控制措施

1）施工现场的临时用电，严格按照现行行业标准《施工现场临时用电安全技术规范》JGJ 46 的规定执行。

2）临时用电工程的安装、维修和拆除，均由经过培训并取得上岗证的电工完成，非电工不准进行电工作业。

3）电缆线路采用“三相五线”接线方式，电气设备和电气线路必须绝缘良好，场内架设的电力线路其悬挂高度及线距符合安全规定，并架在专用电杆上。做好机电设备接零，场地内和施工现场用电由电工进行连接，并配置标准配电箱。确保安全用电，防止人、机伤害事故发生。

4）变压器必须设接地保护装置，其接地电阻不得大于 4Ω，变压器设护栏，设门加锁，专人负责，近旁悬挂“高压危险、切勿靠近”的警示牌。

5）室内配电盘、配电柜前要配绝缘垫，并安装漏电保护装置。

6）电气开关和设备的金属外壳，均要设接地或接零保护。

7）配电箱要能防火、防雨，箱内不得存放杂物，并设门加锁，专人管理。

8）移动的电气设备的供电线使用橡套电缆，穿过道路时，穿管并埋地敷设。

9）检修电气设备时应停电作业，电源箱或开关握柄应挂“有人操作，严禁合闸”的警示片或设专人看管。必须带电作业时经有关部门批准。

10）现场架设的电力线，不得使用裸导线，临时敷设的电线路，不准挂在设备架上，必须安设绝缘支承物。

（3）施工机械的安全控制措施

1）各种机械操作人员和车辆驾驶员，必须持有操作合格证，不准操作与操作证不相符的机械；不准将机械设备交给无操作证的人员操作，对机械操作人员要建立档案，专人管理。

2）操作人员必须按照说明书规定，严格按照工作前的检查制度和工作中注意观察及工作后的检查保养制度。

3）加强室或操作室保持整洁，严禁存放易燃、易爆物品，严禁酒后操作机械，严禁机械带病运转或超负荷运转。

4）严禁对运转中的机械设备进行维修、保养调整等作业。

5）指挥施工机械作业人员，必须站在机械作业人员可看到的安全地点，并明确规定指挥联防信号。

6）定期组织机电设备、车辆安全大检查，对检查中查出的安全问题，按照“三不放过”的原则进行调查处理制定防范措施，防止机械事故的发生。

4.4.6 环保措施

1. 生态环境的保护措施

（1）对施工现场的树木、花草等绿化植物及路段沿线设施的保护是施工中的环保重点，对施工界限内、外的植物、树木等尽力进行保护。

（2）营造良好环境。在生活区设置足够的临时卫生设施，经常进行卫生清理。

（3）施工现场设置垃圾堆放点，做到日集日清，集中堆放，专人管理，并及时运出场外。

（4）定期对施工机械进行检修以防止严重漏油。

（5）对有害物质（如燃料、废料、垃圾等）要通过焚烧或其他措施处理后运至监理工程师指定地点进行掩埋，防止对动、植物造成损害。

（6）为防止施工尘灰污染，地面应经常洒水防尘。

2. 控制噪声污染

（1）对使用的工程机械和运输车辆安装消声器，并加强维修保养、降低噪声。

（2）机械车辆途经居住场所时，应减速慢行、不鸣喇叭。

3. 其他措施

（1）对职工进行环保知识教育，加强环保意识，积极主动地参与环保工作，自觉遵守环保的各项规章制度。

（2）制定环保工作计划和措施，自觉接受环保部门、地方政府对工地环保工作的监督、检查。

4.4.7 效益分析

面对基础建设快速发展，总量和技术水平仍需显著提高，建设资金不足、建筑材料严重匮乏等突出矛盾，以分布广泛的细粒土为基本材料，确定了“复合固结土”作为路面基层材料，这项技术的推广应用及其产业经营，必将带来显著的经济效益和社会效益，对推动公路建设和发展具有重大而深远的社会意义。

通过对灰土、素混凝土、流态固化土等回填材料进行分析对比，采用预拌流态固化土回填的方案，比素混凝土回填方案节约造价约 20%～45%，比灰土施工更能保证回填质量。

环保型固化土进行基坑回填，其技术可行，施工快捷，质量可靠，安全环保，造价低廉，具有较好的经济效益、环境效益和社会效益。

4.5 海绵城市建设新技术

4.5.1 海绵城市的概念与内涵

2013 年 12 月 12 日，习近平总书记在中央城镇化工作会议上提出：建设自然积存、自然渗透、自然净化的“海绵城市”。2015 年 12 月 20 日，习近平总书记在中央城市工作会议中再次强调“要提升建设水平，加强地上和地下基础设施建设，建设海绵城市”。短短两年时间，海绵城市已成为实现城市良性水文循环和可持续健康发展的新型城市建设模式。期间，国家高度重视海绵城市建设，组织申报了 2015 年海绵城市建设试点城市，评选出 16 个试点城市，并要求三年建成和运营，同时发布了一系列重要文件，包括《国务院办公厅关于做好城市排水防涝设施建设工作的通知》（国办发〔2013〕23 号）、《国务院关于加强城市基础设施建设的意见》（国发〔2013〕36 号）、《住房城乡建设部关于印发海绵城市建设技术指南——低影响开发雨水系统构建（试行）的通知》（建城函〔2014〕275 号）、《住房城乡建设部关于印发海绵城市建设绩效评价与考核办法（试行）的通知》（建办城函〔2015〕635 号）、《国务院办公厅关于推进海绵城市建设的指导意见》（国办发〔2015〕75 号）等，其中国办发〔2015〕75 号文指出海绵城市是指通过加强城市规划建设管理，充分发挥建筑、道路和绿地、水系等生态系统对雨水的吸纳、蓄渗和缓释作用，有效控制雨水径流，实现自然积存、自然渗透、自然净化的城市发展方式。

"海绵城市"虽然是对城市的一种理想状态的非专业、形象而通俗的表达，但其内涵丰富、意义重大。

首先，海绵城市的总体目标是修复水生态、改善水环境、涵养水资源、提高水安全、复兴水文化的五位一体的综合目标。通过海绵城市建设，综合采取"渗、滞、蓄、净、用、排"等措施，最大限度地减少城市开发建设对生态环境的影响。海绵城市建设作为我国未来城市发展方式，与城市防洪、排水防涝、黑臭水体整治等工作密切相关。对于排水防涝，应重视和完善城市雨水管渠基础设施建设，与源头径流控制设施、超标雨水排放设施统筹建设，综合提高城市排水及内涝防治能力；对于黑臭水体治理，有效控制径流污染及合流制溢流污染，与点源污染治理相配合，总体改善城市水环境质量。

具体来说，海绵城市的建设目标涵盖雨水径流总量控制、径流峰值控制、径流污染控制、雨水资源化利用等多个分目标。这些分目标之间存在一定的耦合关系，既有区别，也有联系，它们既各司其职，又相互贡献。鉴于径流污染控制目标、雨水资源化利用目标大多可通过径流总量控制实现，各地低影响开发雨水系统构建可选择径流总量控制作为首要的规划控制目标（图 4-20）。

而径流总量控制一般采用年径流总量控制率作为控制指标。年径流总量控制率（α）是根据当地多年日降雨量数据统计得出，指通过自然和人工强化的渗透、集蓄利用、蒸发（腾）等方式，场地内累计全年得到控制（不外排）的雨量占全年总降雨量的百分比，其与设计降雨量（H，mm）为对应关系，当以径流总量为控制目标时，设计降雨量可用于确定低影响开发设施的设计规模。由于我国地域辽阔，气候特征、土壤地质等天然条件和经济条件差异较大，径流总量控制目标也不同，因此，根据对我国近 200 个城市 1983～2012 年日降雨量统计分析，分别得到各城市 α-H 关系，并以此分析，将我国大陆地区大致分为 5 个区，并给出了各区年径流总量控制率 α 的最低和最高限值，即Ⅰ区（85%≤α≤90%）、Ⅱ区（80%≤α≤85%）、Ⅲ区（75%≤α≤85%）、Ⅳ区（70%≤α≤85%）、Ⅴ区（60%≤α≤85%）（图 4-21）。各地应参照此限值，因地制宜地确定本地区径流总量控制目标。

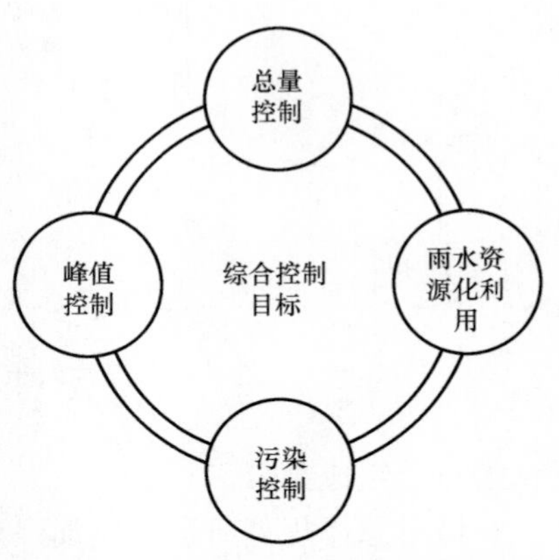

图 4-20　低影响开发控制目标示意图

海绵城市建设是一项复杂而长期的系统工程，需统筹协调城市开发建设各个环节，包括前期规划设计、施工建设及后期运营维护管理等环节（图 4-21）。海绵城市建设的基本原则是规划引领、生态优先、安全为重、因地制宜、统筹建设，其中规划引领是海绵城市

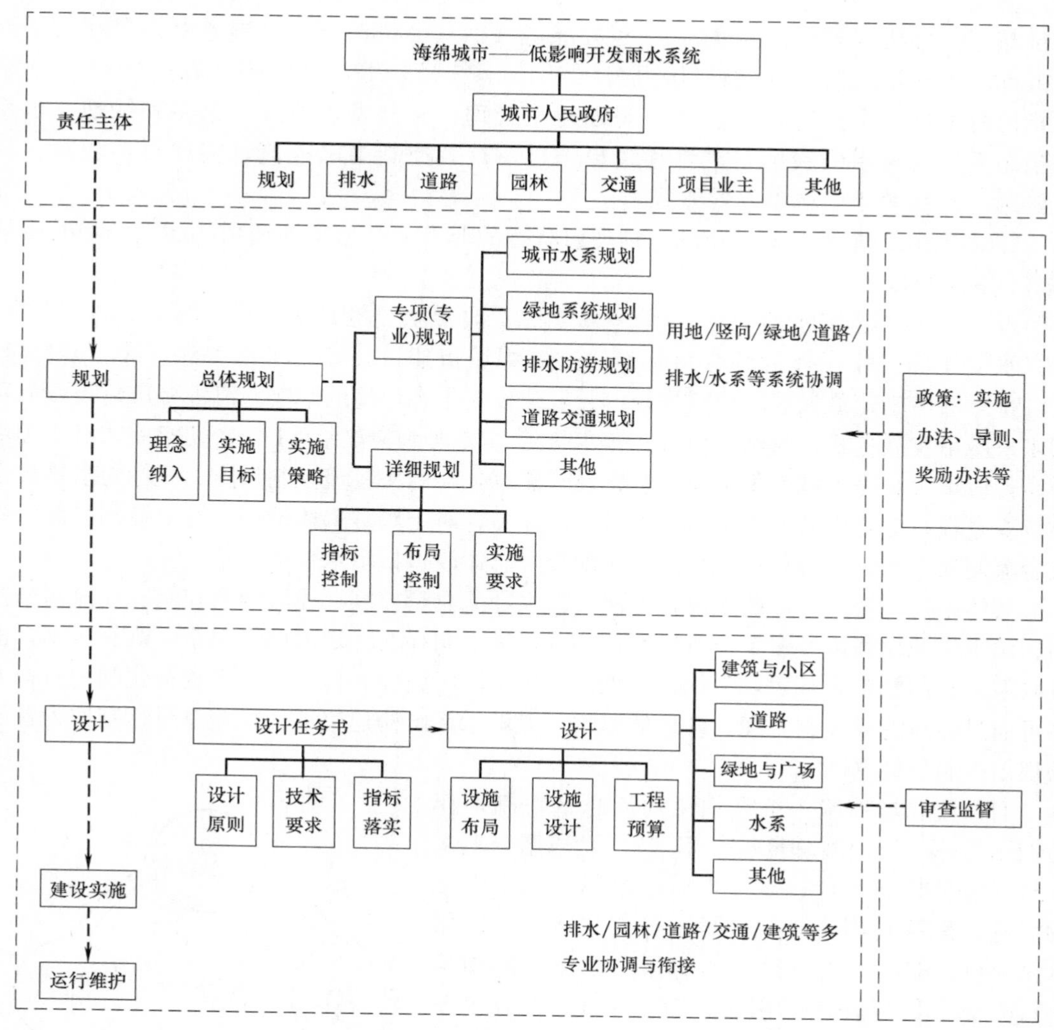

图 4-21　海绵城市——低影响开发雨水系统构建途径示意图

建设的重要组成部分。

在城市总体规划阶段，应加强相关专项（专业）规划对总体规划的有力支撑作用，提出城市低影响开发策略、原则、目标要求等内容；在控制性详细规划阶段，应确定各地块的控制指标，满足总体规划及相关专项（专业）规划对规划地段的控制目标要求；在修建性详细规划阶段，应在控制性详细规划确定的具体控制指标条件下，确定建筑、道路交通、绿地等工程中低影响开发设施的类型、空间布局及规模等内容；最终指导并通过设计、施工、验收环节，实现低影响开发雨水系统的实施；低影响开发雨水系统应加强运行维护，保障实施效果，并开展规划实施评估，用以指导总规及相关专项（专业）规划的修订。城市规划、建设等相关部门应在建设用地规划或土地出让、建设工程规划、施工图设计审查及建设项目施工等环节，加强对海绵城市雨水系统相关目标与指标落实情况的审查（图 4-22）。

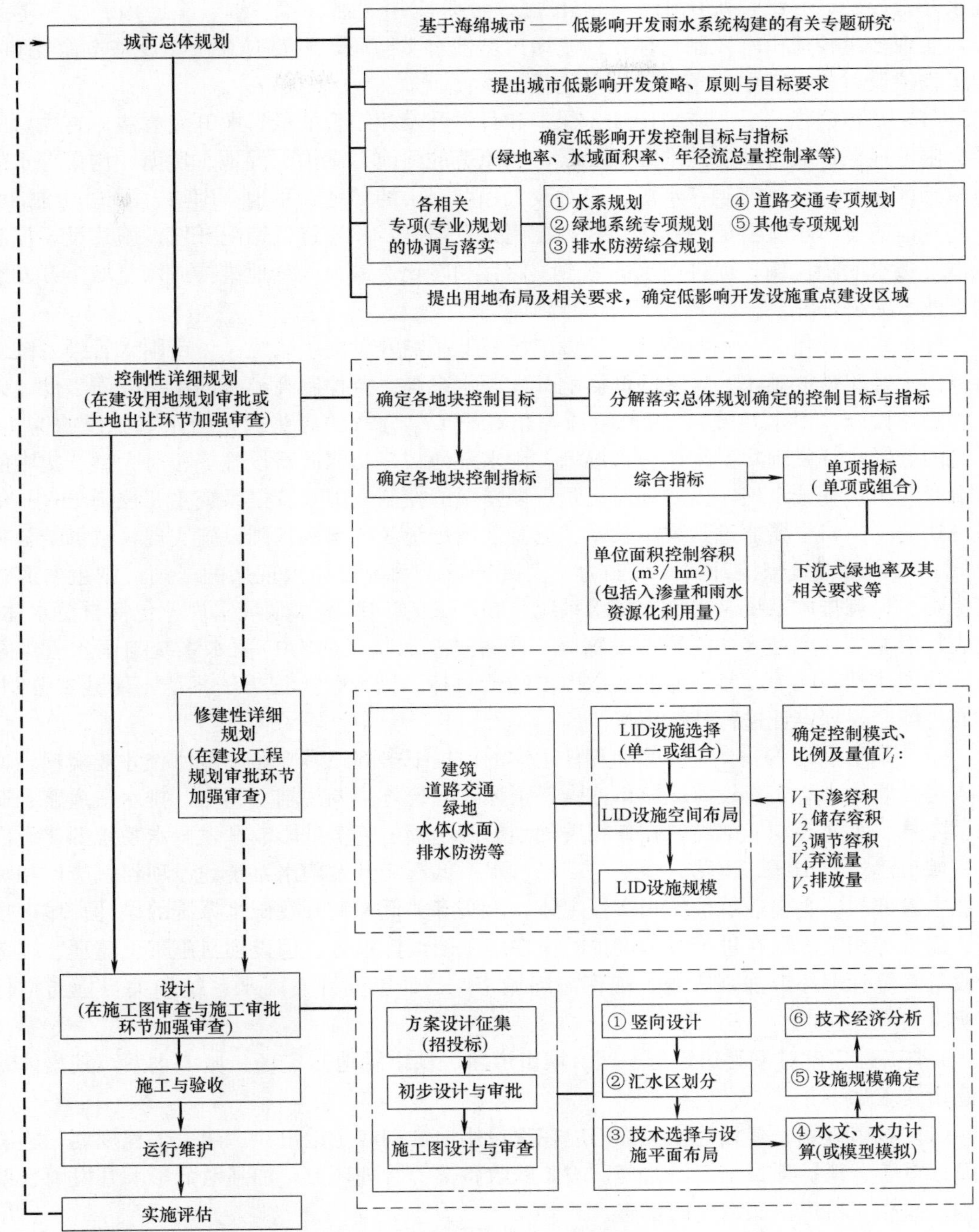

图 4-22 海绵城市-低影响开发雨水系统构建技术框图

4.5.2 海绵城市的建设途径

海绵城市建设强调综合目标的实现，注重通过机制建设、规划统领、设计落实、建设运行管理等全过程、多专业协调与管控，利用城市绿地、水系等自然空间，优先通过绿色雨水基础设施，并结合灰色雨水基础设施，统筹应用“滞、蓄、渗、净、用、排”等手段，实现多重径流雨水控制目标，恢复城市良性水文循环，主要有 3 条建设基本途径和 4 类工程建设对象，其中 3 条建设基本途径如下：

（1）基本途径一——应采用优先保护和科学开发相结合的低影响开发方法。首先，应最大限度地保护城市开发前的海绵要素，如原有的河流、湖泊、湿地、坑塘、沟渠等水生态敏感区，并留有足够涵养水源、应对较大强度降雨的林地、草地、湖泊、湿地，维持城市开发前的自然水文特征。其次，合理控制开发强度，并通过低影响开发设施建设，控制城市不透水面积比例，促进雨水的渗透、储存和净化，最大限度地维持或恢复城市开发前的自然水文循环。

（2）基本途径二——海绵城市建设应统筹低影响开发雨水系统、城市雨水管渠系统及超标雨水径流排放系统。狭义的低影响开发雨水系统主要控制高频率的中小降雨事件，以生物滞留设施（雨水花园）、绿色屋顶等相对小型、分散的源头绿色雨水基础设施为主，广义的低影响开发雨水系统还包含湿塘、雨水湿地、多功能调蓄设施等相对大型、集中的末端绿色雨水基础设施，以实现对高重现期暴雨的控制。雨水管渠系统主要控制 1～10 年重现期的降雨，主要通过管渠、泵站、调蓄池等传统灰色雨水基础设施实现，也可结合狭义的 LID 雨水系统来提升其排水能力。而高于管渠系统设计重现期的暴雨，则主要通过超标雨水径流排放系统（也称大排水系统）和广义的 LID 雨水系统实现，包括自然水体、地表行泄通道和大型多功能调蓄设施等，并通过叠加狭义的 LID 雨水系统与雨水管渠系统，共同达到 20～100 年一遇的城市内涝防治目标。因此，这三个子系统不能截然分割，需通过综合规划设计进行整体衔接。

（3）基本途径三——应在明确责任主体的前提下多部门多专业高度协作才能实现。城市人民政府作为落实建设海绵城市的责任主体，应统筹协调规划、国土、排水、道路、交通、园林、水文等职能部门，在各相关规划编制过程中落实低影响开发雨水系统的建设内容；城市建筑与小区、道路、绿地与广场、水系低影响开发雨水系统建设项目，应以相关职能主管部门、企事业单位作为责任主体，落实有关低影响开发雨水系统的设计。城市规划、建设等相关部门在进行具体设计时应在施工图设计审查、建设项目施工、监理、竣工验收备案等管理环节加强审查，确保海绵城市——低影响开发雨水系统相关目标与指标落实。

4 类工程建设对象为建筑与小区、城市道路、城市绿地与广场、城市水系，其整体基本建设要求如下：

（1）城市规划、建设等相关部门应在建设用地规划或土地出让、建设工程规划、施工图设计审查、建设项目施工、监理、竣工验收备案等管理环节，加强对低影响开发雨水系统构建及相关目标落实情况的审查。

（2）政府投资项目（如城市道路、公共绿地等）的低影响开发设施建设工程一般可由当地政府、建设主体筹集资金。社会投资项目的低影响开发设施建设一般由企事业建设单位自筹资金。当地政府可根据当地经济、生态建设情况，通过建立激励政策和机制鼓励社会资本参与公共项目低影响开发雨水系统的建设投资。

（3）低影响开发设施建设工程的规模、竖向、平面布局等应严格按规划设计文件进行控制。

（4）施工现场应有针对低影响开发雨水系统的质量控制和质量检验制度。

（5）低影响开发设施所用原材料、半成品、构（配）件、设备等产品，进入施工现场时必须按相关要求进行进场验收。

（6）施工现场应做好水土保持措施，减少施工过程对场地及其周边环境的扰动和破坏。

（7）有条件地区，低影响开发雨水设施工程的验收可在整个工程经过一个雨季运行检验后进行。

针对建筑与小区工程建设项目，建筑屋面和小区路面径流雨水应通过有组织的汇流与转输，经截污等预处理后引入绿地内的以雨水渗透、储存、调节等为主要功能的低影响开发设施。因空间限制等原因不能满足控制目标的建筑与小区，径流雨水还可通过城市雨水管渠系统引入城市绿地与广场内的低影响开发设施。低影响开发设施的选择应因地制宜、经济有效、方便易行，如结合小区绿地和景观水体优先设计生物滞留设施、渗井、湿塘和雨水湿地等（图 4-23）。应做到以下工程建设要点：

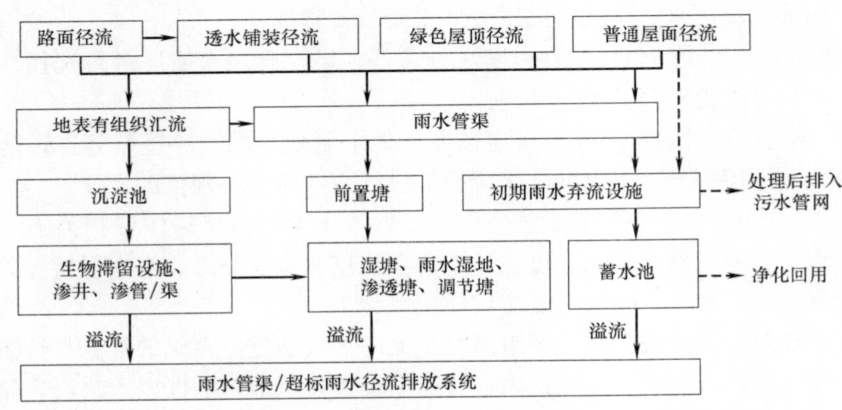

图 4-23　建筑与小区低影响开发雨水系统典型建设流程示例

（1）建筑与小区低影响开发设施应按照规划总图、施工图进行建设，以达到低影响开发控制目标与指标要求。

（2）景观水体补水、循环冷却水补水及绿化灌溉、道路浇洒用水的非传统水源宜优先选择雨水。按绿色建筑标准设计的建筑与小区，其非传统水源利用率应满足现行国家标准《绿色建筑评价标准》GB/T 50378 的要求，其他建筑与小区宜参照该标准执行。

（3）雨水进入景观水体之前应设置前置塘、植被缓冲带等预处理设施，同时可采用植草沟转输雨水，以降低径流污染负荷。景观水体宜采用非硬质池底及生态驳岸，为水生动植物提供栖息或生长条件，并通过水生动植物对水体进行净化，必要时可采取人工土壤渗滤等辅助手段对水体进行循环净化。

（4）建筑与小区低影响开发设施应建设有效的进水及转输设施，汇水面径流雨水经截污等预处理后优先进入低影响开发设施消纳。

（5）宜采取雨落管断接或设置集水井等方式将屋面雨水断接并引入周边绿地内小型、分散的低影响开发设施，或通过植草沟、雨水管渠将雨水引入场地内的集中调蓄设施。

（6）道路横断面设计应优化道路横坡坡向、路面与道路绿化带及周边绿地的竖向关系等，便于径流雨水汇入绿地内低影响开发设施。

（7）路面宜采用透水铺装，透水铺装路面设计应满足路基路面强度和稳定性等要求。

（8）道路径流雨水进入绿地内的低影响开发设施前，应利用沉淀池、前置塘等对进入绿地内的径流雨水进行预处理，防止径流雨水对绿地环境造成破坏。有降雪的城市还应采取措施对含融雪剂的融雪水进行弃流，弃流的融雪水宜经处理（如沉淀等）后排入市政污水管网。

（9）建筑与小区低影响开发设施应设置溢流排放系统，并与城市雨水管渠系统和超标雨水径流排放系统有效衔接。

（10）建筑材料也是径流雨水水质的重要影响因素，应优先选择对径流雨水水质没有影响或影响较小的建筑屋面及外装饰材料。

（11）水资源紧缺地区可考虑优先将屋面雨水进行集蓄回用，净化工艺应根据回用水水质要求和径流雨水水质确定。雨水储存设施可结合现场情况选用雨水罐、地上或地下蓄水池等设施。当建筑层高不同时，可将雨水集蓄设施设置在较低楼层的屋面上，收集较高楼层建筑屋面的径流雨水，从而借助重力供水而节省能量。

（12）低影响开发设施内植物宜根据水分条件、径流雨水水质等进行选择，宜选择耐盐、耐淹、耐污等能力较强的乡土植物。

（13）建筑与小区低影响开发设施应按照先地下后地上的顺序进行施工，防渗、水土保持、土壤介质回填等分项工程的施工应符合设计文件及相关规范的规定。

（14）建筑与小区低影响开发设施建设工程的竣工验收应严格按照相关施工验收规范执行，并重点对设施规模、竖向、进水设施、溢流排放口、防渗、水土保持等关键设施和环节做好验收记录，验收合格后方能交付使用。

针对城市道路工程建设项目，城市道路径流雨水应通过有组织的汇流与转输，经截污等预处理后引入道路红线内、外绿地内，并通过设置在绿地内的以雨水渗透、储存、调节等为主要功能的低影响开发设施进行处理。低影响开发设施的选择应因地制宜、经济有效、方便易行，如结合道路绿化带和道路红线外绿地优先设计下沉式绿地、生物滞留带、雨水湿地等（图 4-24）。应做到以下工程建设要点：

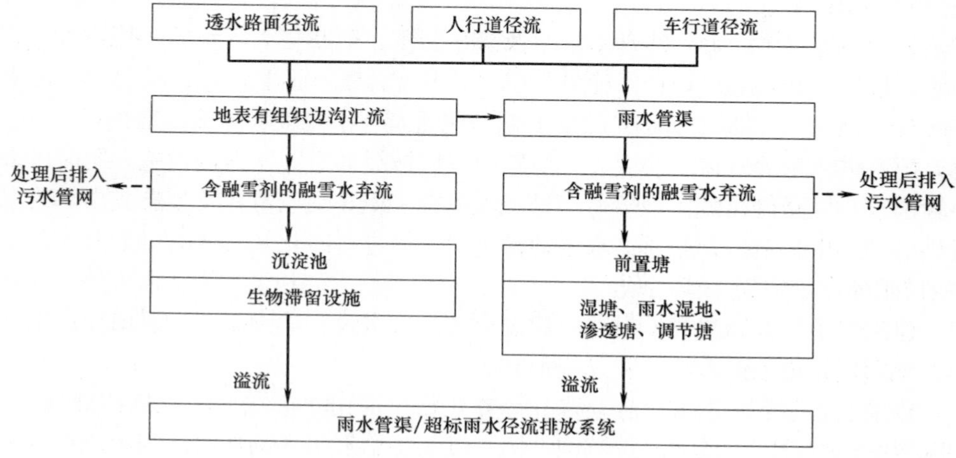

图 4-24　城市道路低影响开发雨水系统典型建设流程示例

（1）道路人行道宜采用透水铺装，非机动车道和机动车道可采用透水沥青路面或透水水泥混凝土路面，透水铺装构造下的土基稳定、密实、均质，应具有足够的强度、稳定性、抗变形能力和耐久性，对于地质条件恶劣的路段（如软土、膨胀土、湿陷性黄土、盐渍土，或已受污染的土壤等），不宜铺筑透水性路面。

（2）城市道路低影响开发设施进水口（如开口路缘石）处应局部下凹以提高设施进水条件，进水口的开口宽度、设置间距应根据道路竖向坡度调整，考虑绿植种类落叶、落枝情况，避免其阻塞进水口；进水口处应设置防冲刷设施。

（3）路面排水宜采用生态排水的方式，也可利用道路及周边公共用地的地下空间设计调蓄设施。路面雨水宜首先汇入道路红线内绿化带，当红线内绿地空间不足时，可由政府主管部门协调，将道路雨水引入道路红线外城市绿地内的低影响开发设施进行消纳。当红线内绿地空间充足时，也可利用红线内低影响开发设施消纳红线外空间的径流雨水。城市道路低影响开发设施应建设有效的溢流排放设施并与城市雨水管渠系统和超标雨水径流排放系统有效衔接。

（4）道路径流雨水进入道路红线内外绿地内的低影响开发设施前，应利用沉淀池、前置塘等对进入绿地内的径流雨水进行预处理，防止径流雨水对绿地环境造成破坏。有降雪的城市还应采取措施对含融雪剂的融雪水进行弃流，弃流的融雪水宜经处理（如沉淀等）后排入市政污水管网。

（5）城市道路低影响开发设施应采取相应的防渗措施，防止径流雨水下渗对道路路面及路基造成损坏，并满足《城市道路路基设计规范》CJJ 194 中相关要求。

（6）道路横断面设计应优化道路横坡坡向、路面与道路绿化带及周边绿地的竖向关系等，便于径流雨水汇入低影响开发设施。

（7）当道路纵向坡度影响低影响开发设施有效调蓄容积时，应建设有效的挡水设施。

（8）规划作为超标雨水径流行泄通道的城市道路，其断面及竖向设计应满足相应的设计要求，并与区域整体内涝防治系统相衔接。

（9）城市径流雨水行泄通道及易发生内涝的道路、下沉式立交桥区等区域的低影响开发雨水调蓄设施，应配建警示标志及必要的预警系统，避免对公共安全造成危害。

（10）城市道路经过或穿越水源保护区时，应在道路两侧或雨水管渠下游设计雨水应急处理及储存设施。雨水应急处理及储存设施的设置，应具有截污与防止事故情况下泄漏的有毒有害化学物质进入水源保护地的功能，可采用地上式或地下式。

（11）低影响开发设施内植物宜根据水分条件、径流雨水水质等进行选择，宜选择耐盐、耐淹、耐污等能力较强的乡土植物。

（12）湿陷性黄土地区施工应注意采取地基处理措施、防水措施和结构措施等特殊的加固措施，减轻或消除其湿陷性。湿陷性黄土路基及构筑物基础处理施工除采用防止地表水下渗的措施外，可根据工程具体情况采取换取垫层法、冲击碾压法、强夯法、挤密法、预浸法、化学加固法等方法因地制宜进行处理。

低影响开发设施应根据其重要性、地基受水浸湿可能性的大小和使用期间对不均匀沉降限制的严格程度进行分类。具体规定可参照《湿陷性黄土地区建筑标准》GB 50025 表3.0.1及附录A确定。

低影响开发设施的设计和地基处理应按照《湿陷性黄土地区建筑标准》GB 50025 第

5、6章相关条款执行。地基处理措施的相关设计和施工要求应符合《建筑地基处理技术规范》JGJ 79。

（13）城市道路低影响开发设施的竣工验收应由建设单位组织市政、园林绿化等部门验收，确保满足《城镇道路工程施工与质量验收规范》CJJ 1相关要求，并对设施规模、竖向、进水口、溢流排水口、绿化种植等关键环节进行重点验收，验收合格后方能交付使用。

针对城市绿地与广场工程建设项目，城市绿地、广场及周边区域径流雨水应通过有组织的汇流与转输，经截污等预处理后引入城市绿地内的以雨水渗透、储存、调节等为主要功能的低影响开发设施，消纳自身及周边区域径流雨水，并衔接区域内的雨水管渠系统和超标雨水径流排放系统，提高区域内涝防治能力。低影响开发设施的选择应因地制宜、经济有效、方便易行，如湿地公园和有景观水体的城市绿地与广场宜设计雨水湿地、湿塘等（图4-25）。应做到以下工程建设要点：

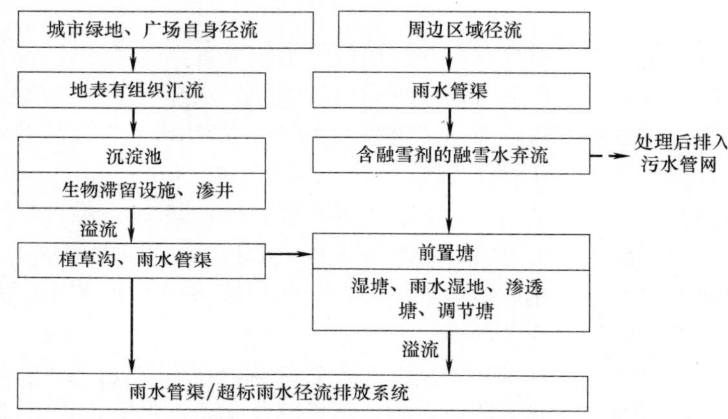

图4-25　城市绿地与广场低影响开发雨水系统典型流程示例

（1）城市绿地与广场低影响开发设施应建设有效的溢流排放系统，与城市雨水管渠系统和超标雨水径流排放系统有效衔接。

（2）城市湿地公园、城市绿地中的景观水体宜具有雨水调蓄功能，构建多功能调蓄水体/湿地公园，平时发挥正常的景观及休闲、娱乐功能，暴雨发生时发挥调蓄功能，实现土地资源的多功能利用，其总体布局、规模、竖向设计应与城市雨水管渠系统和超标雨水径流排放系统相衔接。

（3）城市绿地与广场中湿塘、雨水湿地等大型低影响开发设施应在进水口设置有效的防冲刷、预处理设施。

（4）城市绿地与广场内湿塘、雨水湿地等雨水调蓄设施应采取水质控制措施，利用雨水湿地、生态堤岸等设施提高水体的自净能力，有条件的可设计人工土壤渗滤等辅助设施对水体进行循环净化。

（5）城市绿地与广场中湿塘、雨水湿地等大型低影响开发设施应建设警示标识和预警系统，保证暴雨期间人员的安全撤离，避免事故的发生。

（6）周边区域径流雨水进入城市绿地与广场内的低影响开发设施前，应利用沉淀池、前置塘等对进入绿地内的径流雨水进行预处理，防止径流雨水对绿地环境造成破坏。有降雪的城市还应采取措施对含融雪剂的融雪水进行弃流，弃流的融雪水宜经处理（如沉淀等）后排入市政污水管网。

(7) 低影响开发设施内植物宜根据设施水分条件、径流雨水水质等进行选择，宜选择耐盐、耐淹、耐污等能力较强的乡土植物。

(8) 城市园林绿地系统低影响开发雨水系统建设及竣工验收应满足国家现行标准《城市园林绿化评价标准》GB/T 50563、《园林绿化工程施工及验收规范》CJJ 82 中相关要求。

针对城市水系工程建设项目，应根据其功能定位、水体现状、岸线利用现状及滨水区现状等，进行合理保护、利用和改造，在满足雨洪行泄等功能条件下，实现相关规划提出的低影响开发控制目标及指标要求，并与城市雨水管渠系统和超标雨水径流排放系统有效衔接（图 4-26）。应做到以下工程建设要点：

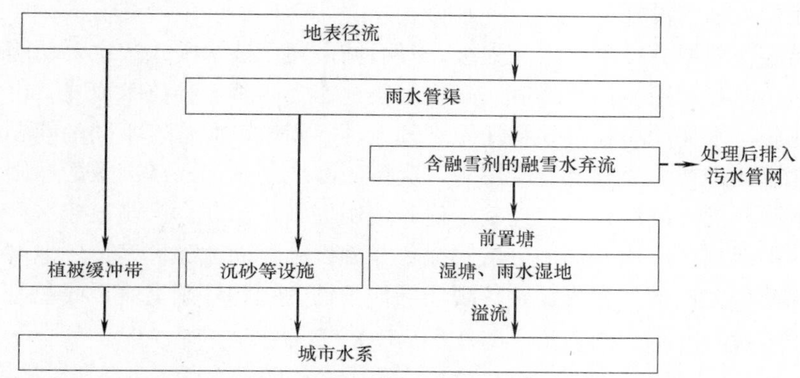

图 4-26 城市水系低影响开发雨水系统典型流程示例

(1) 应充分利用现状自然水体建设湿塘、雨水湿地等具有雨水调蓄功能的低影响开发设施，湿塘、雨水湿地的布局、调蓄水位、水深等应与城市上游雨水管渠系统和超标雨水径流排放系统及下游水系相衔接。

(2) 位于蓄滞洪区的河道、湖泊、滨水低洼地区低影响开发雨水系统建设，同时应满足《蓄滞洪区设计规范》GB 50773 中相关要求。

(3) 规划建设新的水体或扩大现有水体的水域面积，应与低影响开发雨水系统的控制目标相协调，增加的水域宜具有雨水调蓄功能。

(4) 应充分利用城市水系滨水绿化控制线范围内的城市公共绿地，在绿地内建设湿塘、雨水湿地等设施调蓄、净化径流雨水，并与城市雨水管渠的水系入口、经过或穿越水系的城市道路的路面排水口相衔接。

(5) 滨水绿化控制线范围内的绿化带接纳相邻城市道路等不透水汇水面径流雨水时，应建设为植被缓冲带，以削减径流流速和污染负荷。

(6) 有条件的城市水系，其岸线宜建设为生态驳岸，并根据调蓄水位变化选择适应的水生及湿生植物。

(7) 地表径流雨水进入滨水绿化控制线范围内的低影响开发设施前，应利用沉淀池、前置塘等对进入绿地内的径流雨水进行预处理，防止径流雨水对绿地环境造成破坏。有降雪的城市还应采取措施对含融雪剂的融雪水进行弃流，弃流的融雪水宜经处理（如沉淀等）后排入市政污水管网。

（8）低影响开发设施内植物宜根据水分条件、径流雨水水质等进行选择，宜选择耐盐、耐淹、耐污等能力较强的乡土植物。

4.5.3 海绵城市的技术体系

海绵城市建设技术按主要功能可分为渗透、储存、调节、转输、截污净化五类技术，每一类技术又包含若干不同形式的单项技术设施，而每一种单项技术设施往往具有多个功能，如生物滞留设施的功能除渗透补充地下水外，还可削减峰值流量、净化雨水（表 4-6）。因此，在实践中，应根据主要设计目标、场地条件等，通过特殊设计，或通过各类技术的灵活组合应用，实现径流总量控制、径流峰值控制、径流污染控制、雨水资源化利用等单一或综合目标，不应拘泥于某单项设施及其单一形态、功能等，应进行必要的组合、功能优化与创新设计。

此外，还应合理划分技术选用优先级。海绵城市建设技术模式按主要功能和目的可划分为雨水渗透、储存回用、调节峰值、净化水质、综合调蓄五种技术模式。由于我国地域广阔，地形地貌、水文地质和气候特征差别较大，不同城市面临着不同的问题和需求，因此，当对技术模式进行单一或组合应用时，应按照因地制宜和经济高效的原则，针对不同类型用地和不同开发强度项目，合理确定优先选用等级，如新建区与改建区开发强度往往差别较大，其中新建区应优先选用分散式绿色基础设施，而改建区多位于老城区，受建筑密度高，硬化面积大和地下管线复杂等现场场地条件的制约，则适宜以绿色基础设施与灰色基础设施相结合和末端控制为主（表 4-6、表 4-7）。

各类单项技术设施功能比选一览表　　**表 4-6**

技术类型	单项设施	功能				
		集蓄利用雨水	补充地下水	削减峰值流量	净化雨水	转输
渗透技术	透水砖铺装	○	●	◎	◎	○
	透水水泥混凝土	○	○	◎	◎	○
	透水沥青混凝土	○	○	◎	◎	○
	下沉式绿地	○	●	◎	◎	○
	简易型生物滞留设施	○	●	◎	◎	○
	复杂型生物滞留设施	○	●	◎	●	○
	渗透塘	○	●	◎	◎	○
	渗井	○	●	◎	◎	○
储存技术	湿塘	●	○	●	◎	○
	雨水湿地	●	○	●	●	○
	蓄水池	●	○	◎	◎	○
	雨水罐	●	○	◎	◎	○
调节技术	调节塘	○	○	●	◎	○
	调节池	○	○	●	○	○

续表

技术类型	单项设施	功能				
		集蓄利用雨水	补充地下水	削减峰值流量	净化雨水	转输
转输技术	转输型植草沟	◎	○	○	◎	●
	干式植草沟	○	●	○	◎	●
	湿式植草沟	○	○	○	●	●
	渗管/渠	○	◎	○	○	●
截污净化技术	绿色屋顶	○	○	◎	◎	○
	植被缓冲带	○	○	○	●	—
	初期雨水弃流设施	◎	○	○	●	—
	人工土壤渗滤	●	○	○	●	—

注：●—强；◎—较强；○—弱或很小。

不同类型用地中各类单项技术设施选用一览表 **表 4-7**

技术类型（按主要功能）	单项设施	用地类型			
		建筑与小区	城市道路	绿地与广场	城市水系
渗透技术	透水砖铺装	●	●	●	◎
	透水水泥混凝土	◎	◎	◎	◎
	透水沥青混凝土	◎	◎	◎	◎
	下沉式绿地	●	●	●	◎
	简易型生物滞留设施	●	●	●	◎
	复杂型生物滞留设施	●	●	◎	◎
	渗透塘	●	◎	●	○
	渗井	●	◎	●	○
储存技术	湿塘	●	◎	●	●
	雨水湿地	●	●	●	●
	蓄水池	◎	○	◎	○
	雨水罐	●	○	○	○
调节技术	调节塘	●	◎	●	◎
	调节池	◎	◎	◎	○
转输技术	转输型植草沟	●	●	●	◎
	干式植草沟	●	●	●	◎
	湿式植草沟	●	●	●	◎
	渗管/渠	●	●	●	○
截污净化技术	绿色屋顶	●	○	○	○
	植被缓冲带	●	●	●	●
	初期雨水弃流设施	●	◎	◎	○
	人工土壤渗滤	◎	○	◎	◎

注：●—宜选用；◎—可选用；○—不宜选用。

4.5.4 海绵城市建设相关法规与标准

国家早期有关雨水的法规政策甚少，仅仅针对缺水地区，鼓励水资源的合理开发利用，优先发展节水型农业，提高用水效率，如《中华人民共和国水法》《中华人民共和国循环经济促进法》《中华人民共和国抗旱条例》等，然而，随着城镇化的快速发展，城市内涝、径流污染、水资源短缺、生态环境恶化等问题日益突出，为此，国家高度关注，发布了一系列重要文件，且开展了大量相关规范标准的修编与新编工作，加入海绵城市建设相关要求，如《室外排水设计规范》《建筑与小区雨水利用工程技术规范》《城市排水工程规划规范》《绿色建筑评价标准》《公园设计规范》等修编规范和《海绵城市建设技术指南》《城镇内涝防治技术规范》《城镇雨水调蓄工程技术规范》等新编规范。

以下内容为2013—2015年国家层面发布的雨水相关政策文件要点地整理总结：

1.《国务院办公厅关于做好城市排水防涝设施建设工作的通知》(国办发〔2013〕23号)

文件中明确要求：①明确任务目标，力争用5年时间完成排水管网的雨污分流改造，用10年左右的时间，建成较为完善的城市排水防涝工程体系。②全面普查摸清现状，建立管网等排水设施地理信息系统，对现有暴雨强度公式进行评价和修订，全面评估城市排水防涝能力和风险。③合理确定建设标准，各地区应根据本地降雨规律和暴雨内涝风险情况，合理确定城市排水防涝设施建设标准，在人口密集、灾害易发的特大城市和大城市，应采用国家标准的上限，并可视城市发展实际适当超前提高有关建设标准。④科学制定建设规划，各地区要抓紧制定城市排水防涝设施建设规划，要加强与城市防洪规划的协调衔接，将城市排水防涝设施建设规划纳入城市总体规划和土地利用总体规划。⑤扎实做好项目前期工作。各地区发展改革、住房和城乡建设等部门要做好项目技术论证和审核把关，并建立相应工作机制，提高建设项目立项、建设用地、环境影响评价、节能评估、可行性研究和初步设计等环节的审批效率。⑥加快推进雨污分流管网改造与建设。在雨污合流区域加大雨污分流排水管网改造力度。新建城区要依据《"十二五"全国城镇污水处理及再生利用设施建设规划》和有关要求，建设雨污分流的排水管网。⑦积极推行低影响开发建设模式。各地区旧城改造与新区建设必须树立尊重自然、顺应自然、保护自然的生态文明理念；要按照对城市生态环境影响最低的开发建设理念，控制开发强度，合理安排布局，有效控制地表径流，最大限度地减少对城市原有水生态环境的破坏；要与城市开发、道路建设、园林绿化统筹协调，因地制宜配套建设雨水滞渗、收集利用等削峰调蓄设施。此外，还要求各地加大城市排水防涝设施资金投入、健全法规标准、完善应急机制、强化日常管理、加强科技支撑、落实地方责任、明确部门分工。

2.《国务院关于加强城市基础设施建设的意见》(国发〔2013〕36号)

文件中要求在全面普查、摸清现状基础上，编制城市排水防涝设施规划。加快雨污分流管网改造与排水防涝设施建设，解决城市积水内涝问题。积极推行低影响开发建设模式，将建筑、小区雨水收集利用、可渗透面积、蓝线划定与保护等要求作为城市规划许可和项目建设的前置条件，因地制宜配套建设雨水滞渗、收集利用等削峰调蓄设施。加强城市河湖水系保护和管理，强化城市蓝线保护，坚决制止因城市建设非法侵占河湖水系的行为，维护其生态、排水防涝和防洪功能。完善城市防洪设施，健全预报预警、指挥调度、应急抢险等措施，到2015年，重要防洪城市达到国家规定的防洪标准。全面提高城市排水防涝、防洪减灾能力，用10年左右时间建成较完善的城市排水防涝、防洪工程体系。

3.《住房城乡建设部关于印发城市排水防涝设施普查数据采集与管理技术导则（试行）的通知》(建城〔2013〕88号)

文件中提出现状普查是城市排水防涝系统规划、建设与管理的重要基础性工作；普查数据的采集、管理与质量控制，是保障普查数据系统性、完整性、准确性的关键，同时也为普查数据的应用、建立城市排水防涝的数字信息化管控平台创造条件。各地要督促辖区内各城市，加强组织领导，强化部门协作，在现有档案资料基础上，综合运用现场探测、地理信息系统、在线监测等方法，开展城市排水防涝设施的全面普查；直辖市及有条件的城市要在普查工作的基础上，加快城市排水防涝数字化管控平台建设，提高城市排水防涝设施规划、建设、管理和应急水平；其他城市要逐步建立和完善排水防涝数字化管控平台。

4.《住房城乡建设部　中国气象局关于做好暴雨强度公式修订有关工作的通知》(建城〔2014〕66号)

文件提出建立暴雨强度公式制修订工作机制，建立暴雨强度公式编制与成果共享机制，暴雨强度公式的批准实施中要求编制成果应由所在地市（县）住房城乡建设（城镇排水主管部门）会同气象部门组织审定，并报当地人民政府批准后实施；同时，报上级住房城乡建设部门备案。各市（县）气象部门要加强对气候变化、降雨规律的持续跟踪与研究分析，及时提出暴雨强度公式修订计划，并按上述程序进行修订、审定、报批、备案。另外需健全保障措施，加强城市防涝技术合作。

5.《住房城乡建设部　国家发展改革委关于进一步加强城市节水工作的通知》(建城〔2014〕114号)

文件提出强化规划对节水的引领作用。城市总体规划编制要科学评估城市水资源承载能力，坚持以水定城、以水定地、以水定人、以水定产的原则，统筹给水、节水、排水、污水处理与再生利用，以及水安全、水生态和水环境的协调。缺水城市要先把浪费的水管住，严格控制生态景观取用新水，提出雨水、再生水及建筑中水利用等要求，沿海缺水城市要因地制宜提出海水淡化水利用等要求；按照有利于水的循环、循序利用的原则，规划布局市政公用设施；明确城市蓝线管控要求，加强河湖水系保护。编制控制性详细规划要明确节水的约束性指标。各城市要依据城市总体规划和控制性详细规划编制城市节水专项规划，提出切实可行的目标，从水的供需平衡、潜力挖掘、管理机制等方面提出工作对策、措施和详细实施计划，并与城镇供水、排水与污水处理、绿地、水系等规划相衔接。

大力推行低影响开发建设模式。成片开发地块的建设应大力推广可渗透路面和下凹式绿地，通过雨水收集利用、增加可渗透面积等方式控制地表径流。新建城区硬化地面中，可渗透地面面积比例不应低于40%；有条件的地区应对现有硬化路面逐步进行透水性改造，提高雨水滞渗能力。结合城市水系自然分布和当地水资源条件，因地制宜的采取湿地恢复、截污、河道疏浚等方式改善城市水生态。按照对城市生态环境影响最低的开发建设理念，控制开发强度，最大限度地减少对城市原有水生态环境的破坏，建设自然积存、自然渗透、自然净化的“海绵城市”。

6.《财政部　住房城乡建设部　水利部关于开展中央财政支持海绵城市建设试点工作的通知》(财建〔2014〕838号)

中央财政对海绵城市建设试点给予专项资金补助，一定三年，具体补助数额按城市规模分档确定，直辖市每年 6 亿元，省会城市每年 5 亿元，其他城市每年 4 亿元。对采用 PPP 模式达到一定比例的，将按上述补助基数奖励 10%。

试点城市由省级财政、住房和城乡建设部、水利部联合申报。试点城市应将城市建设成具有吸水、蓄水、净水和释水功能的海绵体，提高城市防洪排涝减灾能力。试点城市年径流总量目标控制率应达到住房和城乡建设部《海绵城市建设技术指南》要求。试点城市按三年滚动预算要求编制实施方案。

7.《国务院关于印发水污染防治行动计划的通知》（国发〔2015〕17 号）（水污染防治行动计划）

文件中规定了全国七大重点流域水质改善的目标。要全面控制污染物排放，强化城镇生活污染治理，推进农村污染防治，防治畜禽养殖污染。推动经济结构转型升级，积极保护生态空间。严格城市规划蓝线管理，城市规划区范围内应保留一定比例的水域面积。新建项目一律不得违规占用水域。严格水域岸线用途管制，土地开发利用应按照有关法律法规和技术标准要求，留足河道、湖泊和滨海地带的管理和保护范围，非法挤占的应限期退出。着力节约保护水资源，提高用水效率，加强城镇节水。强化科技支撑，推广示范适用技术。全力保障水生态环境安全，整治城市黑臭水体，保护水和湿地生态系统。

8.《国务院办公厅关于推进海绵城市建设的指导意见》（国办发〔2015〕75 号）

文件对海绵城市建设做出了以下 12 个方面总体要求：

（1）工作目标。通过海绵城市建设，综合采取“渗、滞、蓄、净、用、排”等措施，最大限度地减少城市开发建设对生态环境的影响，将 70%的降雨就地消纳和利用。到 2020 年，城市建成区 20%以上的面积达到目标要求；到 2030 年，城市建成区 80%以上的面积达到目标要求。

（2）基本原则。坚持生态为本、自然循环。充分发挥山水林田湖等原始地形地貌对降雨的积存作用，努力实现城市水体的自然循环。坚持规划引领、统筹推进。因地制宜确定海绵城市建设目标和具体指标，科学编制和严格实施相关规划，完善技术标准规范。坚持政府引导、社会参与。发挥市场配置资源的决定性作用和政府的调控引导作用，加大政策支持力度，营造良好发展环境。积极推广政府和社会资本合作（PPP）、特许经营等模式，吸引社会资本广泛参与海绵城市建设。

（3）科学编制规划。编制城市总体规划、控制性详细规划以及道路、绿地、水等相关专项规划时，要将雨水年径流总量控制率作为其刚性控制指标。划定城市蓝线时，要充分考虑自然生态空间格局。建立区域雨水排放管理制度，明确区域排放总量，不得违规超排。

（4）严格实施规划。将建筑与小区雨水收集利用、可渗透面积、蓝线划定与保护等海绵城市建设要求作为城市规划许可和项目建设的前置条件，保持雨水径流特征在城市开发建设前后大体一致。在建设工程施工图审查、施工许可等环节，要将海绵城市相关工程措施作为重点审查内容；工程竣工验收报告中，应当写明海绵城市相关工程措施的落实情况，提交备案机关。

（5）完善标准规范。抓紧修订完善与海绵城市建设相关的标准规范，突出海绵城市建设的关键性内容和技术性要求。要结合海绵城市建设的目标和要求编制相关工程建设标准图集和技术导则，指导海绵城市建设。

（6）统筹推进新老城区海绵城市建设。从2015年起，全国各城市新区、各类园区、成片开发区要全面落实海绵城市建设要求。老城区要结合城镇棚户区和城乡危房改造、老旧小区有机更新等，以解决城市内涝、雨水收集利用、黑臭水体治理为突破口，推进区域整体治理，逐步实现小雨不积水、大雨不内涝、水体不黑臭、热岛有缓解。各地要建立海绵城市建设工程项目储备制度，编制项目滚动规划和年度建设计划，避免大拆大建。

（7）推进海绵型建筑和相关基础设施建设。推广海绵型建筑与小区，因地制宜采取屋顶绿化、雨水调蓄与收集利用、微地形等措施，提高建筑与小区的雨水积存和蓄滞能力。推进海绵型道路与广场建设，改变雨水快排、直排的传统做法，增强道路绿化带对雨水的消纳功能，在非机动车道、人行道、停车场、广场等扩大使用透水铺装，推行道路与广场雨水的收集、净化和利用，减轻对市政排水系统的压力。大力推进城市排水防涝设施的达标建设，加快改造和消除城市易涝点；实施雨污分流，控制初期雨水污染，排入自然水体的雨水须经过岸线净化；加快建设和改造沿岸截流干管，控制渗漏和合流制污水溢流污染。结合雨水利用、排水防涝等要求，科学布局建设雨水调蓄设施。

（8）推进公园绿地建设和自然生态修复。推广海绵型公园和绿地，通过建设雨水花园、下凹式绿地、人工湿地等措施，增强公园和绿地系统的城市海绵体功能，消纳自身雨水，并为蓄滞周边区域雨水提供空间。加强对城市坑塘、河湖、湿地等水体自然形态的保护和恢复，禁止填湖造地、截弯取直、河道硬化等破坏水生态环境的建设行为。恢复和保持河湖水系的自然连通，构建城市良性水循环系统，逐步改善水环境质量。加强河道系统整治，因势利导改造渠化河道，重塑健康自然的弯曲河岸线，恢复自然深潭浅滩和泛洪漫滩，实施生态修复，营造多样性生物生存环境。

（9）创新建设运营机制。区别海绵城市建设项目的经营性与非经营性属性，建立政府与社会资本风险分担、收益共享的合作机制，采取明晰经营性收益权、政府购买服务、财政补贴等多种形式，鼓励社会资本参与海绵城市投资建设和运营管理。强化合同管理，严格绩效考核并按效付费。鼓励有实力的科研设计单位、施工企业、制造企业与金融资本相结合，组建具备综合业务能力的企业集团或联合体，采用总承包等方式统筹组织实施海绵城市建设相关项目，发挥整体效益。

（10）加大政府投入。中央财政要发挥“四两拨千斤”的作用，通过现有渠道统筹安排资金予以支持，积极引导海绵城市建设。地方各级人民政府要进一步加大海绵城市建设资金投入，省级人民政府要加强海绵城市建设资金的统筹，城市人民政府要在中期财政规划和年度建设计划中优先安排海绵城市建设项目，并纳入地方政府采购范围。

（11）完善融资支持。各有关方面要将海绵城市建设作为重点支持的民生工程，充分发挥开发性、政策性金融作用，鼓励相关金融机构积极加大对海绵城市建设的信贷支持力度。鼓励银行业金融机构在风险可控、商业可持续的前提下，对海绵城市建设提供中长期信贷支持，积极开展购买服务协议预期收益等担保创新类贷款业务，加大对海绵城市建设项目的资金支持力度。将海绵城市建设中符合条件的项目列入专项建设基金支持范围。支持符合条件的企业通过发行企业债券、公司债券、资产支持证券和项目收益票据等募集资金，用于海绵城市建设项目。

（12）城市人民政府是海绵城市建设的责任主体，要把海绵城市建设提上重要日程，完善工作机制，统筹规划建设，抓紧启动实施，增强海绵城市建设的整体性和系统性，做到“规划一张图、建设一盘棋、管理一张网”。住房和城乡建设部要会同有关部门督促指导各地做好海绵城市建设工作，继续抓好海绵城市建设试点，尽快形成一批可推广、可复制的示范项目，经验成熟后及时总结宣传、有效推开；发展改革委要加大专项建设基金对海绵城市建设的支持力度；财政部要积极推进PPP模式，并对海绵城市建设给予必要资金支持；水利部要加强对海绵城市建设中水利工作的指导和监督。各有关部门要按照职责分工，各司其职，密切配合，共同做好海绵城市建设相关工作。

9.《住房城乡建设部　环境保护部关于印发城市黑臭水体整治工作指南的通知》（建城〔2015〕130号）

文件提出各省级住房城乡建设（水务）、环境保护部门要会同水利、农业等部门抓紧指导督促本地区全面开展城市建成区黑臭水体排查工作，指导各城市编制黑臭水体整治计划（包括黑臭水体名称、责任人及整治达标期限等），制定具体整治方案，并抓紧组织实施。地级及以上城市要在2015年底前向社会公布本地区黑臭水体整治计划，并接受公众监督。各省级住房城乡建设（水务）部门要汇总本地区各城市黑臭水体整治计划。

自2016年起，各省级住房城乡建设（水务）部门要会同环境保护等部门在每季度第一个月15日前将本地区上季度黑臭水体整治情况通过“全国城镇污水处理管理信息系统”上报住房城乡建设部，同时抄送环境保护部、水利部、农业部。住房和城乡建设部将会同环境保护部等部门建立全国城市黑臭水体整治监管平台，定期发布有关信息，接受公众举报；共同开展黑臭水体整治监督检查，并向社会公布监督检查结果，对整治不力、未按期完成整治目标要求的，责令限期整改，并约谈相关责任人。

10.《住房城乡建设部办公厅　中国气象局办公室关于加强城市内涝信息共享和预警信息发布的通知》（建办城函〔2015〕527号）

文件规定要进一步加强城市内涝风险预警以及信息发布工作，加强城市内涝信息共享，建立城市内涝风险预警联合会商制度，建立城市内涝风险预警信息联合发布制度，加强城市内涝联合预警试点示范建设，做好暴雨公式修订工作。

11.《住房城乡建设部关于印发城市综合管廊和海绵城市建设国家建筑标准设计体系的通知》（建质函〔2016〕18号）

体系中包括：新建、扩建和改建的海绵型建筑与小情趣、海绵型道路与广场、海绵型公园绿地、城市水系中与保护生态环境相关的技术及相关基础设施的建设、施工验收及运行管理。

12.《住房城乡建设部　环境保护部关于印发全国城市生态保护与建设规划（2015—2020年）的通知》（建城〔2016〕284号）

文件规定生态保护与建设规划整体方向，切实加强城市生态保护，稳步推进城市生态修复，完善城市生态功能，改善城市人居环境质量；从城市生态空间保护与管控、城市生态园林建设与生态修复、城市生物多样性保护、城市污染治理与市政环境基础设施建设、海绵城市建设、城市资源能源节约与循环利用、绿色建筑和绿色交通推广、风景名胜区和世界遗产生态保护等多个角度进行详细阐述，确认了《全国城市生态保护与建设规划（2015—2020年）》整体指标。

13.《住房城乡建设部、生态环境部关于印发城市黑臭水体治理攻坚战实施方案的通知》（建城〔2018〕104号）

（1）基本原则。系统治理，有序推进；多元共治，形成合力；标本兼治，重在治本；

群众满意，成效可靠。

（2）主要目标。到 2018 年底，直辖市、省会城市、计划单列市建成区黑臭水体消除比例高于 90%，基本实现长治久清。到 2019 年底，其他地级城市建成区黑臭水体消除比例显著提高，到 2020 年底达到 90%以上。鼓励京津冀、长三角、珠三角区域城市建成区尽早全面消除黑臭水体。

（3）加快实施城市黑臭水体治理工程。①控源截污。加快城市生活污水收集处理系统“提质增效”。深入开展入河湖排污口整治。削减合流制溢流污染。强化工业企业污染控制。城市建成区排放污水的工业企业应依法持有排污许可证，并严格按证排污。加强农业农村污染控制。②内源治理。科学实施清淤疏浚。加强水体及其岸线的垃圾治理。③生态修复。加强水体生态修复。落实海绵城市建设理念。④活水保质。恢复生态流量。推进再生水、雨水用于生态补水。

（4）建立长效机制。①严格落实河长制、湖长制。加强巡河管理。②加快推行排污许可证制度。③强化运营维护。

（5）强化监督检查。①实施城市黑臭水体整治环境保护专项行动。②定期开展水质监测。

（6）保障措施。①加强组织领导；②严格责任追究；③加大资金支持；④优化审批流程；⑤加强信用管理；⑥强化科技支撑；⑦鼓励公众参与。

4.6 城市内河水体综合治理技术

4.6.1 工程简介

城市内河系统对一座城市而言，既是风景线，也是城市的血脉，因此城市内河的治理显得尤为重要，本项目为福州某区域的水系治理，包括了 2 个流域片区、12 条河道，全长约 30km，占福州所需治理水系总里程的 67%，其中污染最严重、治理难度最大的龙津河与白湖亭河，总长达 9km。主要内容包括：河道内、外源污染控制，行洪能力的保持和提升，驳岸新建及改造，景观绿化，水体生态系统基础的构建和恢复以及长期水质在线监测系统等，景观绿化建设总面积约 28.7 万 m^2。

河道主要存在问题：①河道不通；②随意排放；③侵占断面；④生态失衡；⑤淤积严重（图 4-27）。

4.6.2 工程特点及难点

（1）清除黑臭淤泥工程量较大，工期紧张，需铺设临时截污清淤管。

（2）施工战线长，全面部署管理工作量大，工作强度高。

（3）现场征地拆迁困难，工作面有限，不能全面施工。

（4）建筑垃圾沿清淤河道两侧散落布置，河堤高差大，给垃圾装运带来一定的困难。

（5）建筑垃圾现场没有堆弃场地，只能外运。因此，对文明施工、安全施工提出了更高的要求和标准。

（6）施工电源远，需架设一定长度的输电线路。

图 4-27　现况问题

(7) 弃泥区紧临居民区，应做好泥库围堰的防护，同时应加强对河道两岸栏杆堤防的检查与维护。

(8) 排输泥管铺设困难：输泥管线长，输泥管道沿线交通不便，管道布设困难大，由于征用地有限，下游征用的地仅仅够下游沉淀分离垃圾场地使用，所以将场站设置在远离上游的地方。

(9) 由于是在城区进行河道清淤，应防止二次污染环境。

(10) 分部、分项工程较多，作业面分散，给现场安全、环境管理带来一定难度。

(11) 沟槽沿线长，又给行人、车辆交通安全带来隐患。

(12) 施工作业范围内的地上建筑物、地下管线，是施工的一大障碍，尤其是地下障碍物，不仅增加施工难度，同时也给施工安全及环境保护带来隐患。

4.6.3　主要施工工艺及要点

1. 截流井及截污管道

(1) 截流井（图 4-28、图 4-29）

其施工工艺流程为：截流井垫层放线→混凝土垫层施工→井室底板放线→底板钢筋绑扎→底板支模板→底板混凝土浇筑→井室墙体及顶板钢筋绑扎（含隔墙）→墙体及顶板支模板（含隔墙）→墙体及顶板混凝土浇筑（含隔墙）→模板拆除→混凝土养护。

施工要点：

1) 施工缝上浇筑混凝土前，应将施工缝处的混凝土表面凿毛，清除浮粒和杂物，用水冲洗干净。

2) 混凝土管应采用环氧沥青防腐涂料涂面，干膜厚度不小于 350μm。

3) 所有外露铁件均需防腐处理，除注明外，环氧富锌底漆 2 道，干膜 40μm/道；聚氨酯玻璃鳞片涂料 2 道，干膜 100μm/道；聚氨酯清漆 1 道，干膜 20μm/道。

4) 与污水、污泥接触的钢板（含集水坑钢管）需进行防腐处理，防腐处理前钢管除锈标准需达到相应要求。

图 4-28　A形截流井控制溢流设备

图 4-29　B形截流井控制溢流设备

（2）截污管道施工工艺

排水管道沟槽施工工序为：测量放线→沟槽支护及开挖→人工清底→松木桩施工→管道施工（含截流井、检查井）→闭水试验→沟槽回填。

1）沟槽支护：拉森钢板桩（图 4-30）。

施工工艺流程为：测量放线→施工定位桩→安装定位架→施打钢板桩→基坑施工→拔除钢板桩。

施工要点：

① 钢板桩的设置位置要符合设计要求，便于基础施工，即在基础最突出的边缘外留有施工作业面。

② 钢板桩的平面布置形状应尽量平直整齐，避免不规则的转角，以便标准板桩的利用和支撑设置，各周边尺寸尽量符合板桩模数。

③ 施工期间，在挖土、浇筑混凝土等施工作业中，严禁碰撞支撑，禁止任意拆除支撑，禁止在支撑上任意切割、电焊，也不应在支撑上搁置重物。

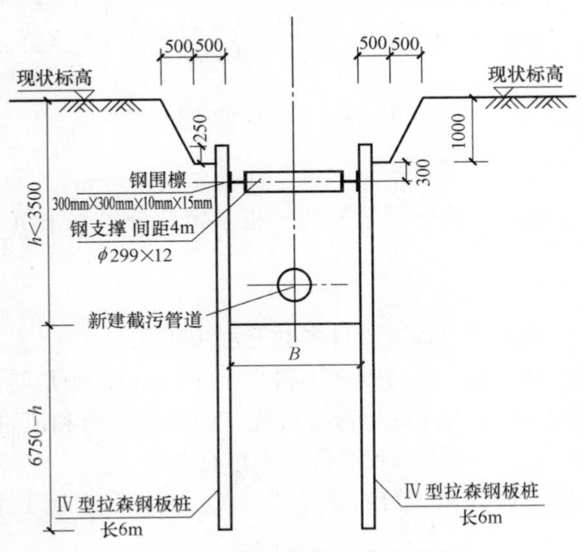

图 4-30　拉森钢板桩支护形式

2）松木桩施工（图 4-31）

施工工艺流程为：测量放线→挖、填工作面→桩位放样→施打松木桩→锯平桩头→基础施工→桩间抛片石→碾压。

施工要点：

① 为了使挤密效果好，提高地基承载力，打桩时必须由基底四周往内圈施打。

② 选择正确桩长的松木桩，并扶正松木桩，桩位按梅花状布置。

③ 将挖掘机的挖斗倒过来扣压桩至软基中。

④ 按压稳定后，用挖斗背面击打桩头，直到没有明显打入量为止，确保松木桩垂直打入持力层。

⑤ 严格控制桩的密度，确保软基的处理效果。

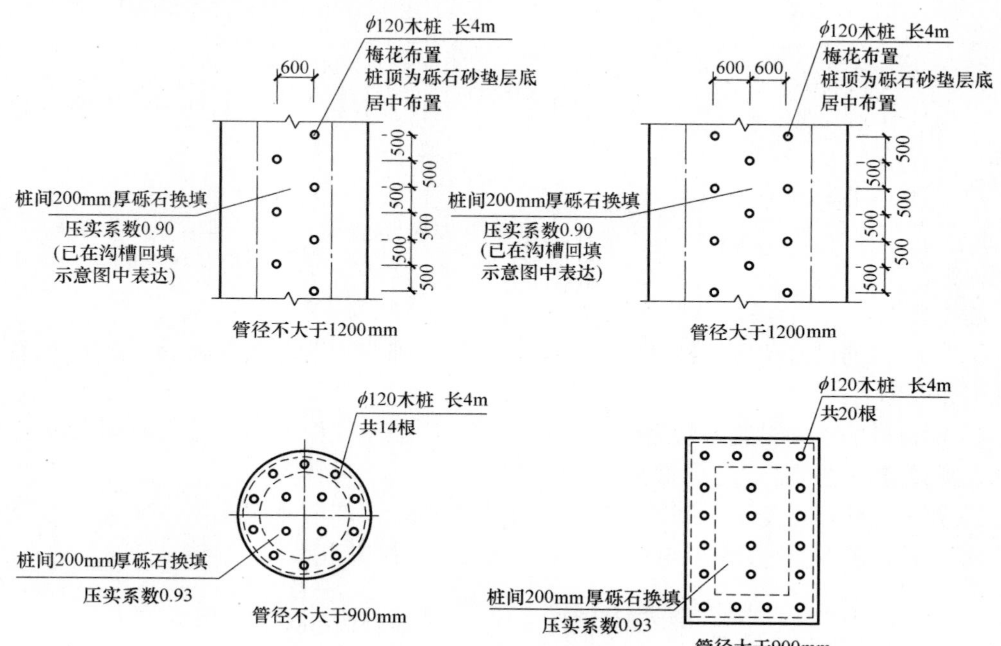

图 4-31 松木桩加固法

3）旋喷桩施工

施工工艺流程为：场地平整→测量放线→桩基定位→喷水下沉→喷浆提升→清洗器具→移机。

施工要点：

① 施工前应进行试成桩，以检验设计参数及施工工艺。

② 钻机就位时机座要平稳，孔位误差不得大于 100mm，倾角与设计误差一般不得大于 0.5°。喷射注浆前要检查高压设备和管路系统，设备的压力和流量必须满足设计要求，管路系统的密封圈必须良好，各管道和喷管内不得有杂物。

③ 施工时，桩顶标高应高出设计标高至少 500mm，后续施工采用人工凿除至设计标高。

4）管道铺设要点

① 管道铺设前复核该高程，在标高和基础质量检查合格后进行管道铺设。

② 管道底部地基土为淤泥的，应当增设 200mm 厚砾石换填，压实系数为 0.9，管道

基础结构为 150mm 厚砾石砂垫层+50mm 厚中粗砂，外包土工布。

③ 在铺设前要对管材、管件等重新作一次外观检查，发现有问题的管材、管件均不得采用。管材在吊运及放入沟内时，采用可靠的软带吊具，平稳下沟，不得与沟壁或沟底剧烈碰撞。

④ 排管时，在管口内放置平尺板，用水平尺调整平尺板保持水平，平尺板的中心对准垂球线，使管节居中。高程和走向经过测量调整后，将沟管下的管枕垫实，排好后的管道避免摇动。

⑤ 橡胶接口属柔性接口，橡胶密封圈不得与油类接触，橡胶密封圈质地紧密，表面光滑，不得有空隙气泡，橡胶密封圈要安放在阴凉，清洁环境下，不得在阳光下暴晒。橡胶圈的位置应放置在管道插口第二至第三根筋之间的沟槽内。接口时，先将承口的内壁清理干净，并在承口内壁及插口橡胶圈涂上润滑剂，然后将承插口的中心轴线对齐。

5）沟槽回填要点（图 4-32）

① 回填时应先填实管底，再同时回填管道两侧，然后回填至管顶 0.5m 处。沟内有积水时，必须全部排尽后再行回填。

② 回填土应分层夯实，每层厚度应为 0.2～0.3m，管道两侧及管顶 0.5m 以上内的回填土必须人工夯实；当回填土超出管顶 0.5m 时，可使用小型机械夯实。

③ 当沟槽采用钢板桩支护时，在回填达到规定高度后，方可拔桩。拔桩应间隔进行，随拔随灌砂，当为淤泥土质时采用边拔桩边注浆的措施。

④ 沟槽回填按《给水排水管道工程施工及验收规范》GB 50268 的要求及相关规定执行。

⑤ 沟槽覆土应在管道隐蔽工程验收合格后进行，覆土前必须将槽底杂物如砖块等清理干净。

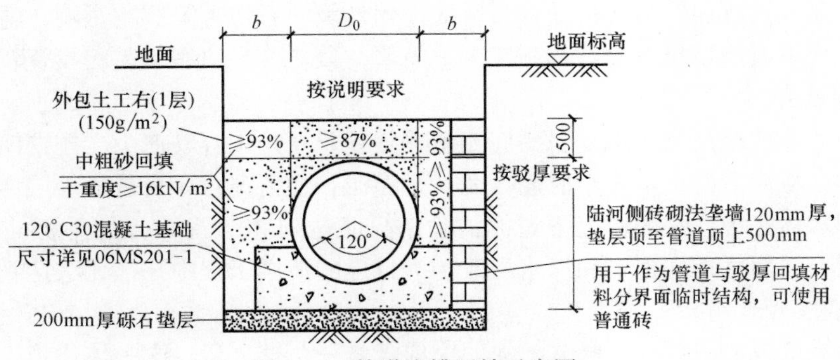

图 4-32　管道沟槽回填示意图

2. 清淤及淤泥处置

目前清淤方式有很多，主要的方式分为干水作业、带水作业和环保清淤三种。

（1）干水作业

干水作业主要是指施作临时围堰排干水作业，包括干土挖掘和水力冲填等。

1）干土挖掘。在作业区水排干后，一般采用挖掘机进行开挖，挖出的淤泥直接由渣土车外运或者放置于岸上的临时堆放点。如果河塘超过一定宽度，施工区域和储泥堆放点之间距离较远时，需设置中转设备将淤泥转运到岸上的储存堆放点。这种方式有个很大的特点，就是清淤彻底，而且对于设备、技术要求不高，质量容易保证，比较直观，产生的淤泥含水率低，后期处置较为容易。

2）水力冲填。采用水力冲挖机组的高压水枪冲刷底泥，将底泥扰动成泥浆，流动的泥浆汇集到事先设置好的低洼区，由泥泵吸取、管道输送，将泥浆输送至岸上的堆场或集浆池内。水力冲挖具有机具简单、输送方便、施工成本低的优点，但是这种方法形成的泥浆浓度低，为后续处理增加了难度，施工环境也比较恶劣。

排干清淤具有施工状况直观、质量易于保证的优点，也容易应对清淤对象中含有大型、复杂垃圾的情况。其缺点是：由于要排干河道中的流水，增加了临时围堰施工的成本；同时很多河道只能在非汛期进行施工，工期受到一定限制，施工过程易受天气影响，并容易对河道边坡和生态系统造成一定影响。

适用条件：对于没有防洪、排涝、航运功能的流量较小的河道、山塘和湖漾，可进行干水作业。

（2）带水作业

带水作业一般是指将清淤机具装备在船上，由清淤船作为施工平台在水面上操作清淤设备将淤泥开挖，并通过管道输送系统输送到岸上堆场中，主要包括抓斗式、绞吸式、斗轮式和链斗式等。

1）抓斗式清淤。

利用抓斗插入底泥并闭斗抓取水下淤泥，将淤泥直接卸入靠泊在挖泥船舷旁的驳泥船中。清出的淤泥通过驳泥船运输至淤泥堆场，从驳泥船卸泥仍然需要使用岸边抓斗，将驳船上的淤泥移至岸上的淤泥堆场中。

适用条件：适用于开挖泥层厚度大、施工区域内障碍物多的中、小型河道，多用于扩大河道行洪断面的清淤工程，如湖州南浔的斜塘港就是采用抓斗式带水作业。

优点：抓斗式挖泥船灵活机动，不受河道内垃圾、石块等障碍物影响，适合开挖较硬土方或夹带较多杂质垃圾的土方；施工工艺简单，设备容易组织，工程投资较省，施工过程不受天气影响。

缺点：抓斗式挖泥船对极软弱的底泥敏感度差，开挖中容易产生“掏挖河床下部较硬的地层土方，从而泄漏大量表层底泥，尤其是浮泥”的情况；容易造成表层浮泥经搅动后又重新回到水体之中，一般情况下淤泥清除率只能达到30%左右，加上抓斗式清淤易产生浮泥遗漏、强烈扰动底泥，在以水质改善为目标的清淤工程中往往无法达到原有目的。

2）普通绞吸式清淤

普通绞吸式清淤主要由绞吸式挖泥船完成，是一个挖、运、吹一体化施工的过程。它利用装在船前的桥梁前缘绞刀的旋转运动，泥水混合，形成泥浆，通过船上离心泵将泥浆吸入吸泥管，经全封闭管道输送至堆场中（排距超出挖泥船额定排距后，中途串接接力泵船加压输送）。

优点：采用全封闭管道输泥，不会产生泥浆散落或泄漏；在清淤过程中不会对河道通航产生影响，施工不受天气影响，同时采用GPS和回声探测仪进行施工控制，可提高施工精度。

缺点：普通绞吸式清淤由于采用螺旋切片绞刀进行开放式开挖，容易造成底泥中污染物的扩散，同时也会出现较为严重的回淤现象。根据已有工程的经验，底泥清除率一般在

70%左右。另外，因淤泥浆浓度偏低，导致泥浆体积增加，会增大淤泥堆场占地面积。

适用条件：适用于泥层厚度大的中、大型河道清淤。

3）斗轮式清淤

利用装在斗轮式挖泥船上的专用斗轮挖掘机开挖水下淤泥，开挖后的淤泥通过挖泥船上的大功率泥泵吸入并进入输泥管道，经全封闭管道输送至指定卸泥区。

优点：清淤过程中不会对河道通航产生影响，施工不受天气影响，且施工精度较高。

缺点：斗轮式清淤在清淤工程中会产生大量污染物扩散，逃淤、回淤情况严重，淤泥清除率在50%左右，清淤不够彻底，容易造成大面积水体污染。

适用条件：一般比较适合开挖泥层厚、工程量大的中、大型河道、湖泊和水库，是工程清淤常用的方法。

3. 生态袋驳岸

传统方法新建驳岸时，一般流程为：围堰→拉森钢板桩/旋喷桩→开挖→碎石基础→钢筋混凝土挡墙→挡墙后背回填→生态混凝土砌块及双向土工格栅。

生态袋驳岸是一种新兴的驳岸形式，有助于河道内的水与堤岸里的水进行水体交换。生态驳岸主要是根据土力学、植物学等学科的基本原理，通过连接扣及加筋锚固的耐久作用，把营养土装入生态袋中，使其形成稳定的护坡挡土结构，同时在坡面种植灌木、草本等植物，构成完整的立体生态工程护坡系统，达到治理河道的同时，实现美化环境的目的。

生态袋驳岸主要施工流程：施工准备→清理、平整边坡→基础施工→种植土装袋→垒砌生态袋→填土夯实→植被喷种。

生态袋一般对河岸边坡要求较高，主要适用于边坡较缓的非结构性河岸，一般要求坡度在土壤安息角内，且水流平缓。

生态袋材料性能较好，具有抗潮湿、抗化学腐蚀（pH）、抗生物降解和动物破坏、抗紫高分子、抗紫外线（UV）等特点。

生态袋驳岸施工注意要点：

（1）测量控制放样时，要根据工程实际，适当加密平面基线控制点，以提高精度。

（2）土壤中应清除钙氯化物、毒性物质，石油产品等杂质，有机质和有机添加剂要合理配比，并且要混合均匀。

（3）边坡清理时，坡面的树根、杂物要清除干净，坡面松石、不稳定的土体要固定或清除；除了要保留的植被外，其他的植物要连根清理干净；坡面在机械清理后，应马上施工，并保留10～20cm厚的土壤由人工清理；施工时要随时确认坡度有无偏离，并经常观测坡面有无位移或变形。

（4）生态袋垒砌摆放时，上下层的竖缝要错开，三维排水联结扣要骑缝放置，以保证互锁结构的稳定性，扎口带和线缝结合处靠内摆放或尽量隐蔽，以达到整齐美观的效果。做法如图4-33、图4-34所示。

4. 生态修复

生态修复主要施工工艺为：底质改良→设备系统安装（底管充氧曝气系统、喷泉曝气系统）→水生态构建（沉水植物种植、浮水植物种植、水生动物调控）→水系运维管理（水景日常维护、生态专业维护）→设备的运行与养护管理。

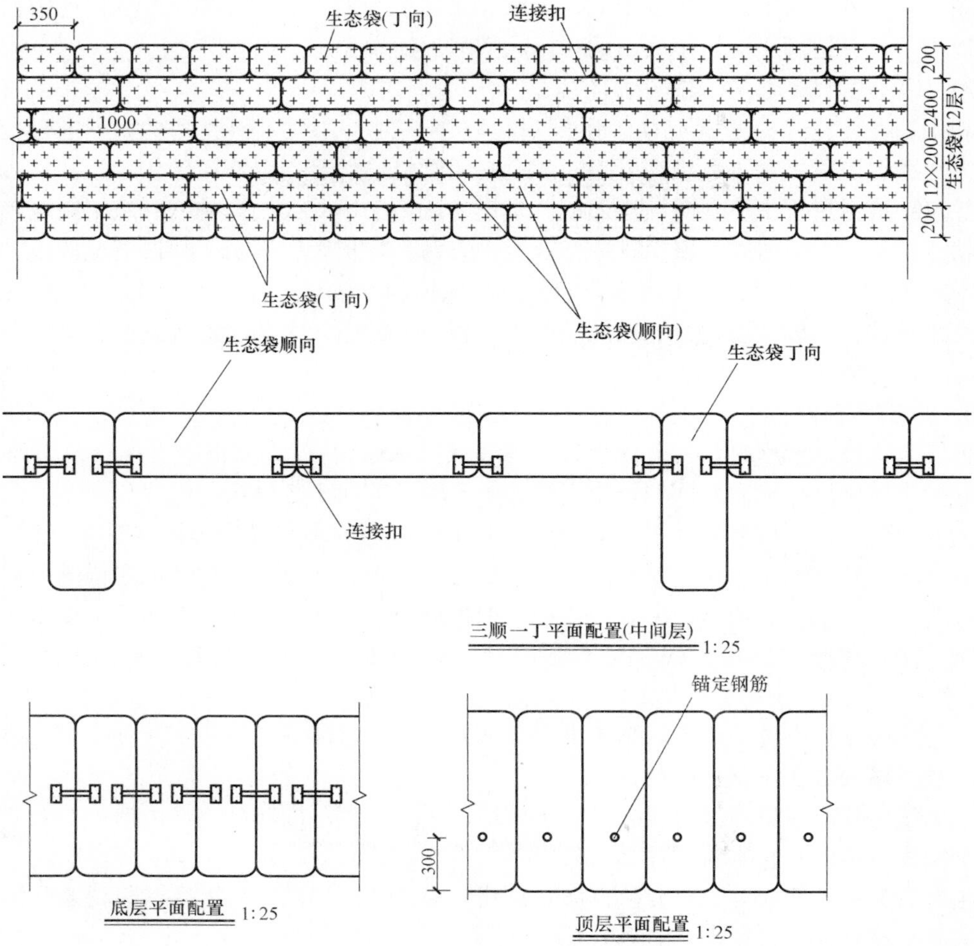

350
生态袋(丁向)
连接扣
1000
200
12×200=2400
生态袋(12层)
200
生态袋(丁向)
生态袋(顺向)

生态袋顺向
生态袋丁向
连接扣

三顺一丁平面配置(中间层) 1:25

锚定钢筋
300

底层平面配置 1:25

顶层平面配置 1:25

图 4-33 生态袋垒砌图

图 4-34 生态袋现场图

（1）底质改良

底质改良时用的水体净化剂是一种性能优异的环境净化剂，是运用最先进的生物技术研发而成的高科技微生物产品，以沙状沸石做成培养基复合微生物菌种的环境净化剂，将微生物沉淀到水底，以有机物和病原菌作为养分，对被污染环境进行消化、分解、杀菌、净化。其主要施工工艺流程为：水体净化剂的出库准备→带马达橡皮艇及人员准备→橡皮艇及人员进入待投撒河道→水体净化剂均匀投撒。

(2) 底管充氧系统安装

设备系统采用喷泉曝气系统，安装的主要施工工艺为：预制混凝土墩并安装膨胀螺栓→河底固定混凝土墩→安装锚链→安装景观增氧喷泉→电缆及控制柜安装→调试运行。

施工要点：

1) 预制混凝土墩到场后进行产品验收，货物必须完好无缺，产品质量报告、合格证书等资料齐全，并按图纸安装膨胀螺栓（图 4-35）。

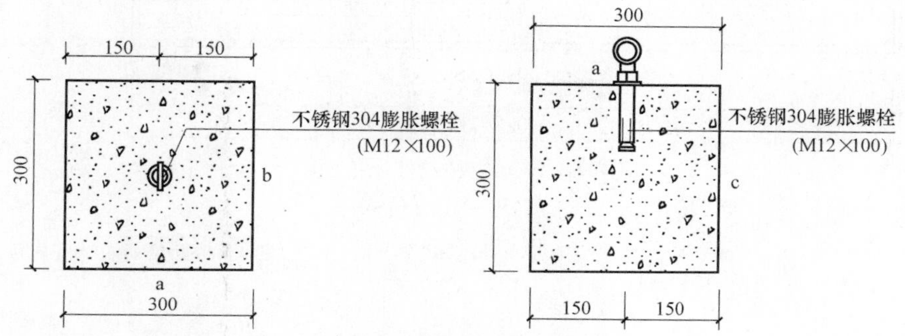

图 4-35 膨胀螺栓安装位置示意图

2) 安装不锈钢锚链时要根据常水位的高度确定不锈钢锚链的长度，一端固定在混凝土墩的膨胀螺栓上，另一端固定在景观增氧喷泉上。

3) 安装景观增氧喷泉时要严格按施工图纸将锚链的一端按说明书固定在喷泉上。

(3) 水生植物种植

水生植物种植时，要根据水生植物的特性，包括其对水温、水深及土壤等方面的要求，综合考虑影响水生植物生长发育的环境因子（主要有温度、光照、水质、土壤、肥料等），选取适宜的水生植物品种。主要的施工工艺流程为：土方平整→分苗→植物种植→植物维护。

施工要点：

1) 土方平整时，要按设计或施工要求、范围和标高平整场地，凡在施工区域内，影响工程质量的垃圾、块石、草皮以及不宜作填土的杂物采取全部挖除或采取抛填块石等方法妥善处理。

2) 分苗作业时要根据图纸要求的品种、规格、数量将植物分开。

3) 植物种植时，盆栽挺水水生植物应将苗栽植在大、小适宜的盆内；地栽的水生植物栽植的距离根据苗的大小、数量以及所观赏范围的大小而定。

4) 浮水水生植物的栽植时应选用生态植物浮床栽种（图 4-36、图 4-37）。

5. 调蓄池施工

其施工工艺流程为：搅拌桩施工→基槽开挖→垫层→钢筋绑扎→支模→混凝土浇筑→养护→拆模→凿除垫层→开始下沉→预定标高→稳定下沉→搭设脚手架→钢筋绑扎→支模→混凝土浇捣→养护→拆模→拆除脚手架→第二次下沉→至预定标高→稳定下沉→搭设

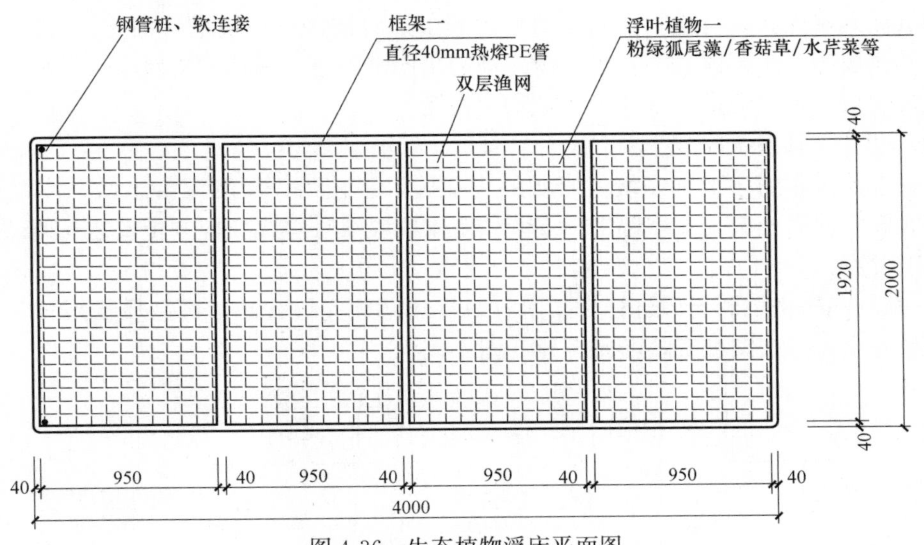

图 4-36　生态植物浮床平面图

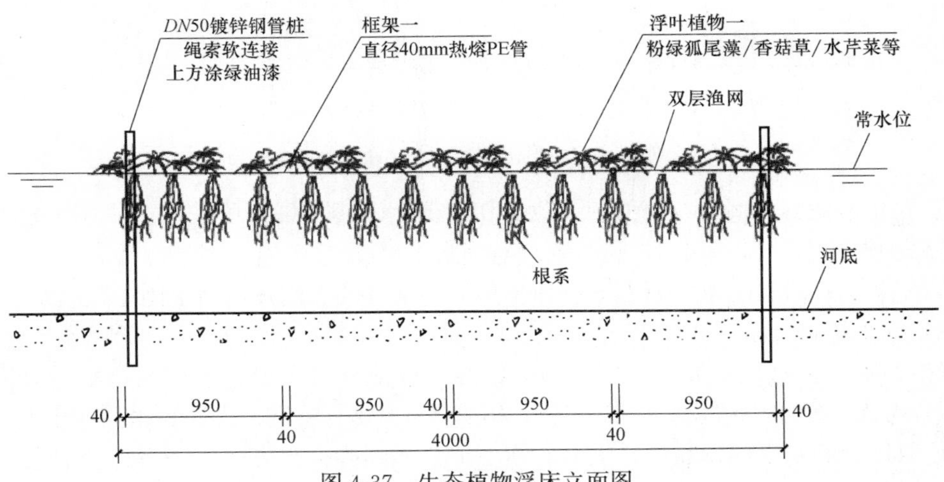

图 4-37　生态植物浮床立面图

脚手架→钢筋绑扎→支模→混凝土浇捣→养护→拆模→第三次下沉→至预定标高→稳定下沉→潜水员检查土层→回填碎石→安装预留修正冲刷孔→水下混凝土封底→养护→抽水检查→清除表面浮浆→修正沉井轴线、标高→封堵修正冲刷孔→混凝土底板→内部结构→上部结构。

（1）搅拌桩施工

由于调蓄池沉井为软土地基，为防止沉井下沉过快，并且为了保证调蓄池沉井均匀下沉，因此在沉井井壁下设置搅拌桩。连续施工情况下搅拌桩采用跳孔式重复套打施工方法，可减少偏钻，以确保搅拌桩连续性及止沉效果。其施工工艺流程（图 4-38）为：桩机定位→预搅拌下沉→喷浆搅拌上升→重复搅拌下沉→重复搅拌上升→施工完毕，桩机移位。

施工要点：

1）场地回填平整后，施工区域内还需夯实加固，铺设走道板，确保施工场地路基承

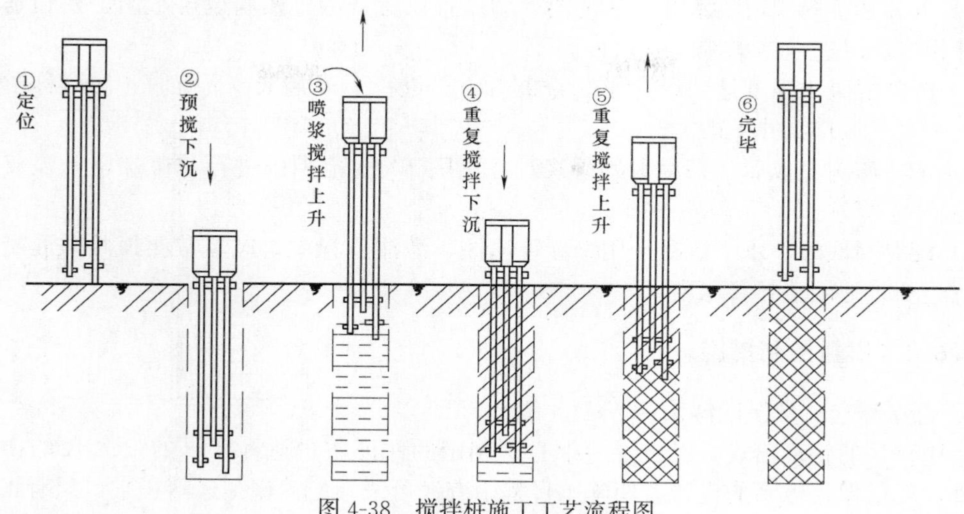

图 4-38　搅拌桩施工工艺流程图

重荷载要求。

2）测量放线要按照设计图进行放样定位及高程引测工作，并做好永久及临时标志。

3）开挖沟槽后的余土应及时处理，以保证两轴搅拌桩工法正常施工。

4）桩机移动前先撒白灰线作为路基箱的基准线，然后挖机根据灰线铺设路基箱或钢板，桩机移动时要确认桩位无误后桩机方可就位。

5）施工时，桩顶标高应高出设计标高至少 500mm，后续施工采用人工凿除至设计标高。

(2) 调蓄池沉井制作及下沉

一般沉井施工工艺流程为：沉井刃脚制作（包括钢筋绑扎、支撑模板、混凝土浇筑、养护、拆模)→沉井挖土下沉→沉井混凝土封底→底板混凝土浇筑。

施工要点：

1）施工控制网应设在对沉井下沉无影响的地段。

2）沉井下沉时在井壁外侧做四道下沉标尺，以便记录下沉深度，纠偏期间适当加密记录。沉井下沉到位后应对沉井做持续沉降观测，沉井上每一次加载均应对沉井进行沉降观测（图 4-39）。

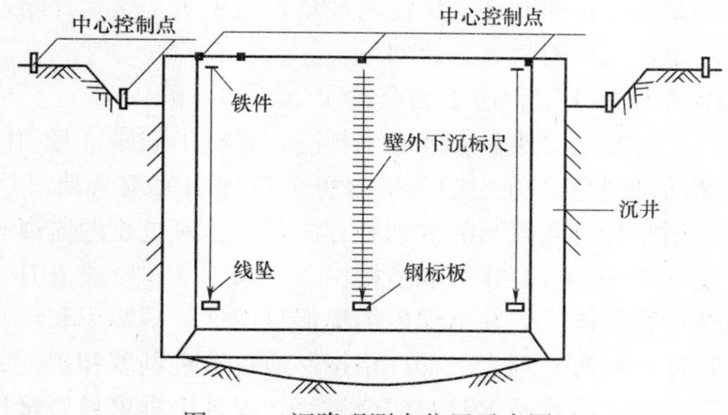

图 4-39　沉降观测点位置示意图

3）沉井基坑内应设集水井，基坑内刃脚位置设置盲沟，四周设排水沟，并和基坑内集水井相连，以加强排水。

4）沉井混凝土强度达到设计强度的95%方可进行下沉施工，下沉时，应对称凿除搅拌桩桩头，以保持沉井平衡。

5）沉井施工完成后，采用水泥砂浆对井周围10cm范围内进行注浆加密，以减少地面沉降。

6）沉井封底时，水下混凝土用钢导管灌注，灌注过程中，应经常测探井内混凝土面的位置，及时地调整导管深度。

4.6.4 质量控制措施

1. 建立健全质量保证体系

运用科学的管理模式，以质量为中心所制定的保证质量达标要求的PDCA的循环管理系统，质量保证体系的设置可使施工过程中有法可依，但关键是运转正常，只有正常运转的质保体系，才能真正达到控制质量的目的，而保证体系的正常运作必须以质量控制体系来予以实现。

强有力的质量检查管理人员，强有力的措施、制度，以及必要的资金与设备，是质量控制体系运转的保证。

除了质量保证体系和执行系统，还需落实质量控制体系，而在质量保证计划中“人、机、料、环、法”五大要素，任何一个环节出了差错，则势必使施工的质量达不到相应的要求，因此对施工过程中的五大要素的质量保证措施必须予以明确落实。

2. 严格执行质量控制流程

要结合工程项目的具体特点并参照合同条件制订工程项目质量计划，质量计划应目标明确、系统性强，具有较强操作性，编制原则、方法、评审等应符合相关要求。

进行作业时，要严格贯彻执行国家和地方关于环境保护的法律、法规和规章，严格控制建筑粉尘、污水、泥浆和噪声的排放，对潜在污染或影响环境的因素应实施预防为主，防治结合的方针，制定污染防治措施并实施监控、监测。

3. 制定详细的质量控制计划

根据项目实际和施工质量预控法编制有针对性的详细的质量计划。针对分项分部工程、关键工序、现场管理工作等明确其基本要求和质量目标、控制要点、并制定保证目标实现的具体措施。比如原材料构配件质量控制计划，施工工艺质量计划，施工质量控制计划，检验检测控制计划，工程资料编制计划等。

4. 将质量管理体系应用于工程施工的全过程

现代工程项目越来越复杂，质量标准越来越高，只有采取质量管理体系通过对工程项目一系列作业技术和活动过程实施控制。确定每个过程的关键活动，并明确其职责和义务，确定对过程的运用实行有效控制的准则和方法，实施对过程的监视和测量，并对其结果进行数据分析，发现改进的机会并采取措施。

发动全员参与质量管控体系，在组织内部提倡自由地分享知识和经验，使先进的知识和经验成为共同的财富。所有管理人员都严格按照质量管理制度和规范、规程办事，确保质量体系从工程开工准备阶段到竣工验收的全过程，保证工程项目质量目标的实现。

4.6.5 治理效果

通过城市内河黑臭水体综合治理及新技术的应用，在清淤及淤泥处置过程中，克服了清淤量大、工期紧、排输泥管长、管道布设难度大等困难，极大地促进了新技术、新成果在本工程上的应用（图 4-40～图 4-44）。

图 4-40 河道浮水喷泉

图 4-41 河道生态活性水岸

图 4-42 治理后的小路

图 4-43 治理后的河堤

图 4-44 治理后河道全貌

4.7 大温差、高海拔地区 A^2/O 工艺调试研究技术

A^2/O 法（厌氧-缺氧-好氧法）综合了传统活性污泥工艺、生物硝化及反硝化工艺和生物除磷工艺，通过培养活性污泥菌群与污水进行生物作用，以实现水质净化。但在高原高寒的低温缺氧条件下，A^2/O 工艺运行中污泥增殖速率、微生物的活性、活性污泥的絮凝沉降性能、充氧效率及水的黏度都会受到极大影响，无法满足工艺运行的基本要求。因此，需要针对高原高寒的气候条件，对污泥驯化及工艺的快速启动方法进行研究，获取高原地区低温缺氧条件下 A^2/O 工艺运行的最佳参数，确定理想的工艺流程及运行参数，为类似条件污水厂站的运行提供相应数据参考和技术保障。

4.7.1 工程简介

1. 工程背景及水文地质

玉树藏族自治州位于青藏高原腹地，青海省南部，全境平均海拔在 4200m 以上，海拔最高点 6621m，气候高寒。全境年平均气温－0.8℃，年最低气温－42℃，最高气温 28℃，大气压力约 65kPa，年平均降水量 463.7mm，气候寒冷而干湿不均，空气含氧量只有海平面的 40%～65%。由于地处中纬度内陆高原，城区内西北高东南低的地势，决定了温度分布呈西北冷、东南暖的基本形式；又因该地区靠近亚热带的边缘，受印度洋西南季风和太平洋东南季风的影响，水汽充足，暖季降雨量较多，属高原温带半湿润地区；具有寒长暑短、昼夜温差大、气温低和气候垂直分带明显等特征。

2. 工程结构形式

某污水处理厂采用 A^2/O 处理工艺，近期处理规模为 2.5 万 m^3/d，总占地面积 49.5 亩，是目前中国在建的海拔最高的污水厂（海拔超过 3600m），也是重要的环保工程、民生工程、绿色工程和生态工程。

主要建设内容包括：进水泵房、旋流沉砂池、生物池、沉淀池、滤布滤池、消毒池、办公楼、总变电室、鼓风机房、脱水机房等。

4.7.2 工艺运行难点及重点

1. 高寒地区污泥驯化及快速启动

由于高原缺氧地区外界气温较低、空气中氧的浓度水平较低和曝气系统的充氧效率相对较低，常规的污泥驯化措施在高寒地区并不适用，需要结合牧区水质特点，对高原高寒地区活性污泥中微生物的种群分布、特种微生物构成、微生物的生长增殖特性、影响因素等进行分析，提出高原高寒地区 A^2/O 工艺污泥驯化与快速启动方案。

2. 低温缺氧地区 A^2/O 工艺运行参数确定

本工程设计进水水质是参考周围地区水厂的数据，没有本地区污水厂实际的进水水质数据，因此实际进水水质和设计水质间可能存在较大的偏差，需要对当地污水水质指标、污水温度、外界大气温度、气压、水量变化等进行长期连续测定，为 A^2/O 工艺运行参数优化提供基础资料。

3. 低温缺氧条件下工艺运行参数优化

温度、溶解氧浓度、进水水质特点对活性污泥微生物的活性具有较大影响，因此，如何通过运行参数控制，实现低温、低氧分压条件下活性污泥保持较高的活性、工艺稳定达标运行是项目运行后亟待解决的问题，需要通过调节曝气量、厌氧/缺氧/好氧单元污泥浓度等参数，提出高原高寒地区 A^2/O 工艺节能降耗方案。

4.7.3　工艺调试流程

本工程 A^2/O 工艺流程如图 4-45 所示。

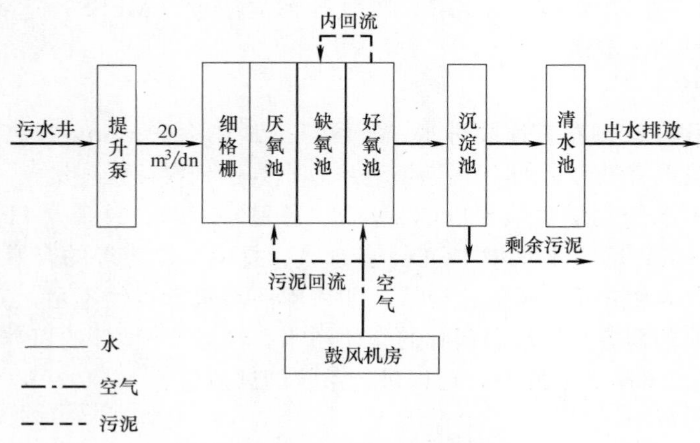

图 4-45　调试工艺流程

1. 调试启动前设备调试

设备调试主要由单机调试和清水调试：

（1）单机调试的目的是为证明设备在安装完成后，能够符合其相关技术规定，水密性、安全性和所有控制系都正常运行。池体密封性良好，无漏水现象。化粪池进水泵、调节池进水泵、污泥回流泵、好氧池回流泵、厌氧池搅拌机、缺氧池搅拌机、鼓风机等都依次进行单机调试，设备运转正常，液位浮球自控装置也运行正常，浮球开关都能根据液位正常控制水泵的启动和停止。

（2）清水调试，中试反应器里注入自来水进行清水调试，检查中试装置、管路等都没有漏水情况、阀门开关都正常。同时开启进水泵、回流泵、搅拌机、鼓风机等设备。实验一切正常后，开始进行污水调试，培养活性污泥。

2. 快速启动调试过程

快速启动调试分 3 个阶段：闷曝培养→连续进水驯化→稳定进水试运行。

（1）投加菌种

将曝气池注满有机废水（或用清水混合污水至 $COD_{CR}>300mg/L$），按曝气池蓄水量的 1%～3%向曝气池中投加脱水活性污泥，尽量在 2d 内投加完毕（投加的活性污泥需要过滤），保持好氧池活性污泥含量达到 500mg/L 以上。

（2）培菌阶段

当有菌种进入曝气池时，无论菌种是否投加完毕，必须立即开始培菌步骤。

1）闷曝：所有搅拌机都开启，曝气机风机开启，剩余风机暂不开。根据自控仪表显示的溶解氧变化调整曝气机风机的开停数量使溶解氧保持在0.5～1mg/L之间。在污泥量少，供氧有富余时闷曝48h后进入静沉步骤。

2）静沉：将所有曝气机停止2h。

3）排出上清液，排掉约20%上清液，进水，继续闷曝12h。

4）间歇补充废水：按闷曝→静沉→闷曝的顺序不断反复上述步骤，当监测到COD值较最初降低了50%时，向曝气池补充设计处理量50%的有机废水。以前2次进水时间间隔为基准安排进水时间，并且每天将此间隔缩短一半。

5）完成培菌：经过3～7d的培养，曝气池污泥浓度（MLSS）达到1500mg/L时，可以进入活性污泥驯化步骤。

（3）驯化过程

按设计处理量的20%左右连续进水，溶解氧控制在1.5～3mg/L之间，在系统正常运行前提下每天按现有处理量的10%递增进水，直到达到设计处理量。

培养前要对来水的化学需氧量（COD_{CR}）、总氮（TN）、总磷（TP）、氨氮（NH_4-N）等进行检测分析，确定来水中COD_{CR}、总氮、总磷、氨氮等的含量。前期培养过程中要保证进水的营养物充足，碳氮比合适，如果生活污水营养物不足，需要补充营养物，碳源不足可以投加葡萄糖、淀粉和新鲜的粪便污水。经过7～10d的培养，曝气池污泥浓度（MLSS）达到2500mg/L左右，可以进行系统的试运行。

（4）系统试运行

当好氧池污泥浓度达到2500mg/L时，可以按正常的设计水量进行试运行，试运行期间需要按设计进水负荷进行正常运行，同时注意控制系统以下参数：

1）进水负荷

进水负荷的控制包括对进水流量、COD_{CR}浓度两方面的控制：

$$进水负荷=COD_{CR}\times Q \tag{4-1}$$

式中：COD_{CR}——进水COD_{cr}浓度值（mg/L）；

Q——进水流量（L/h）。

运行时进水负荷主要通过控制进水流量进行控制，正常情况应以设计进水负荷为基准控制；为应付波动改变负荷时，应控制在设计进水负荷上下浮动30%以内。

2）pH值：运行中控制pH值主要从调节池入手，通过调节池调节保持pH一般都在6～9。

3）温度：当好氧池温度低于10℃时，需要留意的是溶解氧的变化，若表现出供氧能力下降，溶解氧值降低则应减少30%的进水缓解供氧压力。当好氧池低于10℃时，需要考虑采取保温措施或加温措施，封闭门窗。

4）溶解氧：这里的溶解氧是指好氧池溶解氧情况。当好氧池末端溶解氧高于4mg/L时，应降低曝气量。当好氧池末端溶解氧低于1mg/L时，首先确定是水量有机物变化过大造成，还是曝气系统故障造成，若非机器故障，立即降低进水50%，同时加大曝气量。

5）污泥回流比（%）：

$$污泥回流比=回流污泥流量/进水流量$$

通常控制在25%～100%，应急情况则可能高于100%。正常运行时，回流比设置为

50%，则进水的小范围波动情况下均不需要调整。

6）营养投加：对于营养的投加主要是针对碳氮磷比例不协调，由于大粪污水氮和磷比例偏高，碳源不足的情况，在进水中补充葡萄糖以增加碳源。调试阶段首次投加营养按 COD_{CR}：N：P=100：5：1，并根据实际情况作出调整。

营养投加计算示例：进水条件 COD_{CR} 为 400mg/L，流量 20t/d；营养比例：COD_{CR}：N：P=100：5：1。

7）SV30、SVI：这两项指标主要用于诊断系统故障，判断系统运行状态（图 4-46）。

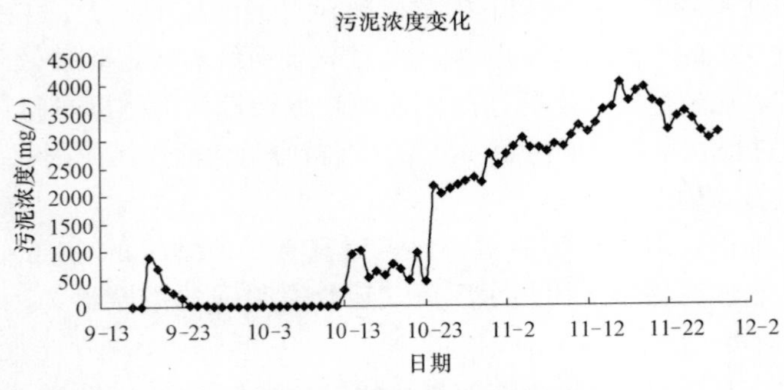

图 4-46　好氧池活性污泥的生长变化图

3. 运行参数优化

（1）C/N 对出水 TN 的影响

污水处理中的 C/N 一般是指 BOD_5：TN，生物脱氮技术通过硝化和反硝化来实现氮的去除，而充足的碳源是反硝化菌高效脱氮的关键，当进水 C/N 低于 10 时，需投加外碳源来保证生物脱氮效果。

根据实验数据分析，碳氮比 COD：N 大于 15：1 时，TN、NH_4-N 的去除效果最好，碳氮比过低时，由于碳源不足导致出水 TN 和 NH_4-N 都较高。

（2）回流比对脱氮除磷的影响

A^2O 工艺的反硝化同步脱氮除磷是工艺的主要特点。针对项目建成后可能存在的碳源缺乏问题，通过调节污泥回流比、好氧池溶解氧浓度等进行反硝化同步脱氮除磷控制。

（3）回流比对脱氮的影响

项目通过分别调整混合液回流比，TN 的去除率随着混合液回流比的增大呈先升高后下降的趋势，表明系统中混合液回流的作用是向缺氧段反硝化提供硝态氮，作为反硝化过程的电子受体，以致达到脱氮的目的。当回流比过低时，导致系统缺氧池中的硝态氮不足，从而影响反硝化脱氮效果；但当回流比过高时，随着混合液进入缺氧池中的氧相应增多，破坏了系统的缺氧条件，导致反硝化效果下降。根据现场实际的进水水质及考虑能耗情况，混合液回流比为 200%时效果最佳。

（4）回流比对除磷的影响

混合液回流比逐渐增大，TN 的去除率并无明显变化，均有较好的去除率，且后期平均出水都在 0.5mg/L 以下，能够达到城镇污水处理厂污染物排放标准。

（5）污泥回流对脱氮除磷的影响

污泥回流是为了维持系统里活性污泥的量，也就是微生物的量，保证系统有良好的脱氮效果。增大污泥回流比更有利于系统反硝化效果。系统 TP 的去除是通过污泥的吸附后排放达到的，因此系统内污泥浓度不能过低。

当混合液回流比控制在 200%时，污泥回流比较低时出水 TN 浓度较高，过低的回流比使得反应器污泥浓度低，随污泥回流比增大 TN 去除率随之增大。

同时，提高的污泥回流比有利于 TP 的去除，但因为回流污泥中含有硝酸盐氮，在厌氧状态下水中存在硝酸盐氮，反硝化菌产生反硝化将与聚磷菌竞争易降解的低分子脂肪酸，而反硝化菌的竞争能力远远大于聚磷菌。硝酸盐氮会抑制厌氧池中聚磷菌厌氧状态下磷的释放，甚至会使聚磷菌停止放磷。因此，随污泥回流比的增大，TP 去除率增加幅度逐渐减小，还会对 TP 的去除有不利影响。为了保证系统有较好除磷效果，污泥回流比不宜过大，在 75%左右比较适宜，实际运行中还要根据活性污泥浓度进行调整，如果好氧池活性污泥浓度增加过快就需要降低污泥回流量，保持好氧池活性污泥浓度在一定范围内。

（6）气水比脱氮除磷的影响

玉树地处高原地区，由于空气稀薄，含氧量只有平原地区的 65%左右，研究高原缺氧条件下的最佳气水比对将来玉树污水厂正式运行有很强的指导意义。水中溶解氧过低、过高对 TN 去除均不利。

项目进行过程中系统对 TP 的去除效果比较好，除个别外，试验后期出水一般稳定在 0.5mg/L 以下。单从去除效果来看，除磷过程几乎不受溶解氧的影响，但根据对系统沿程各池出水 TP 浓度的跟踪测定所得的数据发现，好氧池中溶解氧浓度对厌氧释磷和缺氧吸磷过程影响较大。当好氧池中溶解氧较低时，厌氧池中出现了厌氧释磷的现象。当溶解氧较高时，厌氧池出现释磷现象，由于出水溶解氧浓度过高，回流污泥中含有硝态氮改变了厌氧环境。因而控制好氧池溶解氧的浓度是气水比调控的关键。

通过分析可知在该环境条件下，系统确定正常运行时最佳气水比是 20∶1 左右，气水比还要根据进水的营养物负荷进行适当修正，进水营养物高于设计含量，则需要相应的增加曝气量。

（7）活性污泥其他指标

1）活性污泥浓度（MLSS）

MLSS 主要通过排除剩余污泥进行控制，理论设计值为 3000mg/L，调试完成阶段的日排污泥量为基准确定小时排泥量并连续排泥。

调整方法是：当污泥浓度偏离基准时，适当调整污泥回流比，并增加（减少）小时排泥量 15%，仍然偏离就按每次 10%逐步改变排泥量，直到找到合适的排泥量保持污泥浓度稳定。

项目前期由于接种的污泥量不足，且原水污染物浓度波动较大，污泥生长受到限制，前期污泥浓度一直处于较低水平；后期通过接种污泥和投加污染物，污泥迅速增殖。到试验后期开始定时排泥，维持系统污泥浓度的稳定。

2）pH 值

项目运行过程中，监测 pH 值控制在 6～9 范围内，因该项目来水均为生活废水，系统进水和出水的 pH 值相对稳定。

3）温度（℃）

因项目所在地区日温度变化较大，当温度低于 10℃时，需要留意的是溶解氧的变化。

若表现出供氧能力下降，溶解氧值降低则增加供气量，或者适当降低的进水负荷，以缓解供氧压力。同时，采取保温措施或加温措施，封闭门窗。

4）溶解氧（DO）

项目实施过程中，同时每天监测反应器各个工段的溶解氧浓度，依据溶解氧调整进水负荷和好氧池供气量。确保好氧池末端溶解氧浓度保持 3mg/L 左右，以保证系统的水处理效果。

5）沉降比（SV30）

活性污泥沉降比应该说在所有操作控制中最具备参考意义，通过观察沉降比可以侧面推定多项控制指标近似值，对综合判断运行故障和运转发展方向具有积极指导意义。

沉降过程的观察要点：

① 在沉降最初 30～60s 内污泥发生迅速的絮凝，并出现快速的沉降现象。如此阶段消耗过多时间，往往是污泥系统故障即将产生的信号。如沉降缓慢是由于污泥黏度大，夹杂小气泡，则可能是污泥浓度过高、污泥老化、进水负荷高的原因。

② 随沉降过程深入，将出现污泥絮体不断吸附结合汇集成越来越大的絮体，颜色加深的现象。如沉淀过程中污泥颜色不加深，则可能是污泥浓度过低、进水负荷过高。如出现中间为沉淀污泥，上下皆是澄清液的情况则说明发生了中度污泥膨胀。

③ 沉淀过程的最后阶段就是压缩阶段。此时污泥基本处于底部，随沉淀时间的增加不断压实，颜色不断加深，但仍然保持较大颗粒的絮体。如发现压实细密，絮体细小，则沉淀效果不佳，可能进水负荷过大或污泥浓度过低；如发现压实阶段絮体过于粗大且絮团边缘色泽偏淡，上层清液夹杂细小絮体，则说明污泥老化。

通过分析认为：反应器运行温度偏低是污泥沉降性不好的一个原因；另外由于生活污水不足，试验期间外加了碳原和氮原，但未投加其他微量元素，微生物营养单一，生长条件不够理想所致。

试验期间，随着污泥浓度的升高，污泥的沉降性逐渐变差，表 4-8 是影响污泥沉降效果的因素分析。

影响沉降效果的因素及对策 **表 4-8**

影响因素	原　因	对　策
活性污泥浓度过低	过低的污泥浓度，使得活性污泥絮团间间距过大，碰撞机会减少，导致絮凝不充分沉淀效果差	确认活性污泥浓度与食微比以及污泥龄的关系，并加以调节适应
活性污泥浓度过高	污泥浓度过高，使得絮体没有完全形成就发生絮体间碰撞沉淀，压缩效果差，易出现翻底	用食微比以及污泥龄确定目前污泥浓度是否适合
曝气过度	曝气过度，导致细小气泡夹杂在污泥絮体中，降低沉降速度，从而影响沉淀效果	降低曝气量，并排出污泥老化等增加污泥黏度的因素
污泥丝状膨胀	膨胀后，污泥絮团间的吸附能力不足以抵消丝状菌产生的支撑膨胀力，导致沉淀速度极其缓慢	采取抑制丝状菌膨胀的方法

6）污泥体积指数（SVI）

污泥体积指数 SVI 在 50～150 为正常值，对于工业废水可以高至 200。活性污泥体积指数超过 200，可以判定活性污泥结构松散，沉淀性能转差，有污泥膨胀的迹象。当 SVI 低于 50 时，可以判定污泥老化需要缩短污泥龄（表 4-9）。

活性污泥体积指数 表 4-9

SVI 值	产生原因	对策
SVI>150	活性污泥负荷过大，导致污泥沉降性能降低	发挥调节池作用，均匀水质提高活性污泥浓度
	活性污泥膨胀	参照膨胀对策
SVI<50	活性污泥老化，导致沉降比异常降低	根据负荷调整活性污泥浓度，排出部分污泥
	进水含大量无机悬浮物，导致活性污泥沉降的异常压缩	可适当在调节池投加絮凝剂，并加强排泥

项目运行中污泥的 SVI 值基本高于 150，通过显微镜检测未发现丝状菌，因此排除丝状菌引起的污泥膨胀。当地的高寒和低气压的气候环境也可能是造成污泥沉降性差的原因之一。

4.7.4 工程结果

大温差高海拔地区 A^2/O 工艺调试及运行参数优化项目，是国内高原高寒地区 A^2/O 工艺首次创新型研究，提高了高原地区污水处理工艺的技术水平，为高原地区污水厂工程建设提供了有力的技术支持，同时引导工程建设企业在工程建设期间不断开展科学研究，形成工程与研究的耦合。

项目通过对污水厂 A^2/O 工艺的快速启动过程中污泥的培养和驯化，缩短了污泥的培养和驯化时间，1 个月的快速启动使得污水厂出水水质能够达到一级 A 标准；同时对高原地区 A^2/O 的工艺参数按照中试研究的成果进行实际工程的检验，通过调整参数能够使得 A^2/O 工艺发挥最佳的同步脱氮除磷效果，同时减少了工艺设计的曝气量，大大节约了曝气的电费，给玉树结古镇污水厂的调试和运行带来了可观的社会和经济效益。

4.8 美丽乡村建设

4.8.1 美丽乡村的概念与内涵

党的十八大提出要建设美丽中国，美丽中国的建设重点和难点在于农村。2013 年中央一号文件提出，要“推进农村生态文明建设”“努力建设美丽乡村”，2014 年中央一号文件再次强调指出“通过美丽乡村建设，建设农民美好生活的家园”，连续两个中央一号文件都对美丽乡村建设作出安排部署。2015 年中央一号文件再次提出，中国美丽农村必须美。国务院农村综改办（财政部）、环保部、住房和城乡建设部、农业部等各部委围绕职能，通过各种载体推进美丽乡村建设。

美丽乡村是指生态、经济、社会、文化与政治协调发展，符合科学规划布局美、村容整洁环境美、创业增收生活美、乡风文明身心美且宜居、宜业、宜游的可持续发展的建制村。“美丽乡村建设”是生产、生活、生态三位一体的系统工程，是推进生态文明建设和深化社会主义新农村建设的新工程、新载体，是统筹城乡发展，建设社会主义新农村实践的重大创新。全面推进美丽乡村建设是深入推进“千村示范万村整治”工程，全面提升村庄整治、新社区建设、农房改造和农村生态环境建设水平的内在要求。

推进中国美丽乡村建设，不仅很好地体现社会主义新农村建设“生产发展、生活宽裕、乡风文明、村容整洁、管理民主”的基本要求，而且突出生态文明建设的内容，充分发挥生态资源的优势，打造一批“宜居宜业宜游”的美好家园，构建了人与自然和谐相处的美好局面，体现新农村建设要与城市建设实行差异性发展的客观规律，凸显农村田园自然风光秀美、绿色生态环境优势和农村宁静美丽的自然特质。

美丽乡村建设是新农村建设的升级版，目的是让全体农民充分共享现代文明，过上更加美好的生活。“宜居”就是要通过推进村庄整治、中心村建设和生态环境建设，把旧村庄改造建设成为宜于居住、喜爱居住、公共服务配套完善的农村新社区，让农民享受现代文明生活。“宜业”就是改善农村生产条件和创业环境，配套建设粮食功能区、现代农业园区、乡镇工业功能区，使农民增收致富，让农民就地就近创业就业；“宜游”就是在美丽乡村建设中，要充分挖掘、保护农村文化底蕴，充分发挥农村生态环境优美、田园山川秀美、民俗文化精美、农家菜肴鲜美等优势，大力发展“农家乐”、旅游、古镇古村游、民族风情游等乡村生态旅游业，发掘乡村的生态之美和人文魅力。

在村庄整治建设和农房改造建设中，既要促进农村人口集聚，以全面提高公共服务的共享程度，又要开展连线整片整治，整体提高生态环境的建设水平，还要与城镇建设规划相协调。

4.8.2　乡村生态文明建设指标要求

与城镇建设标准不同，生态文明建设是新农村改造和美丽乡村建设的重要特点，有着特殊的意义和内容。

1. 村镇生态文明建设的基本条件

建设国家生态文明建设示范村的基本条件是：基础扎实、生产发展、生态良好、生活富裕、村风文明，内容如下：

(1) 基础扎实。制定国家生态文明建设示范村规划或方案，并组织实施。村庄环境综合整治长效管理机制健全，建立制度，配备人员，落实经费。村庄配备环保与卫生保洁人员，协助开展生态环境监管工作，比例不低于常住人口的2‰。

(2) 生产发展。主导产业明晰，无农产品质量安全事故。辖区内的资源开发符合生态文明要求。农业基础设施完善，基本农田得到有效保护，林地无滥砍、滥伐现象，草原无乱垦、乱牧和超载过牧现象。有机农业、循环农业和生态农业发展成效显著。工业企业向园区集聚，建设项目严格执行环境管理有关规定，污染物稳定达标排放，工业固体废物和医疗废物得到妥当处置。农家乐等乡村旅游健康发展。

(3) 生态良好。村域内水源清洁、田园清洁、家园清洁，水体、大气、噪声、土壤环境质量符合功能区标准并持续改善。未划定环境质量功能区的，满足国家相关标准的要求，无黑臭水体等严重污染现象。村容村貌整洁有序，生产生活合理分区，河塘沟渠得到综合治理，庭院绿化美化。近三年无较大以上环境污染事件，无露天焚烧农作物秸秆现象，环境投诉案件得到有效处理。属国家重点生态功能区的，所在县域在国家重点生态功能区县域生态环境质量考核中生态环境质量不变差。

(4) 生活富裕。农民人均纯收入逐年增加。住安全房、喝干净水、走平坦路，用水、用电、用气、通信等生活服务设施齐全。新型农村社会养老保险和新型农村合作医疗全覆盖。

（5）村风文明。节约资源和保护环境的村规民约深入人心。邻里和睦，勤俭节约，反对迷信，社会治安良好，无重大刑事案件和群体性事件。历史文化名村、古街区、古建筑、古树名木得到有效保护，优秀的传统农耕文化得到传承。村级组织健全、领导有力、村务公开、管理民主。

2. 村镇生态文明的建设指标（表 4-10）

国家生态文明建设示范村建设指标 **表 4-10**

类别		指标	单位	指标值	指标属性
生产发展	1	主要农产品中有机、绿色食品种植面积的比重	%	≥60	约束性指标
	2	农用化肥施用强度	折纯，kg/hm^2	<220	约束性指标
	3	农药施用强度	折纯，kg/hm^2	<2.5	约束性指标
	4	农作物秸秆综合利用率	%	≥98	约束性指标
	5	农膜回收率	%	≥90	约束性指标
	6	畜禽养殖场（小区）粪便综合利用率	%	100	约束性指标
生态良好	7	集中式饮用水水源地水质达标率	%	100	约束性指标
	8	生活污水处理率	%	≥90	约束性指标
	9	生活垃圾无害化处理率	%	100	约束性指标
	10	林草覆盖率 山区 丘陵区 平原区	%	 ≥80 ≥50 ≥20	约束性指标
	11	河塘沟渠整治率	%	≥90	约束性指标
	12	村民对环境状况满意率	%	≥95	参考性指标
生活富裕	13	农民人均纯收入	元/年	高于所在地市平均值	约束性指标
	14	使用清洁能源的农户比例	%	≥80	约束性指标
	15	农村卫生厕所普及率	%	100	约束性指标
村风文明	16	开展生活垃圾分类收集的农户比例	%	≥80	约束性指标
	17	遵守节约资源和保护环境村规民约的农户比例	%	≥95	参考性指标
	18	村务公开制度执行率	%	100	参考性指标

在建设指标中，做到生态良好是村镇基础设施建设的重点，水环境、大气环境、噪声环境、土壤环境质量达到相应的功能区（类型区）标准，未划定环境质量功能区的，满足国家相关标准的要求，无黑臭水体等严重污染现象。其中，划定为集中式饮用水水源保护区，其地表水水源一级、二级保护区内监测认证点位的水质达到现行国家标准《地表水环境质量标准》GB 3838 或《地下水质量标准》GB/T 14848 相应标准的取水量占总取水量的百分比。建立污水处理厂对产生的污水进行处理，包括采用活性污泥、生物滤池、生物接触氧化加人工湿地、土地快渗、氧化塘等组合工艺的一级、二级集中污水处理厂，或采

用氧化塘、氧化沟、净化沼气池，以及小型湿地处理等设施进行处理，生活污水处理必须采取有效的脱氮除磷工艺，满足水环境功能区要求。

生活垃圾无害化处理指卫生填埋、焚烧和资源化利用（如制造沼气和堆肥）。生活垃圾资源化利用指在开展垃圾“户分类”的基础上，对不能利用的垃圾定期清运并进行无害化处理，对其他垃圾通过制造沼气、堆肥或资源回收等方式。

河塘沟渠整治指村域内的河道、塘、沟和渠开展截污治污、拆除违章、清淤疏浚、环境卫生治理、河岸生态化改造等的治理内容。完成整治的河道、塘、沟和渠需净化整洁、无淤积、无臭味、无白色污染、无垃圾杂物等，河、塘、沟、渠等淤积得到疏浚，河塘坡岸自然、生态。

改造后的村容村貌应整洁，房前屋后“干净、整洁、有序、美观”，无“脏、乱、差”现象。

4.8.3 美丽乡村建设途径

1. 以人为本，政府主导建设

由党委政府开展的生态县建设、生态乡村创建、中心镇中心村培育、异地搬迁、“强塘固房”等与美丽乡村建设结合起来，把美丽乡村建设作为重要的民生工程统筹安排。把美丽乡村建设作为衡量干部政绩的重要内容进行考评激励。

2. 深化村镇整治、因地制宜进行建设

美丽乡村建设以深化“千村示范万村整治”工程、农村住房改造和农村生态环境整治为重点。因地制宜，对城中村、镇中村、城郊村要结合城镇化的推进，有序地改建为城镇社区；高山远山和地质灾害频发的村镇，实行整体搬迁脱贫；在平原和丘陵地区，合理迁并自然村，建设农村新社区和基层公共服务中心。在生态优美的农业专业村和山区村，在村庄整治中要以建设精品农业园区、特色专业村为主，打造农业专业村、农家乐专业村、历史文化名村等特色村庄。

3. 机制创新促建设

积极改革宅基地使用制度，引导农民进行宅基地有偿退出、宅基地跨村跨镇置换、宅基地置换城镇住房等途径，实现向城镇和中心村集聚。探索农民“社会身份”与“经济身份”分离的办法，在全面保留土地承包、山林承包、集体资产收益分配等集体经济权益的同时，将户籍迁移至居住地，并全面享有与居住地居民同等的公共服务权益。探索农村新社区运行和管理机制，建设多个行政村集聚的农村新社区综合服务管理中心。

4. 政府支持、社会投资建设

美丽乡村建设各级各相关部门都要根据自身的职能，在政策上扶持美丽乡村建设，优先安排建设用地指标。鼓励农户投工投劳参与建设，动员社会力量参与美丽乡村建设，引导企事业单位、社会团体和个人投资捐资，增强共建共享美丽乡村的合力。

5. 多元投入保建设

美丽乡村建设具有显著的公共性，各级政府要增加投入，充分发挥公共财政对美丽乡村建设的支撑、引导和保障作用，在坚持政府主导的基础上，引导集体经济组织、农民群众参与美丽乡村建设。同时发挥市场的作用，引导各类民间资本以不同方式参与美丽乡村建设，形成多元化的美丽乡村建设投入机制，为美丽乡村建设注入持久的动力。

4.8.4 美丽乡村建设模式

2014年2月24日，在第二届中国美丽乡村万峰林峰会——美丽乡村建设国际研讨会上，中国农业部科技教育司发布中国“美丽乡村”十大创建模式，分别为：

1. 产业发展型模式

主要在东部沿海等经济相对发达地区，其特点是产业优势和特色明显，农民专业合作社、龙头企业发展基础好，产业化水平高，初步形成“一村一品”“一乡一业”，实现了农业生产聚集、农业规模经营，农业产业链条不断延伸，产业带动效果明显。典型：江苏省张家港市南丰镇永联村。

2. 生态保护型模式

主要是在生态优美、环境污染少的地区，其特点是自然条件优越，水资源和森林资源丰富，具有传统的田园风光和乡村特色，生态环境优势明显，把生态环境优势变为经济优势的潜力大，适宜发展生态旅游。典型：浙江省安吉县山川乡高家堂村。

3. 城郊集约型模式

主要是在大中城市郊区，其特点是经济条件较好，公共设施和基础设施较为完善，交通便捷，农业集约化、规模化经营水平高，土地产出率高，农民收入水平相对较高，是大中城市重要的“菜篮子”基地。典型：上海市松江区泖港镇。

4. 社会综治型模式

主要在人数较多，规模较大，居住较集中的村镇，其特点是区位条件好，经济基础强，带动作用大，基础设施相对完善。典型：吉林省松原市宁江区弓棚子镇广发村。

5. 文化传承型模式

是在具有特殊人文景观，包括古村落、古建筑、古民居以及传统文化的地区，其特点是乡村文化资源丰富，具有优秀民俗文化以及非物质文化，文化展示和传承的潜力大。典型：河南省洛阳市孟津县平乐镇平乐村。

6. 渔业开发型模式

主要在沿海和水网地区的传统渔区，其特点是产业以渔业为主，通过发展渔业促进就业，增加渔民收入，繁荣农村经济，渔业在农业产业中占主导地位。典型：广东省广州市南沙区横沥镇冯马三村。

7. 草原牧场型模式

主要在我国牧区半牧区县（旗、市），占全国国土面积的40%以上。其特点是草原畜牧业是牧区经济发展的基础产业，是牧民收入的主要来源。典型：内蒙古锡林郭勒盟西乌珠穆沁旗浩勒图高勒镇脑干哈达嘎查。

8. 环境整治型模式

主要在农村脏乱差问题突出的地区，其特点是农村环境基础设施建设滞后，环境污染问题，当地农民群众对环境整治的呼声高、反应强烈。典型：广西壮族自治区恭城瑶族自治县莲花镇红岩村。

9. 休闲旅游型模式

休闲旅游型美丽乡村模式主要是在适宜发展乡村旅游的地区，其特点是旅游资源丰富，住宿、餐饮、休闲娱乐设施完善齐备，交通便捷，距离城市较近，适合休闲度假，发展乡村旅游潜力大。典型：江西省婺源县江湾镇。

10. 高效农业型模式

主要在我国的农业主产区，其特点是以发展农业作物生产为主，农田水利等农业基础设施相对完善，农产品商品化率和农业机械化水平高，人均耕地资源丰富，农作物秸秆产量大。典型：福建省漳州市平和县三坪村。

4.8.5　美丽乡村建设的相关标准

随着美丽乡村建设的不断推进，全国出现了一大批美丽乡村建设先进典型，农村面貌发生了很大的变化。农村作为社会最基层的单元，与城镇相比，整体存在经济发展较为落后、社会管理与公共服务基础薄弱等劣势，在如何实现“美”的过程中，在建设主体内容、建设技术、运行维护、服务及评价等各个环节上需要统一标准和技术规范，以巩固美丽乡村的建设成果，做到持续发展。

1. 美丽乡村建设主要标准

在当前我国现有的标准体系中，在国家层面涉及农村领域主要有《美丽乡村建设指南》GB/T 32000、《村庄整治技术标准》GB 50445 等规范、指南和技术标准，具体如下：

(1)《村庄整治技术标准》GB 50445

(2)《美丽乡村建设指南》GB/T 32000

(3)《村镇规划卫生规范》GB 18055

(4)《农村户厕卫生规范》GB 19379

(5)《农村防火规范》GB 50039

(6)《镇（乡）村给水工程技术规程》CJJ 123

(7)《镇（乡）村排水工程技术规程》CJJ 124

(8)《农村生活污水处理项目建设与投资指南》(环保部 2013 年 11 月 11 日发布)

(9)《农村生活污染防治技术政策》(环发〔2010〕20 号)

(10)《农村生活污染控制技术规范》HJ 574

(11)《农用污泥污染物控制标准》GB 4284

(12)《城市污水再生利用　农田灌溉用水水质》GB 20922

(13)《人工湿地污水处理工程技术规范》HJ 2005

(14)《生活污水净化沼气池技术规范》NY/T 1702

(15)《分地区农村生活污水处理技术指南》(建村〔2010〕149 号)

(16)《城镇污水处理厂污泥处理处置技术指南（试行)》(建科〔2011〕34 号)

(17)《农村环境连片整治技术指南》HJ 2031

(18)《村镇生活污染防治最佳可行技术指南》HJ-BAT-9

(19)《乡村公共服务设施规划标准》CECS 354

2. 国家标准《美丽乡村建设指南》GB/T 32000 的主要内容

国家标准《美丽乡村建设指南》是在借鉴浙江、福建、贵州等地创建美丽乡村的经验基础上，由财政部、环保部、住房和城乡建设部、农业部、卫计委等部委统筹协调、兼顾全国，以普适性、指导性、引领性、实用性、兼容性为原则，对美丽乡村的最基本要素做了统一，进行顶层设计，是一项美丽乡村建设的系统性标准。

（1）标准的主要构架

美丽乡村应体现生态美、生活美、生产美、行为美。在总结各地区成功经验的基础上，以“经济、政治、文化、社会和生态文明协调发展，规划科学、生产发展、生活宽裕、乡风文明、村容整洁、管理民主，宜居、宜业的可持续发展乡村（包括建制村和自然村）”为美丽乡村的内涵，确定标准的主要技术内容。《美丽乡村建设指南》由 12 个章节组成，主要框架分为总则、村庄规划、村庄建设、生态环境、经济发展、公共服务、乡风文明、基层组织、长效管理 9 个部分。标准的主体框架如图 4-47 所示。

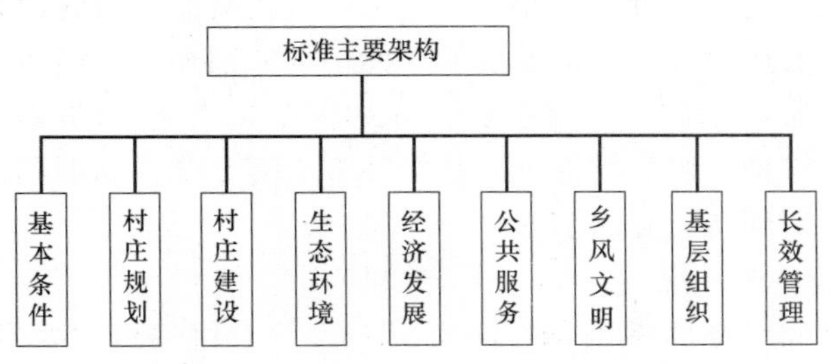

图 4-47　标准主要框架

《美丽乡村建设指南》与现行的标准、法律法规相协调一致，以定性和定量相结合，明确了美丽乡村建设的总体方向和基本要求，并给乡村个性化发展预留了自由发挥空间；对生态环境等领域提炼国家及相关部委提出的有关美丽乡村的重要量化指征指标共 21 项，统一规范，就美丽乡村的建设给予目标性引领（表 4-11）。

美丽乡村建设的主要指标　　**表 4-11**

序号	指　标　项	量化标准值
1	路面硬化率	100%
2	村域内工业污染源达标排放率	100%
3	农膜回收率	80%以上
4	农作物秸秆综合利用率	70%以上
5	病死畜禽无害化处理率	100%
6	畜禽粪便综合利用率	80%以上
7	生活垃圾无害化处理率	80%以上
8	生活污水处理农户覆盖率	70%以上
9	使用清洁能源的农户数比例	70%以上
10	林草覆盖率	平原:20%以上
		山区:80%以上
		丘陵:50%以上
11	卫生公厕拥有率	高于 1 座/600 户
12	户用卫生厕所普及率	80%以上
13	村卫生室建筑面积	大于 $60m^2$
14	学前一年毛入园率	85%以上

续表

序号	指标项	量化标准值
15	九年义务教育目标人群覆盖率	100%
16	九年义务教育巩固率	93%以上
17	农村五保供养目标人群覆盖率	100%
18	农村五保集中供养能力	50%以上
19	管护人员比例不低于常住人口	2‰
20	基本养老服务补贴目标人群覆盖率	50%以上
21	村民享有城乡居民基本医疗保险参保率	≥90%

国家标准《美丽乡村建设指南》GB/T 32000 重点强调 5 个方面，强化内容创新，具体如下：

(1) 突出规划引领。从规划原则、规划编制要素两方面确定美丽乡村规划的基本要求，强调规划应做到因地制宜、村民参与、合理布局和节约用地，明确指出编制规划应以需求和问题为导向。其中村民参与强化了村民在美丽乡村建设中的主体作用，借鉴相关美丽乡村建设的精髓。

(2) 突出个性营造。在村庄建设方面，强调可选择具有乡村特色和地域风格的建筑图样塑造乡村建筑风格，体现乡土原味和地域风情。在生活设施方面，规定了道路、桥梁、饮水、供电、通信等方面的要求，并对关键控制点提出具体技术指标要求，让人一目了然。

(3) 突出重点把握。在标准内容安排上，对村庄规划和建设、生态环境、经济发展、公共服务等与农业生产、农村发展、农民生活关系密切的内容进行重点规范，突出“生产、生活、生态”三生协调发展。

(4) 突出文化传承。对文化体育、乡风文明等方面内容进行规范。主要目的是让农民既能拥有现代健康生活情趣，又能享受传统农村文化的熏陶，保得住传统、记得住乡愁。

(5) 突出生态文明。在环境生态方面，对环境质量、污染防治、生态保护与整理、村容整治等百姓关心的农村环境问题提出明确要求，特别是强调农村大气、声、土壤和水环境质量应达到与当地环境功能区相对应的要求，让老百姓共享天蓝、气优、水净的美丽乡村。

5　施工信息化新技术

5.1　激光扫描技术在地铁隧道测量中的应用

地铁工程投资大、施工复杂、施工工期长，为百年工程，其施工、竣工和运维期间的质量要求都非常严格。因此，在隧道全生命周期过程中，必须要进行隧道断面测量，方能指导施工工作，进行隧道竣工验收，为地铁安全运营保驾护航。

传统的隧道测量方法主要是利用断面仪或全站仪等常规仪器逐个断面单点进行测量，将两期测量结果对比或者测量值与设计值进行对比，检核隧道变形或者进行施工指导和竣工验收，这种传统的测量方法受光线影响，劳动强度大。并且在测量规范中对测量断面的间距有明确的要求，如《城市轨道交通工程测量规范》GB/T 50308—2018 中要求：直线段每 6m、曲线段每 5m 测量一个横断面和底板高程，结构横断面变化段和施工偏差较大段应加测断面。除此之外，也有测量机器人与编程计算器配套使用来获取隧道断面，也可以通过控制软件进行断面测量，如 TM 隧道断面测量系统、TPSPRO 断面测量系统。传统测量方式的弊端加上规范对测量的间距要求致使隧道测量过程工作量大、效率低。尽管这些技术精度较高，能达到毫米级，但是也存在多方面的缺陷：比如监测断面为离散点、实测断面数量有限，且精度受光线影响较大等。这些离散断面测量的方法只能反映隧道局部的特征，且内业数据处理烦琐、效率低，不能够反映隧道的整体变形或者施工情况。因此，可以看出上述传统测量方式无论是在测量速度上、区域性上，还是内业数据处理上都不能满足地铁隧道快速建设的需要。因此，迫切需要探索高精度、高效率、非接触式对地铁隧道进行全线、任意全断面的三维测量工作模式和方法，而三维激光扫描技术（又被称为实景复制技术）的出现为此研究提供了新方法和新平台。

地铁隧道测量数据作为日后地铁施工指导、竣工验收、运营维护的基础数据，其测量数据的准确性对隧道全生命周期的任一阶段都至关重要。使用三维激光扫描进行隧道断面测量，优势极其明显：通过对点云数据处理，可以截取地铁隧道全线任意横断面，并随时查看不同时期实测断面之间的变化情况，这一优势将对研究掌握隧道全线任意断面的工况并建立隧道断面测量系统具有深远意义。更重要的是，在大数据时代中，三维激光扫描技术可作为新一代信息测量技术为实现城市基础设施的信息化建设提供支撑。

5.1.1　工程简介

某工程主要包括一站两区间，如图 5-1 所示，总长度 2034.72m。第一区间段为盾构法施工段，线路纵坡约为 4.3‰～4.7‰，平曲线半径 R＝350～3000m，区间采用盾构法施工，单层衬砌管片，管片采用钢筋混凝土平板形管片；第二区间为站后折返线区间段为矿山法施工段，线路纵坡为 2‰，断面为标准马蹄形结构，区间段为直线隧道，采用矿山法施工。试验段扫描测量期间正值该工程竣工期间。技术路线如图 5-1 所示。

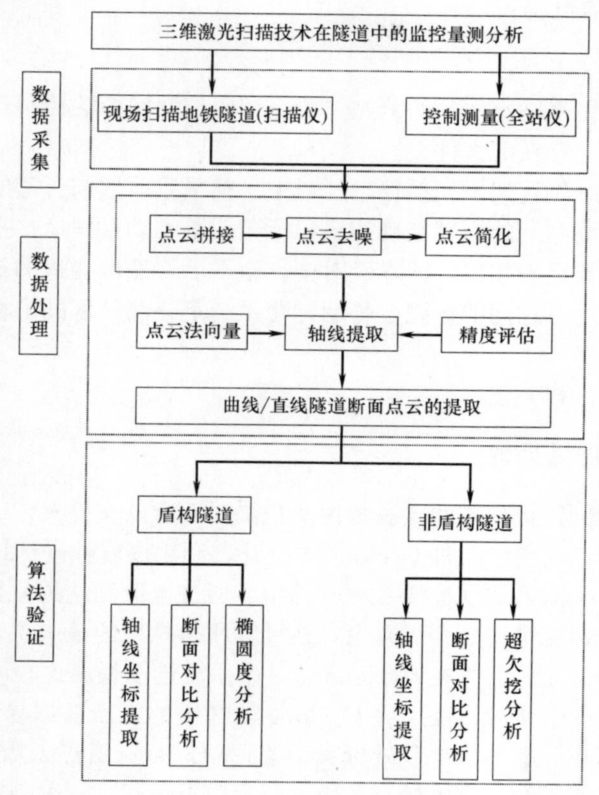

图 5-1　技术路线图

5.1.2　现场扫描方案

由于隧道内环境较好，为提高工作效率，取测站间距为 10m，把每个测站的位置用钢钉做标记，用全站仪在该区段进行控制测量，计算出 6 个测站的坐标，用于点云数据后期的基于控制点拼接。采用三维激光扫描仪进行点云数据采集，在两个测站之间的公共区域布置四个不在同一条直线上球形标靶，用于后期的点云数据拼接。在试验段区间共分为 6 站进行扫描，现场扫描布置如图 5-2 所示。

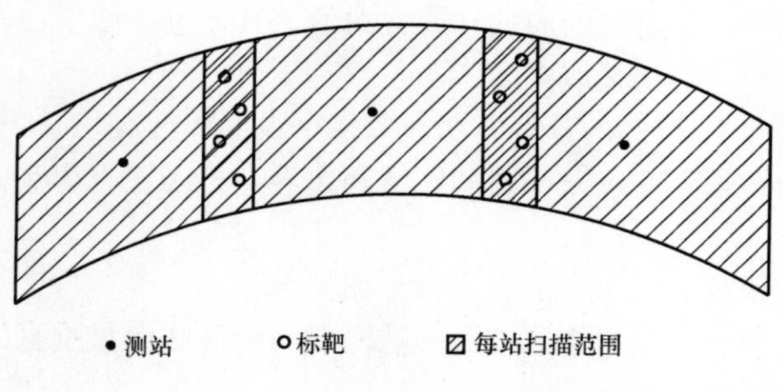

图 5-2　现场扫描布置图

5.1.3 隧道扫描过程

隧道的具体过程如下：

（1）通过测站间距来确定每站的测站位置，利用控制网中的控制点测量每个测站位置的坐标，在扫描仪中建立新的文件夹。

（2）在第一个测站位置架设扫描仪，经对中、整平后，选取合适的扫描分辨率，全景扫描，然后对与下一测站间的标靶精确扫描，标靶位置不动，搬运扫描仪至第二测站。

（3）在第二测站架设扫描仪，同样经对中、整平后，选取合适的扫描分辨率，全景扫描，然后精确扫描与上一站间的标靶，移动标靶至与下一测站区间，精确扫描标靶；搬运扫描仪至第三测站。

（4）与第二测站过程一致。

5.1.4 扫描数据后处理

以徕卡扫描仪为例，将扫描的点云数据从扫描时建立的文件夹中导出，得到的整个项目的点云数据，在扫描仪自带软件 Cyclone 中打开，利用该软件进行拼接，首先基于标靶进行拼接，然后将 6 个测站的坐标导入到软件中，通过选取测站的位置把测站赋予绝对坐标，在拼接之后每个标靶都有一个误差值，经计算所得标靶的最大误差，符合要求后，进行点云数据的去噪和简化，首先在 Cyclone 软件中手动选取噪声比较明显的区域，比如隧道里的设备、现场工作人员等；随后将 Cyclone 软件里的点云数据导入到 Geomagic 软件中，通过删除体外孤点、非连接项和减少噪声等选项进行隧道点云数据中噪声点的剔除。由于扫描得到的原始点云数据密度较高，导致点云数据量很大；另外由于距扫描仪距离不同，得到的点云密度也不同，因此需要对所有点云数据进行简化，使点云数据分布均匀化、后期点云数据计算效率快。将去噪后的点云数据进行采样，后期不同阶段的点云数据还可以再按照上述过程进行处理。

5.1.5 隧道断面的提取

隧道不同里程的断面作为轴线坐标计算、断面对比、椭圆度计算和错台分析的基础，隧道断面的准确提取是后续工作顺利开展的保证。

1. 隧道空间信息的获取

将获取的隧道点云数据导入到 Matlab 平台中，采用点云法向量提取隧道空间姿态信息的计算过程获取每个里程对应断面的轴线方向值，具体过程如下：

（1）根据里程坐标，初步选取点云。

（2）采用空间定向 K 近邻的计算方法获取每个点的邻近点。

（3）通过点云间距来判断点云稀疏的区域和边界点云区域，这些区域的点云不计入点云平面拟合过程中。

（4）采用反距加权算法对每个节点进行平面拟合。

（5）得到所有点的法向量，按照节点的法向量与断面法向量垂直的关系，运用最小二乘算法进行断面法向量的计算。

计算过程如图 5-3 所示：（*e*）图为经过改进后的点云法向量的计算结果图，图中每条直线代表每个点的点云法向量，此处未区别直线的方向性。

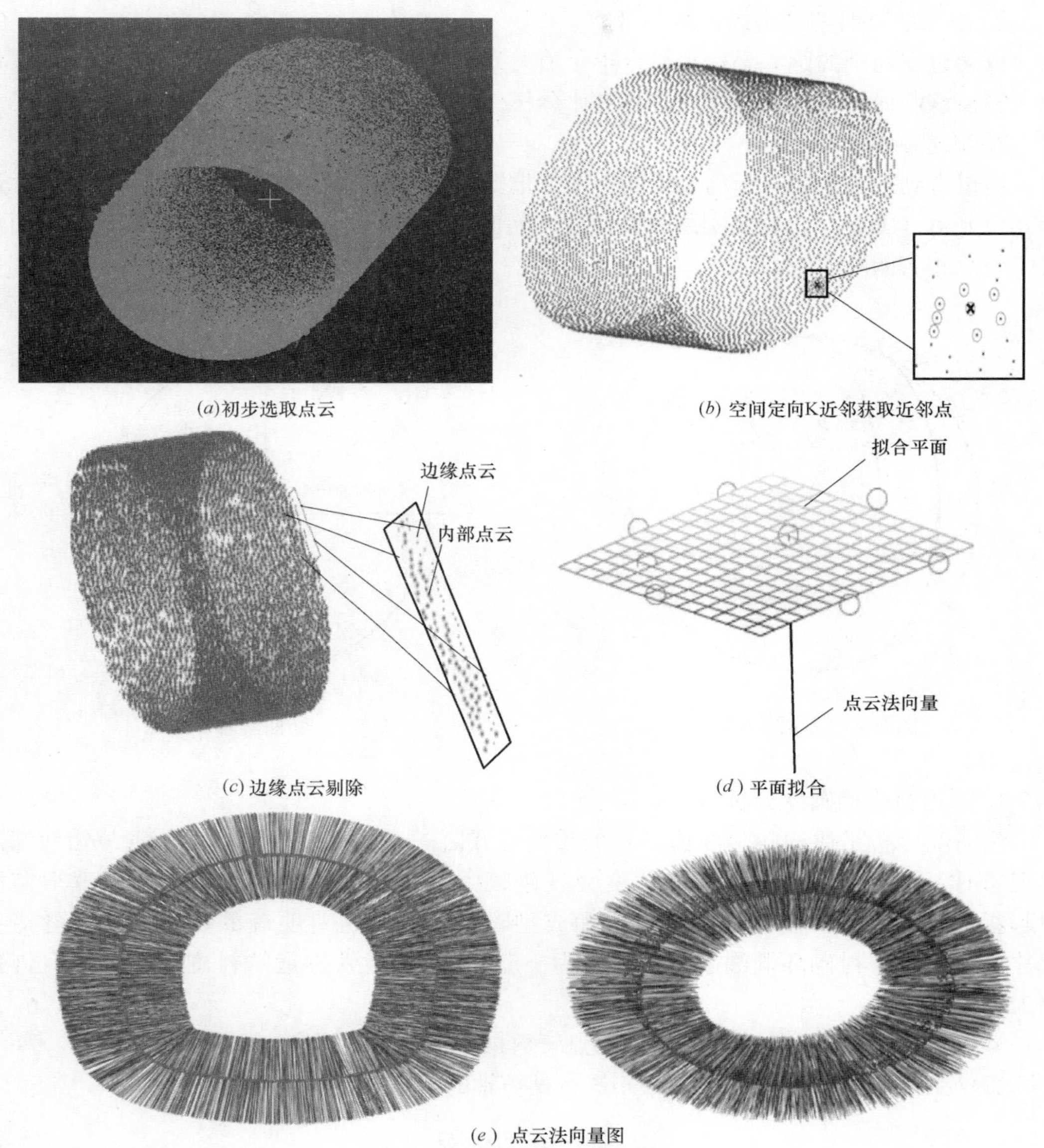

(a)初步选取点云　(b) 空间定向K近邻获取近邻点

(c) 边缘点云剔除　(d) 平面拟合

(e) 点云法向量图

图 5-3　点云法向量计算过程图

2. 断面的提取

根据隧道的设计文件，可以得到不同里程断面的设计坐标（X，Y，Z），利用平面的法向量和设计坐标可得到该平面的方程，利用点到平面的距离进行断面的截取，设置断面厚度为 4mm，提取原始点云图和提取的断面点云。

5.1.6　盾构隧道量测分析

1. 计算隧道断面中心点坐标

盾构隧道采用空间圆法（图 5-4）计算空间圆形的坐标中（X，Y）为隧道轴线在该断面处的平面位置坐标，Z 为高程坐标。

2. 竣工验收时期隧道断面数据计算

可通过空间圆的圆心坐标和拟合半径值 r 计算该断面的隧道顶和隧道底实测标高，进而与隧道该断面的轨面设计标高进行对比分析。

3. 隧道断面坐标对比

通过得到隧道断面点云的二维断面图，根据设计断面中心坐标与实测断面中心坐标进行套合分析（图 5-5），确定实测断面和设计断面的相对位置。点 O 和点 O' 分别为断面设计中心点和实测断面中心点。

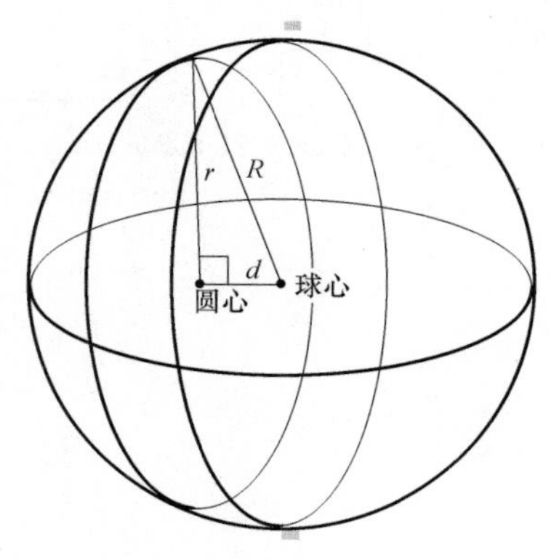

图 5-4　空间圆示意图

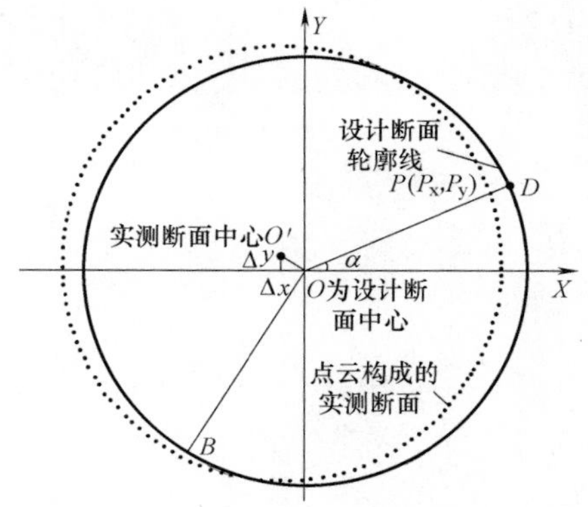

图 5-5　断面套合示意图

4. 隧道衬砌椭圆度分析

椭圆度分析是盾构隧道断面分析的重要方式之一。隧道发生渗漏水、管片错台漏水等现象时，管片会发生变形，椭圆度会发生较大变化，椭圆度不仅在隧道的变形监测中起着重要的作用，在管片拼装过程和成型隧道验收中也有明确的要求；地铁隧道在管片拼装过程中衬砌环椭圆度允许偏差为±5‰，成型地铁隧道的衬砌环椭圆度允许偏差为±6‰。

（1）利用最小二乘法对获取的断面点云数据进行椭圆的拟合。

（2）在此基础上利用公式（5-1）进行长短轴的计算求取椭圆度：

$$T=(a-b)/D \tag{5-1}$$

式中：T——椭圆度；

A——隧道椭圆长轴；

B——隧道椭圆短轴；

D——盾构隧道的直径。

5.1.7　矿山法隧道量测分析

1. 断面中心点坐标

通过对三维断面点云上下、左右部分进行重心法的计算，可以得到断面的中心点坐标，通过公式（5-2）计算：

$$X=(\sum_{i=1}^{n}x_i)/n \qquad Z=(\sum_{i=1}^{n}z_i)/n$$

$$Y=(\sum_{i=1}^{n}y_i)/n \qquad Z=(\sum_{i=1}^{n}z_i)/n \tag{5-2}$$

2. 断面对比分析

通过 Matlab 编程软件把马蹄形断面图导入 CAD 软件中，与设计断面图纸进行对比分析（图 5-6）。

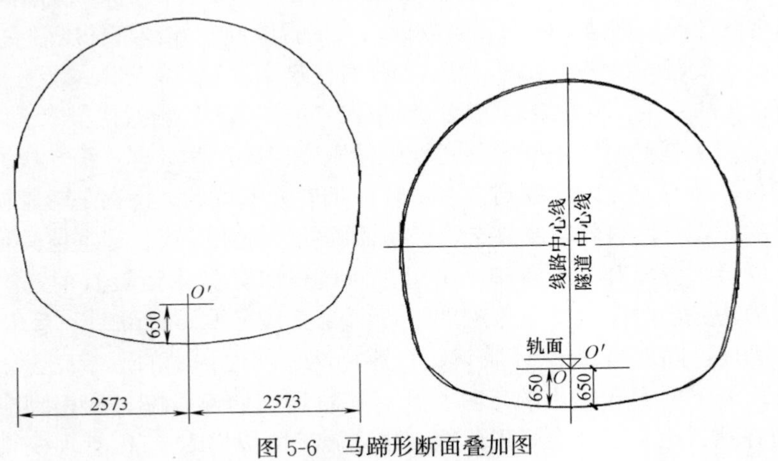

图 5-6 马蹄形断面叠加图

3. 超欠挖分析

通过设计断面与实测断面的叠加分析可得到隧道不同断面的超挖和欠挖区域，计算上文提取断面的两个超欠挖分布图，如图 5-7 所示。

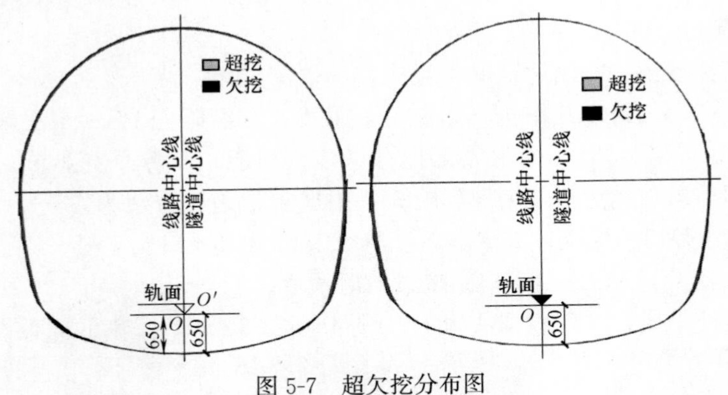

图 5-7 超欠挖分布图

5.1.8 经济效益分析

通过对现场扫描时间和断面提取时间进行统计，发现：每站扫描时间在 10min 左右，每个断面提取时间在 2min 左右。每站扫描区间可提取多个断面，并做断面中心点分析、断面对比分析、椭圆度分析、超欠挖分析等，这是传统方法无法比拟的。

在竣工期间，采用三维激光扫描技术进行隧道断面量测与分析，测量方法、测量精度、测量速度、数据处理、报告形式、外业时间、完成时间、节约劳动力，都具有较大优势。

5.2 轨道工程BIM应用案例

BIM（Building Information Model）即建筑信息模型，产生于20世纪80年代，是以三维数字技术为基础，集成了建筑工程项目各种相关信息的工程数据模型，是对工程项目设施实体与功能特性的数字化表达。当前我国基础设施建设业正面临着行业发展的瓶颈期，在国家大力改造提升传统产业，推动互联网、大数据、人工智能和实体经济深度融合的大背景下，BIM技术作为行业最新的数字化手段，可以加强对建筑全过程的指导以及服务推广，通过建筑工业化与信息化的共振，将建筑业转型升级带入"重技术"的新时代。

城市轨道交通工程是城市基础设施建设中的重要构成，其具有工程规模大、技术难度大、建设周期长、涉及专业多、参与方多、管理难度大等特点。特别是随着城市建设的发展，轨道交通的建设环境也越来越复杂，经常面临复杂地质暗挖、穿越地面地下建构筑物及河湖等各类风险，更提升了项目施工的管理难度。BIM技术所具有的三维可视化、协同性、模拟性的特点，对轨道交通工程的设计、施工具有重要的帮助。近几年BIM技术在国内的发展迅速，随着国家BIM政策、行业标准、软件技术的不断完善，已经从最初的概念逐步转化为工程实际应用的工具，开始在轨道交通建设施工中得到应用，但当前BIM技术如何在项目施工管理中真正落地，建立施工阶段BIM应用管理模式，发挥BIM技术的真正效果，为项目增值，还有待在工程应用实践中进一步总结完善。

本节将以轨道交通工程为案例，介绍工程BIM应用实施情况。

5.2.1 应用案例——北京地铁某标段

1. 工程概况

北京地铁某标段由"一站两区间"组成，其中：

车站为地下双层三跨岛式结构（图5-8），采用4导洞暗挖PBA工法施工。车站主体结构长为262.6m、宽2.3m。受附属工程自身建筑功能、设备净空要求、附属结构埋深及结构所在工程地质与周边环境情况影响，各附属工程施工方法为：1号、2号新排风道采用CD法施工（井口采用倒挂井壁法施工），B、C号出入口及1号、2号安全口均采用暗挖法+明挖法施工、A、D出入口暗挖过河后预留。

区间全部为地下线，采用盾构法施工。线路全长2570m，呈南北向敷设。

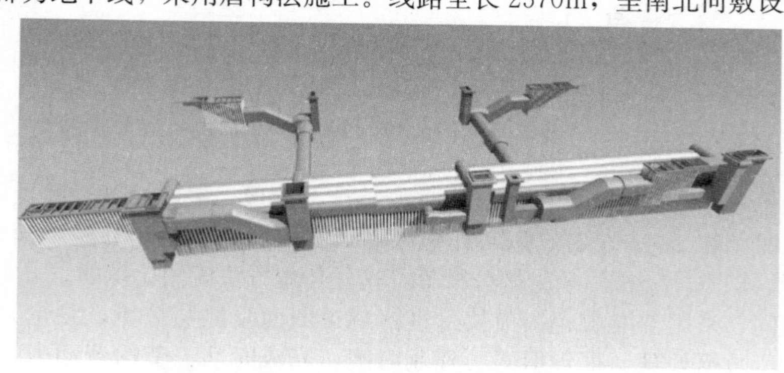

图5-8 车站主体BIM示意图

2. BIM 应用策划

BIM 技术应用需要软件应用能力、软硬件配套及专业技术知识相互结合，因此不能盲目实施，否则很难发挥其价值，反而成为项目管理负担。每一个项目都有自身的特点，在现阶段 BIM 应用模式还不成熟的前提下，项目 BIM 应用首先要进行策划，要以自身工程管理需求为出发点，通过分析工程难点，明确项目应用的目标（找出应用价值点），并建立对应的组织机构、软硬件配置和实施路线、管理制度，保证项目 BIM 实施达到预期效果。

（1）制定项目应用点

该标段包含了典型的城市暗挖地铁车站和盾构法隧道，施工面临以下难点：

1）车站周边构筑物多，地下管线多，施工工作面多，施工环境复杂。

2）水文地质条件复杂，车站主体密贴城市河道布置，PBA 暗挖施工位于大粒径卵石层，围岩稳定性差且地层富含地下水，沉降变形控制难、施工风险大。

3）区间盾构短距离连续近接穿越多个风险源，施工风险大。

基于项目难点和实施可行性，按施工不同阶段，制定了项目应用点，包括：基于现况环境的平面布置、结构设计优化、钢筋下料优化、PBA 暗挖工艺模拟交底、暗挖安全风险预警、二衬扣拱模架体系设计、区间隧道穿越环境风险展示。

（2）组织机构建立

项目经理牵头，项目总工程师及主要技术管理人员参与，组建 BIM 工作小组，明确人员工作职责（表 5-1），建立项目级 BIM 管理制度和实施方案（图 5-9）。

BIM 人员管理职责　　**表 5-1**

序号	职务	承担的职责
1	项目经理	BIM 工作总负责，统筹协调
2	项目总工	BIM 技术实施方案、制度制定，实施效果检查
3	BIM 主管	负责 BIM 模型建立，组织 BIM 应用实施、总结
4	BIM 技术员	负责 BIM 模型建立，实施 BIM 应用点、总结
5	BIM 技术员	负责具体 BIM 监测平台的实施及指导
6	BIM 技术员	负责具体 BIM 实施及指导对接施工班组

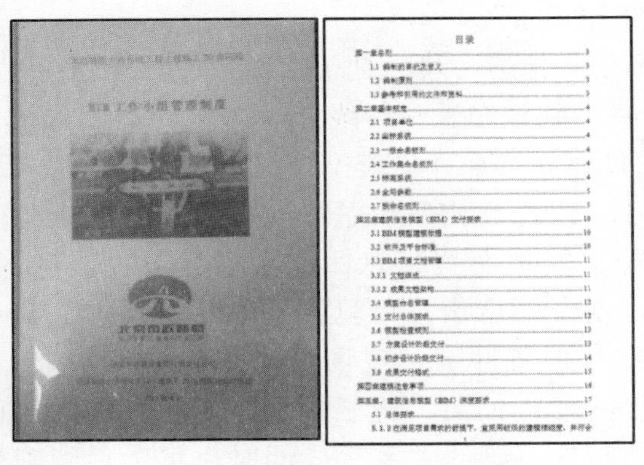

图 5-9　BIM 部门工作制度（左）及建模标准（右）

（3）软硬件配置

1）软件比选

以 Revit 系列为结构建模软件、Tekla 作为钢筋建模软件，配套其他辅助软件用于施工模拟及相关计算（图 5-10）。

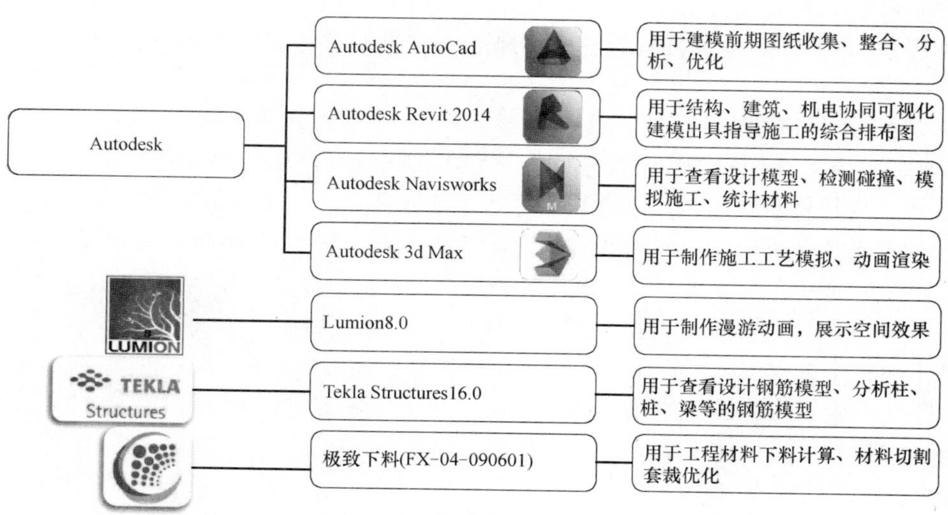

图 5-10　软件配置

2）硬件配置（表 5-2）

硬件配置　　**表 5-2**

项目	具体内容	配置标准	数量
BIM 建模电脑	主机	Intel Xeon E5-2609/8GB/2T	4
BIM 客户端电脑	主机	Intel(R)Core(TM)i5-8400/8GB/2T	1
BIM 客户端电脑	笔记本	Intel(R)Core i7-8750H/16GB/2T+120GB	1

3. BIM 在北京地铁某标段的应用点

（1）基于现况环境的平面布置

根据现有的地面环境、地质环境、地下管线及改移等情况建立整体环境模型（图 5-11）。基于场地模型进行临设布置、管线导改优化，解决管线与临建构筑物布置碰撞问题。利用 Revit 软件建立场地环境模型，模型信息应当包括：地形基本信息、河道及现况交通位置尺寸、周边建构筑及基础位置尺寸、现况地下管线位置尺寸、地下构筑物位置尺寸、施工场地布置信息、降水系统布置信息、临水临电布置信息、车站主体结构信息等，基于模型信息可以快速发现平面布置碰撞问题，如：临时用电、给水管线与车站结构位置冲突；现场降水井与临设基础、竖井圈梁位置冲突；临设布置与改移后的管线发生冲突；施工现场临时水、临时用电管线与降水排水管线的位置冲突；降水井与地下管线关系等，同时也可为后续附属结构开挖提供可视化参考（图 5-12）。

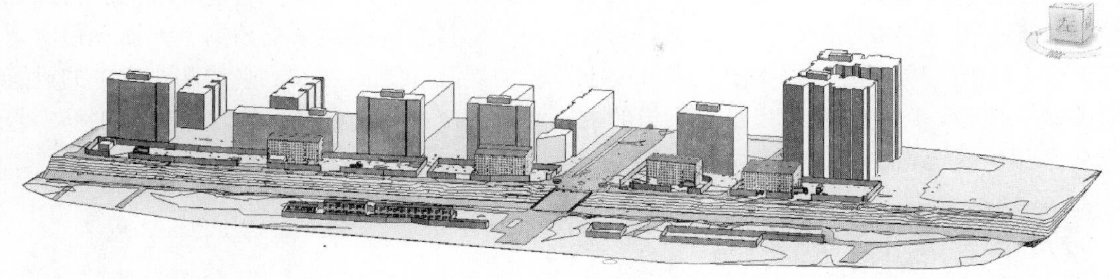

图 5-11　车站周边环境模型图

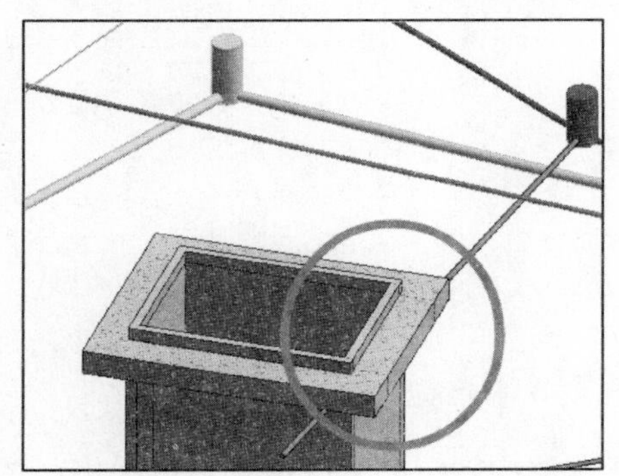
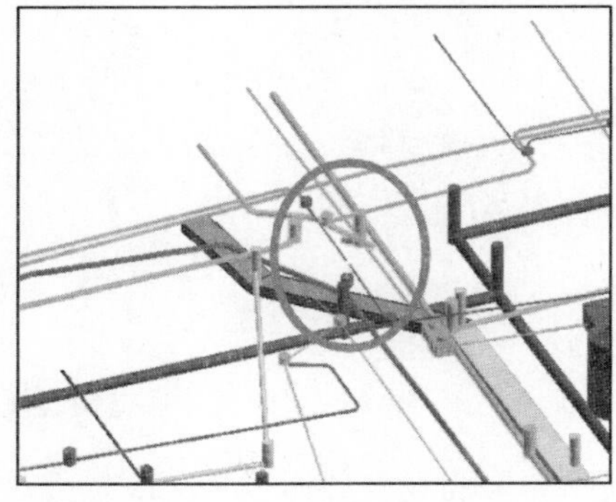

图 5-12　导改管线与结构主体碰撞检查示意图

（2）结构设计优化

城市地铁暗挖隧道施工中，马头门是施工过程中结构受力转换的关键环节。在开设马头门时，如果处理不当，会出现拱顶坍塌等事故。本工程在竖井进横通道处，马头门加固原设计只在洞口连立四榀格栅进行加固。基于地质风险分析，使用 Tekla 软件建立马头门部位钢筋格栅模型，并进行设计优化，在竖井格栅内增设了马头门加固环措施，同时基于模型进行设计方案的沟通和可视化交底，把各节点、各部位的加工尺寸及连接方法在模型图上进行展示，明确具体做法，保证开挖过程中马头门结构稳定（图 5-13）。

图 5-13　原设计马头门钢格栅布置图（左）及优化后布置图（右）

（3）钢筋下料优化

本工程涉及钢筋、钢格栅体量大，采用 Tekla 软件建立竖井及横通道模型钢筋精细化模型，通过模型提取所需部位钢筋型号的数量，为材料采购提供基础数据。钢筋建模时需要注意：建模人员首要先熟悉图纸设计要求及相关规范、图集要求，诸如端头弯钩的设置要按规范执行，以保证后续提量及下料的准确性；其次和结构建模一样，要建立钢筋型号命名、颜色规定，便于统计（图 5-14）。

螺纹22						螺纹6				
竖井纵向连接筋规格	编号	格栅间距	数量	钢筋长度	总数量	编号	格栅间距	数量	钢筋长度	总数量
	S1	480	1	630	66	T1	480	1	630	426
	S2	500	1	650	66	T2	500	1	650	426
	S3	750	9	900	594	T3	750	9	900	3834
	S4	550	2	700	132	T4	550	2	700	852
	S5	525	1	675	66	T5	525	1	675	426
	S6	550	4	700	264	T6	550	4	700	1704
	S7	500	13	650	858	T7	500	13	650	5538
竖井环向连接筋规格	S8			11235	52	T8			11235	254
	S9			5386	52	T9			5386	254
	S10			10544	52	T10			10544	254
	S11			4714	52	T11			4714	254
堵头墙纵向连接筋规格	S12			7750	4	T12			8160	68
	S13			8150	4	T13			5120	96
	S14			5150	9					
上通道环向连接筋规格	S15			7450	28	T14			7518	189
	S16			6395	28	T15			6380	189
	S17			7760	84	T16			6040	756
上通道纵向连接筋规格	S18	400	1	550	36	T17	400	1	550	235
	S19	425	4	575	144	T18	425	4	575	940
	S20	450	9	600	324	T19	450	9	600	2115
	S21	425	2	575	72	T20	425	2	575	470
	S22	450	10	600	360	T21	450	10	600	2350
	S23	500	4	650	144	T22	500	4	650	940
	S24	450	12	600	432	T23	450	12	600	2820
	S25	500	4	650	144	T24	500	4	650	940
	S26	450	5	600	180	T25	450	5	600	1175
	S27	425	2	575	72	T26	425	2	575	470
	S28	450	6	600	216	T27	450	6	600	1410
	S29	450	3	600	108	T28	450	3	600	705
	S30	425	2	575	72	T29	425	2	575	470

图 5-14　竖井横通道钢筋模型（左）及钢筋量统计表（右）

根据钢筋采购规格，通过 Tekla 软件对所选取构件钢筋可以进行下料优化，直接生成下料单（图 5-15），可最大化地节约钢筋，提高钢筋使用率达到 95%以上。但真正要做到指导现场施工，还需要把钢筋下料优化表与现场结合，需给出对应各种型号的钢筋的加工大样图，这样才能真正做到与现场结合，指导工人加工使用。

下料长度	切出长度	下料根数	切出根数	原材用量	利用率
5691688	5691688	4715	4715	483	98.20%
原材合计					
原材名称	长度	用量			
	12000	483			
切割方案					
序号	原材长	切割方式	余料	切割根数	利用率
1#	12000	8150×1 700×1 650×1 630×1 600×1 600×1 550×1	0	4	99.00%
2#	12000	7450×1 650×4 630×1 600×1 575×1	0	28	98.80%
3#	12000	7750×1 600×2 600×1 575×4	0	4	98.80%
4#	12000	6395×1 675×1 650×1 600×2 600×1 600×1 575×1 575×1 550×1	0	28	98.50%
5#	12000	700×1 675×1 650×3 650×1 650×1 600×1 600×1 600×2 600×1 575×3 575×2 575×1 550×1	0	4	96.90%
6#	12000	900×1 700×3 675×2 650×1 650×1 650×1 630×1 600×1 600×1 600×2 575×2 575×1 575×1	10	17	96.90%
7#	12000	900×1 700×2 700×2 650×4 650×1 600×2 600×2 575×2 575×1 575×1	0	7	97.10%
8#	12000	10544×1 700×1 650×1	46	52	99.10%
9#	12000	5150×1 650×1 630×1 600×1 600×3 600×1 600×1 600×1 575×1 575×1	0	9	98.20%
10#	12000	11235×1 575×1	150	36	98.40%
11#	12000	5386×1 900×1 700×1 650×1 600×4 600×1 575×2	0	16	98.20%
12#	12000	5386×1 900×1 650×2 600×2 600×2 600×1 600×1 600×1	0	36	98.20%
13#	12000	900×2 700×1 700×1 650×2 630×1 600×2 600×3 600×2 600×1 575×3	0	2	97.10%
14#	12000	4714×1 700×2 700×2 650×1 630×1 600×3 600×1 575×1	0	6	98.10%
15#	12000	4714×1 700×2 700×2 650×1 600×1 600×2 600×2 575×1	21	6	97.80%
16#	12000	4714×1 900×1 700×1 650×1 650×1 600×2 600×2 600×1 575×2	0	18	98.00%
17#	12000	7760×1 900×1 700×1 650×2 600×1 600×1	0	84	98.80%
18#	12000	900×5 700×4 700×1 650×1 650×1 600×1 600×1 600×1 600×1	0	1	97.50%
19#	12000	900×3 700×2 650×6 650×1 600×2 600×1 600×1 600×1	10	25	97.10%
20#	12000	4714×1 700×2 650×3 650×1 600×2 600×2 600×1	46	1	97.60%
21#	12000	4714×1 700×2 650×3 650×2 600×3 600×1	0	15	98.00%
22#	12000	4714×1 900×1 650×2 650×1 600×3 600×3 600×1	0	6	98.00%
23#	12000	900×4 650×2 650×3 600×3 600×3 600×2	10	7	97.10%
24#	12000	11235×1 650×1	75	1	99.00%
25#	12000	900×2 650×5 600×4 600×6 600×1	0	18	97.10%
26#	12000	900×4 650×5 600×7 600×1	10	2	97.10%
27#	12000	900×4 650×5 600×3 600×5	10	4	97.10%
28#	12000	900×4 650×5 600×4 600×4	10	1	97.10%
29#	12000	900×6 650×5 600×5	30	15	97.10%
30#	12000	11235×1 650×1	75	15	99.00%
31#	12000	900×7 650×8	200	8	95.80%
32#	12000	900×10 650×4	120	1	96.70%
33#	12000	900×13	40	8	97.50%

图 5-15　竖井横通道钢筋下料单

(4) PBA 暗挖工艺模拟交底

对本工程主体结构施工关键工艺，进行精细化建模，按实际施工分解步骤，明确每一步的技术要求，对项目管理人员及作业班组进行工艺施工关键技术可视化交底，包括：主体导洞 CRD 开挖步序（图 5-16）、出入口马头门开挖及明挖段工艺等。建立虚拟的工艺样板，形成标准化施工。

(5) 暗挖安全风险预警

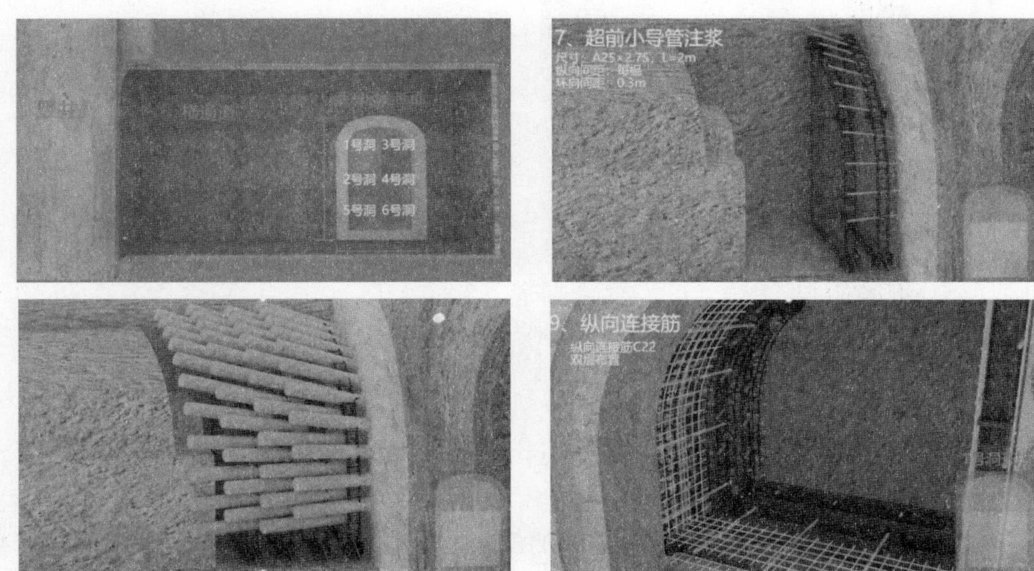

图 5-16　导洞 CRD 开挖步序

暗挖地铁工程，地面沉降控制和观测是重中之重。本工程车站主体密贴河道、周边建构筑及管线多，风险源多。地表沉降数据采集和分析工作量大，每日人工采集数据，整理分析，把分析结果人工在平面布置图上进行标识后，才可直观地看到预警信息，每天需至少花费 2h 人工。为便于及时分析和预测，基于 BIM 模型，研发安全风险预警软件，通过软件对现场收集的数据直接进行读取，可直接生成变形沉降曲线，大大减低了人员工作量，同时软件可设置预警值，自动识别报警（图 5-17）。

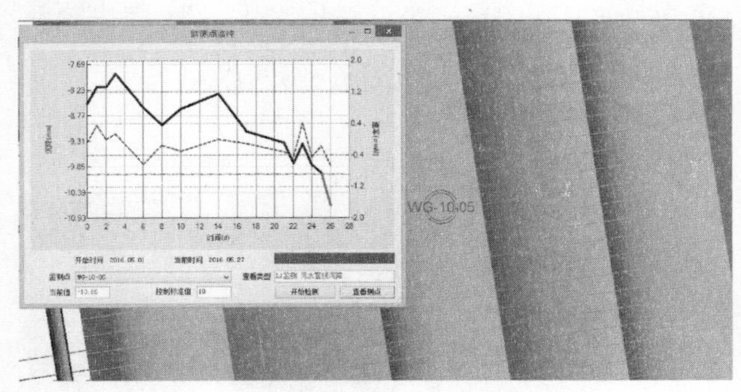

图 5-17　车站位置管线沉降观测点数据

数据采用云数据库保存，方便进行数据调阅和处理。点击监测点可查看该处当天、某一时间段内的预警信息，可以根据项目需要打印出报表所需样式，减少人员分析、制表时间（图 5-18）。

利用平台可以查看监测点形成地形三角网（图 5-19）。利用可视化监测，有利于管理人员快速分析数据，掌握现场监测数据、直观地反映地层沉降，有利于快速采取应急对策。

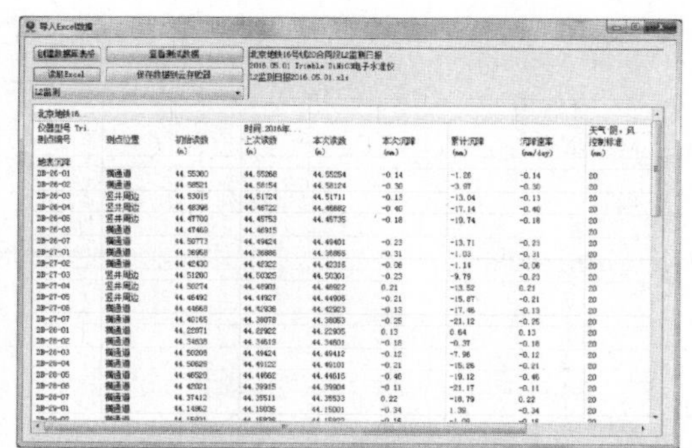

图 5-18　沉降观测点数据

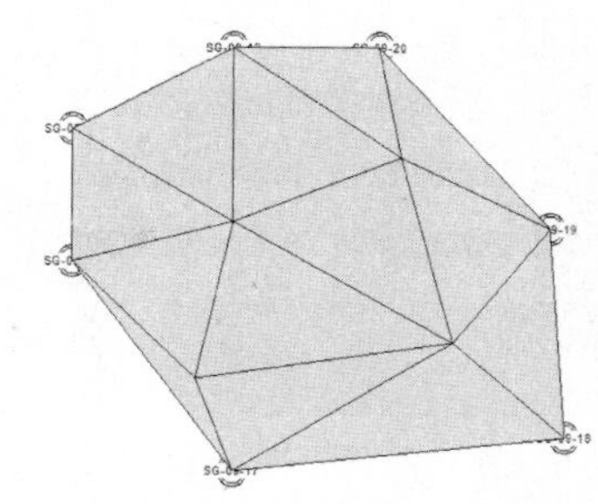

图 5-19　地形三角网

（6）顶纵梁、二衬扣拱模架体系设计

顶纵梁、二衬扣拱是浅埋暗挖地铁车站 PBA 工法施工的关键结构，是整个车站的顶部结构，其完成的质量和时间很大程度上影响着整个车站主体的安全性和稳定性。施工前，运用 BIM 建模，对顶纵梁、二衬扣拱的模架体系进行设计，并通过计算软件进行受力分析，保证施工质量和安全（图 5-20、图 5-21）。

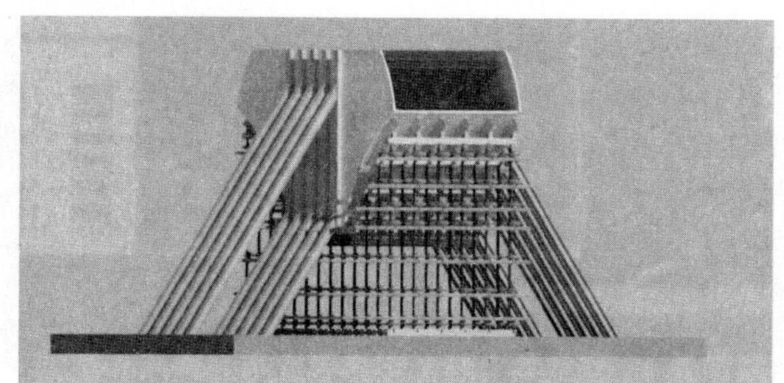

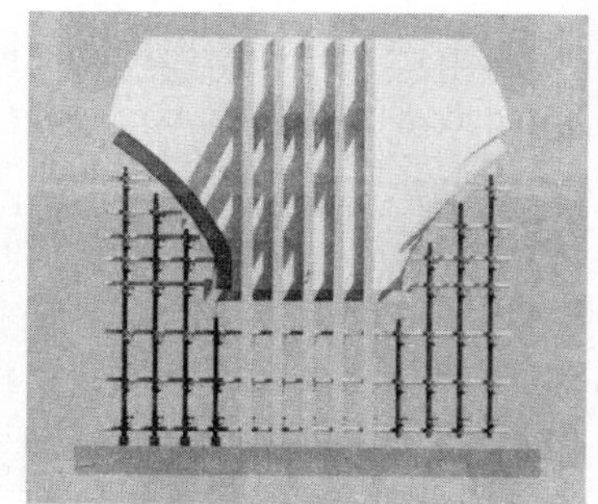

图 5-20　顶纵梁模架支搭设计

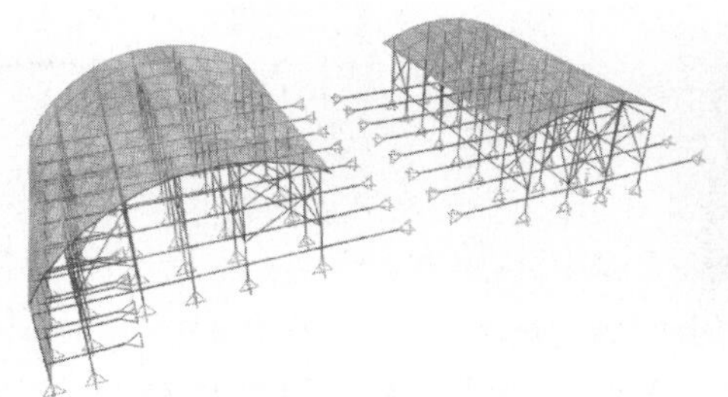

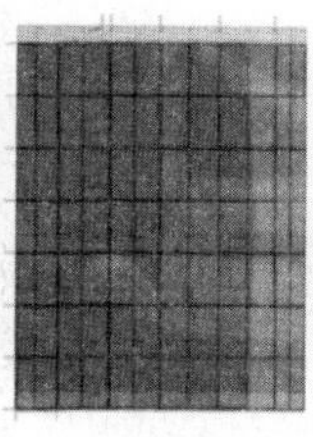

一阶：2.30Hz(*Y*向)

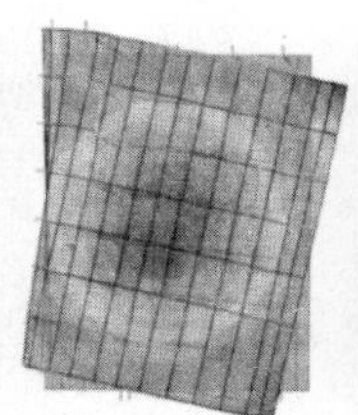

二阶：7.32Hz(扭转)

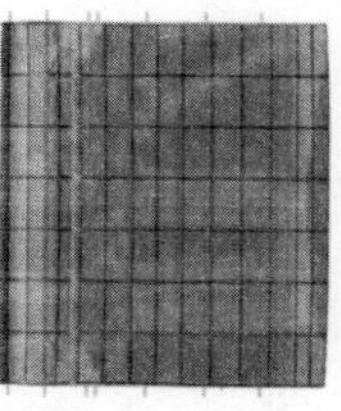

三阶：8.37Hz(*X*向)

模架A振型

图 5-21　扣拱模架受力设计计算分析

（7）区间隧道穿越环境风险展示

本工程盾构区间始发后多次下穿重大风险源，通过 BIM 技术尽力区间全线风险源模型，使区间隧道与各风险源位置关系直观明了，用于指导技术方案的制定和论证（图 5-22）。

图 5-22 区间风险位置关系图

5.2.2 应用案例——北京地铁某标段

1. 工程简介

北京地铁某标段包括一站两区间，全长约 1.9km。新建站与既有站十字换乘，地下 3 层结构，明挖法施工，围护结构为地连墙；车站中部零距离下穿既有线，平顶直墙 PBA 暗挖法施工。

2. BIM 在北京地铁某标段的应用点

(1) 场地布置

地铁工程多在城市繁华地带施工，施工场地狭小，易造成材料进出场不便、办公生活区布置困难、二次倒运及材料加工难度大等问题，在项目准备阶段制作三维场地布置模型，可以结合现场实际情况，按照场地特性进行布局优化，方便材料堆放及运输（图 5-23）。

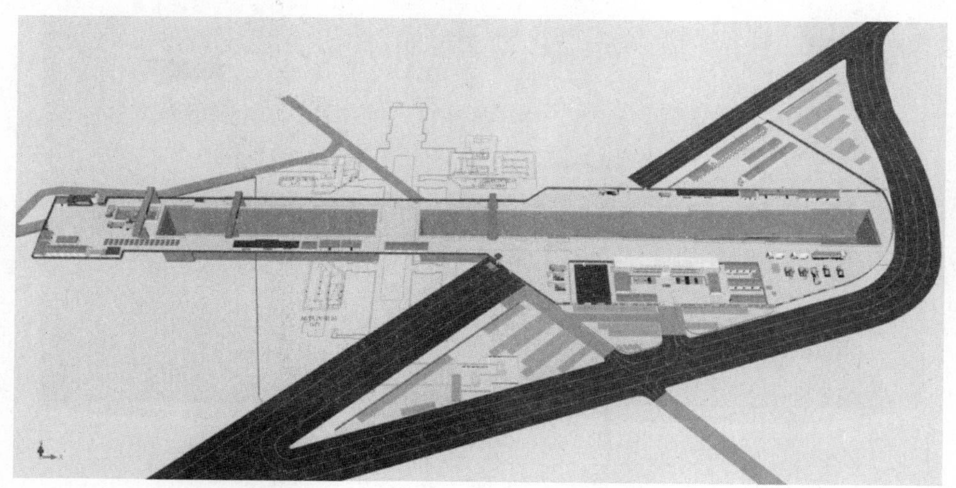

图 5-23 场地布置效果图

(2) 图纸会审（碰撞检查）

根据设计图纸，在施工前完成对围护结构、主体结构、建筑、装修图纸的模型搭建工作，对模型进行碰撞检查并分析模型中不合理之处，提前发现位置冲突，为设计变更提供充足时间，避免因设计问题造成的窝工风险，保障工程按期完工（图 5-24）。

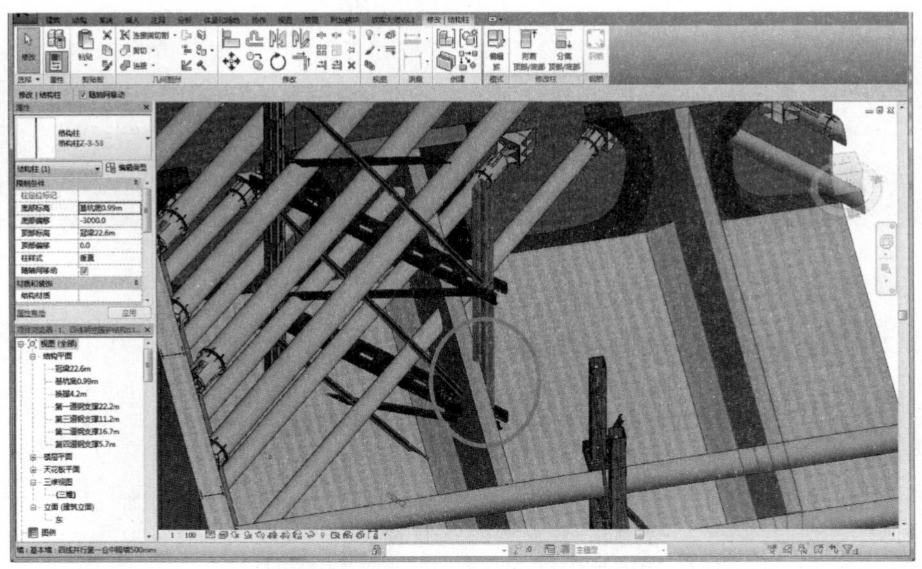

图 5-24　结构冲突部位展示图

（3）工程量统计

以结构模型为基础，统计工程材料用量，为施工过程中材料把控提供参考依据（图 5-25）。

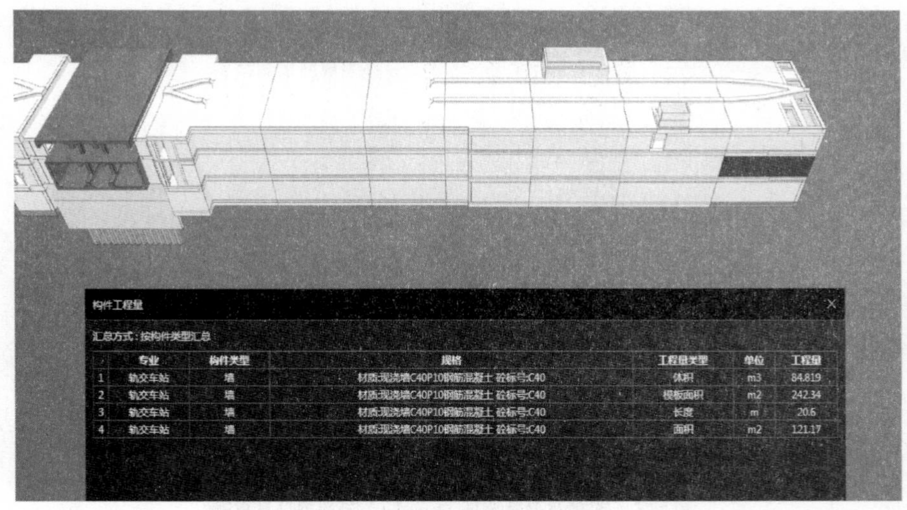

构件工程量

汇总方式：按构件类型汇总

	专业	构件类型	规格	工程量类型	单位	工程量
1	轨交车站	墙	材质:现浇墙C40P10钢筋混凝土 砼标号:C40	体积	m3	84.819
2	轨交车站	墙	材质:现浇墙C40P10钢筋混凝土 砼标号:C40	模板面积	m2	242.34
3	轨交车站	墙	材质:现浇墙C40P10钢筋混凝土 砼标号:C40	长度	m	20.6
4	轨交车站	墙	材质:现浇墙C40P10钢筋混凝土 砼标号:C40	面积	m2	121.17

图 5-25　模型工程量统计

（4）施工工序模拟

工程在施工阶段会遇到许多问题，而施工工艺模拟在其中扮演的角色是可视化以及交互性。让参与方可以统一在同一个平台同一个构思里面讨论问题，不会出现思维的误差而耽误会议的进展。同时也协助项目管理者管理现场的施工进度控制、施工质量控制，达到节约成本，减少工期的目的（图 5-26）。

（5）可视化交底

传统的技术交底以文字为主，枯燥乏味，内容陈旧，形象不够直观生动。为了避免和

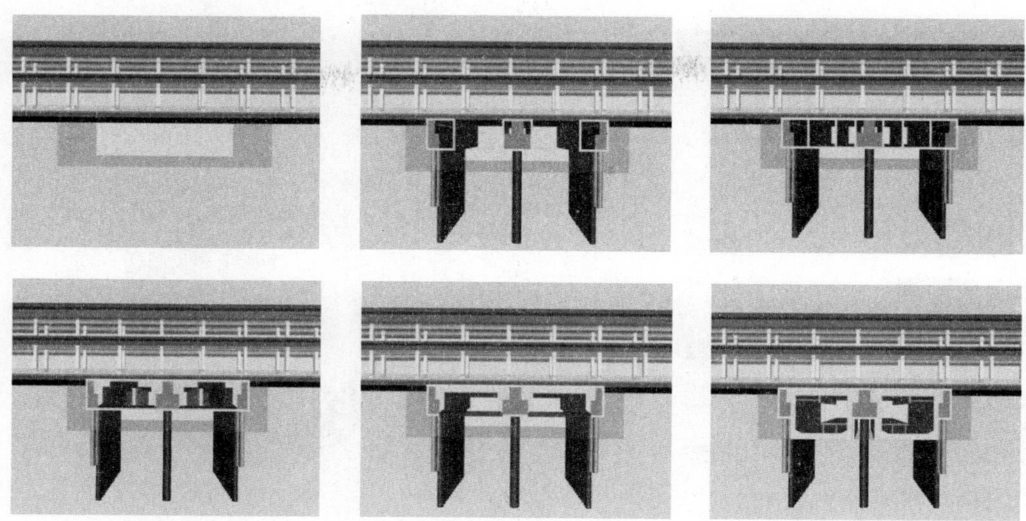

图 5-26 工序模拟步序图

改善这种境况并进一步加强技术交底的落地性，可采用可视化交底，以三维图形、视频形式进行技术交底，直观易懂（图 5-27）。

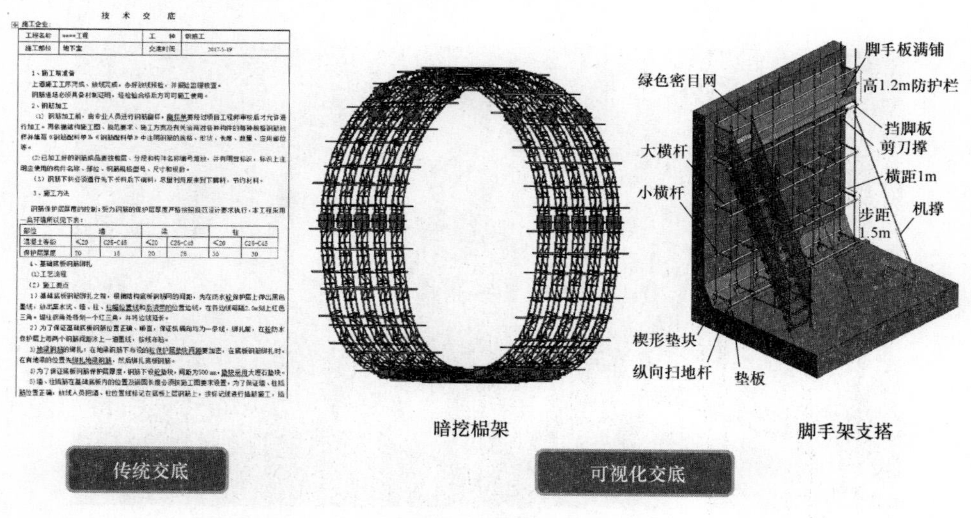

技 术 交 底

工程名称	××××工程	工 种	钢筋工
施工部位	地下室	交底时间	2017-5-19

1、施工前准备

2、钢筋加工

3、施工方法

部位	墙		梁		柱	
混凝土等级	≤20	C25-C45	≤20	C25-C45	≤20	C25-C45
保护层厚度	20	15	20	25	30	30

4、基础底板钢筋绑扎

(1)工艺流程

(2)施工要点

图 5-27 交底对比图

(6) 安全、质量管理

利用 BIM 5D 手机端实现现场安全、质量信息的采集，电脑端进行数据分析，将现场的安全质量问题分类别、分等级进行归纳，针对近期多发的质量安全问题可以进行专项交底或教育工作以遏制安全质量问题的发生，做到防患于未然（图 5-28）。

(7) 机电管线排布

地铁工程机电安装作业多，管线排布较复杂，通过 BIM 技术进行管线综合排布（图 5-29）。

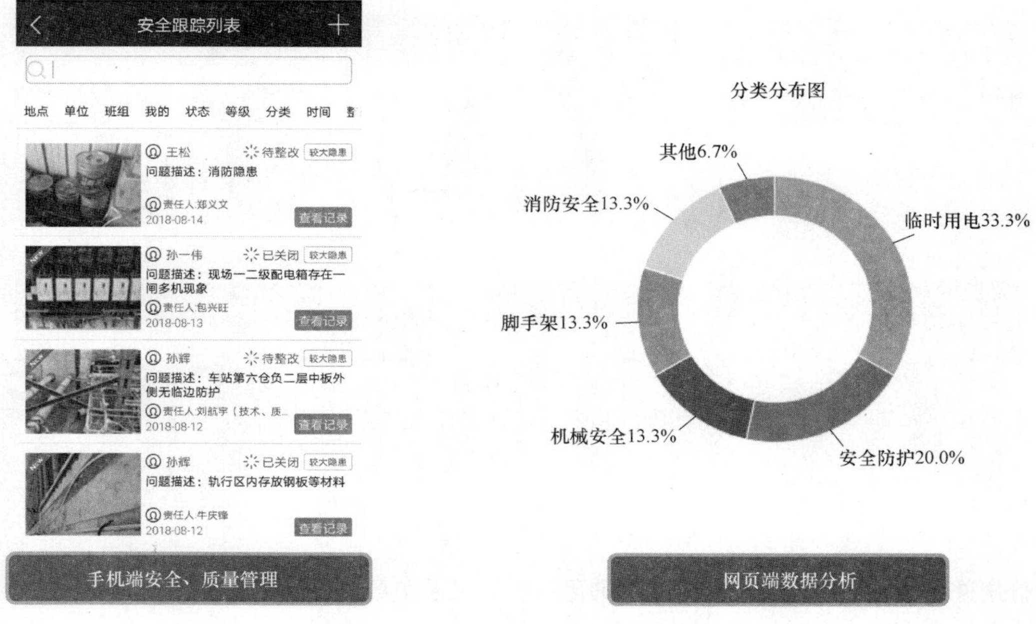

图 5-28 安全、质量管理示意图

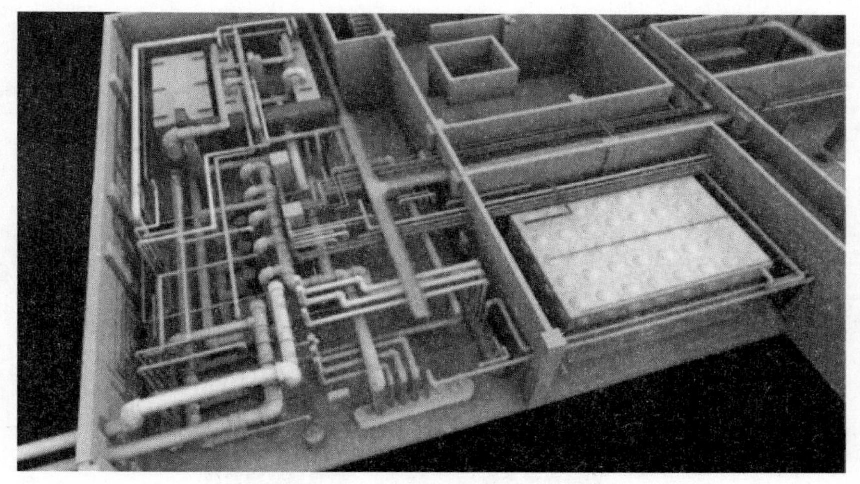

图 5-29 机电管线排布示意图

5.2.3 小结

目前，BIM 技术在轨道交通施工中的应用还处在实践探索，其应用集中在模型的碰撞检查、可视化交底等单点基础应用上，还有诸多问题需要进一步完善，如建立行业 BIM 应用标准、工程参与各方 BIM 协同管理、BIM 建模软件对市政工程特点的功能优化等，这些需要通过应用实践，让我们的管理模式与 BIM 技术相适应，从而且真正发掘 BIM 在技术、管理上的价值。

5.3 综合管廊工程 BIM 应用案例

5.3.1 工程简介

某综合管廊工程全长 1.6km，主体结构主要采用 3 层现浇钢筋混凝土闭合框架结构，标准段结构外尺寸高×宽=13.5m×12m，是国内最大断面地下综合管廊。工程施工内容包含土方工程（含障碍物拆除）、支护工程、结构工程、降排水工程、防水工程、地基处理工程及砌筑工程、装饰工程、电气工程、给水排水工程、通风工程、消防工程、标识系统等综合管廊主体及其他附属工程。

本项目管廊结构复杂，主体为 3 层结构，附属结构及分支结构多，节点部位采用 4 层异形断面结构，施工难度较大（图 5-30）。入廊管线包含八大类 18 种管线，交叉节点多。

BIM 技术在本项目中围绕综合管廊施工过程中的基础应用和落地应用两方面开展。利用 BIM 技术建立场地设施模型、围护结构、主体结构模型、管线模型等，进行三维场地布置、构件参数查询、漫游展示、碰撞检查、可视化交底、二次深化设计等基础应用；利用 BIM 5D 平台，开展安全文明施工管理、质量管理、临时用电管理、图纸管理等落地应用，着力解决项目重难点问题。

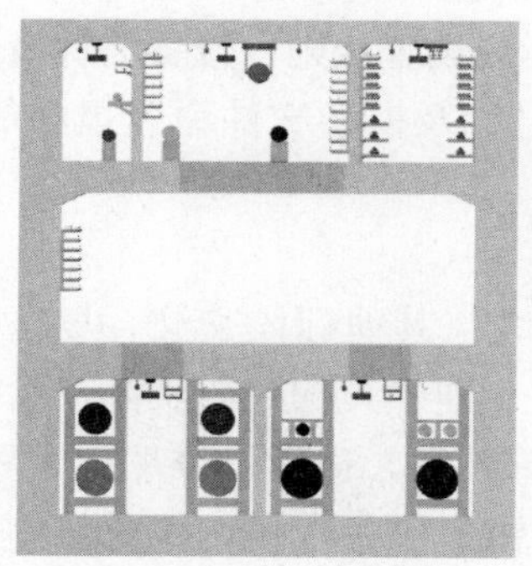

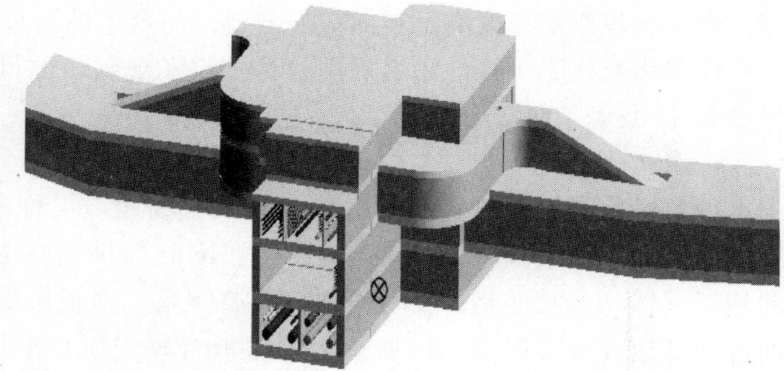

图 5-30 综合管廊主体结构 BIM 模型图

5.3.2 应用策划

项目部成立 BIM 小组，合理配备 BIM 负责人和专业 BIM 建模工程师，建立健全岗位责任制，进行任务分工。应用软件与硬件设施选用主流配置，满足应用需求。根据项目特点和后期运维需求，确定建模精度，编制建模规则及标准。

1. 项目重难点介绍

结合实际情况对本项目进行分析如下：

（1）重点一：工程体量大、工期紧、进度管控要求严格。

采取对策：构建管廊 BIM 模型，借助 BIM 5D 平台辅助进行进度管理。

（2）重点二：作为管廊参观示范段，质量标准高，要求严。

采取对策：深入应用可视化交底，解决技术难点，借助 BIM 5D 平台，强化过程管控，发现问题及时整改。

(3) 难点一：综合管廊与周围房建工程同期施工，场地狭窄，协调难度大。

采取对策：利用 BIM 技术进行三维场地布置，提前规划场地分区，减少场地变化频率，节省工期。

(4) 难点二：管廊内部管线复杂，碰撞较多。

采取对策：引入 BIM 技术进行三维碰撞检查，提前发现图纸问题，避免窝工、返工现象出现。

2. 应用效果预期

根据项目需求展开应用，对应用效果设定目标值，对应用做出合理预期。

(1) 解决项目重难点问题，提升整体管理水平

利用 BIM 技术，深入开展基础应用和落地应用研究，辅助项目质量、安全、进度管理，提高项目管理水平，提质增效。

(2) 加快推广 BIM 技术应用

在项目管理中充分应用 BIM 技术，不断拓展应用领域，为企业发展助力。

5.3.3 BIM 基础应用

前期策划阶段与设计单位共同编写了《建模规则及标准》，确定了工程建筑信息模型建模精度采用 LOD300 级，此阶段的模型可用于成本估算、配置检查、施工进度计划管理等，构件参数详细程度满足后期应用需要。制定了轴网及标高设置规则、位置名称及代码、专业名称及代码、构件命名规则、材质定义规则、项目名称及模型文件命名规则等，指导 BIM 模型建立与应用。

1. 三维场地布置

本项目场地狭长，两侧均为房建工程施工场地，工程沿线与其他标段交叉，场区分散。本项目 BIM 小组采取以下措施：利用 Revit 软件进行 1∶1 建模，构建与实际尺寸一致的施工围挡、临时道路、临时设施、围护体系、施工机械等要素，进行三维场地布置，提前规划场地分区，在各个区域最大限度地合理安排施工机械和作业现场，优化场地布置，减少场地变化频率。场地布置效果如图 5-31 所示。

图 5-31　三维场地布置效果图

2. 构件参数查询

通过构建完整 BIM 模型，在施工过程中，能够方便、快捷查询管廊各个构件及构件参数，便于施工管理。建模时详细添加参数，使构件包含必要的参数信息，提高模型应用效率（图 5-32）。

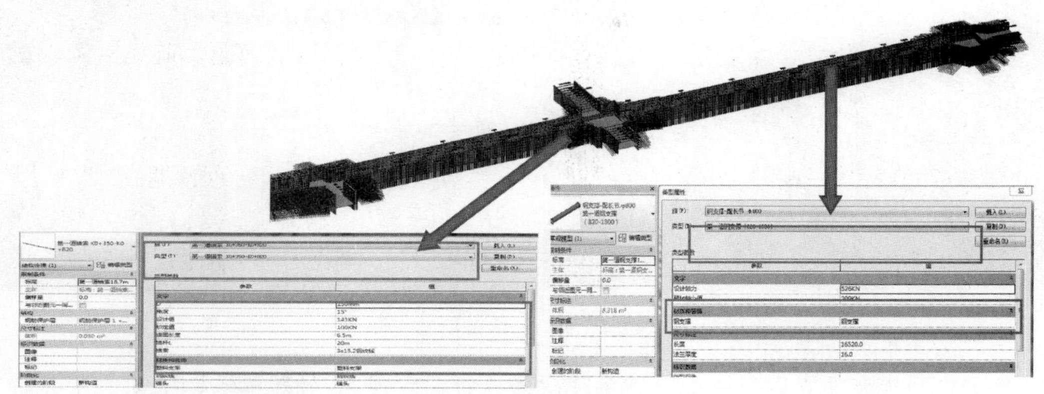

图 5-32　构件参数查询图

3. 漫游展示

模型构建完毕，通过 Lumion 软件进行渲染和漫游路线设计，输出视频格式文件，以动画漫游方式，方便管理人员动态查看完成效果，发现缺陷或问题，及时进行整改（图 5-33）。

图 5-33　场区临建及管廊结构漫游展示图

4. 碰撞检查

碰撞检查是 BIM 技术一项基本工作，同时也是最有效的一项工作。通过模型整合可以直观看出模型之间的碰撞点，通过出具碰撞检查报告可以快速统计碰撞点的数量，有助于帮助项目进行分析解决。本项目根据应用策划及现场实际施工需要利用 BIM 技术建立围护结构及支撑体系模型、主体结构模型、管线模型以及其他地下构筑物模型。在进行模型整合后发现本项目碰撞点如下：

（1）管廊明挖基坑八字阳角部位锚杆碰撞 44 处，提前做出调整（图 5-34）。

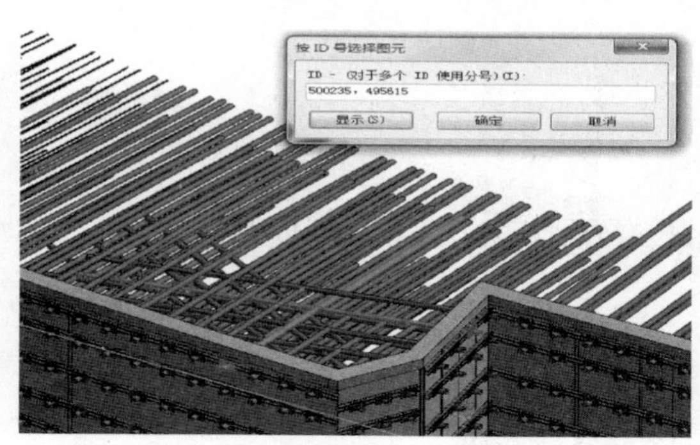

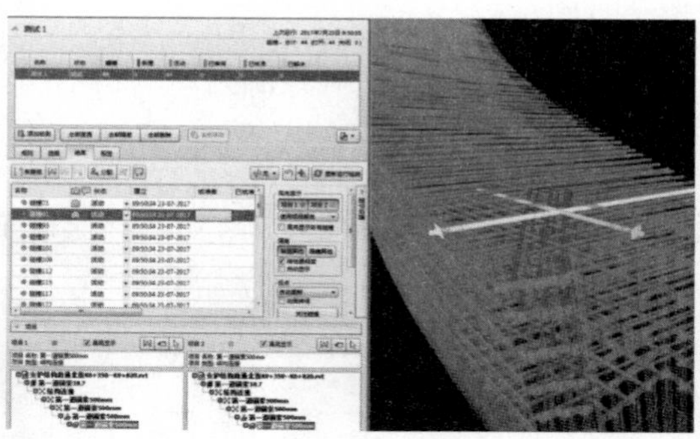

图 5-34　围护结构碰撞检查图

（2）管线模型建立后与结构模型关联碰撞检查，发现 26 处碰撞点，提前协调并解决了碰撞问题（图 5-35）。

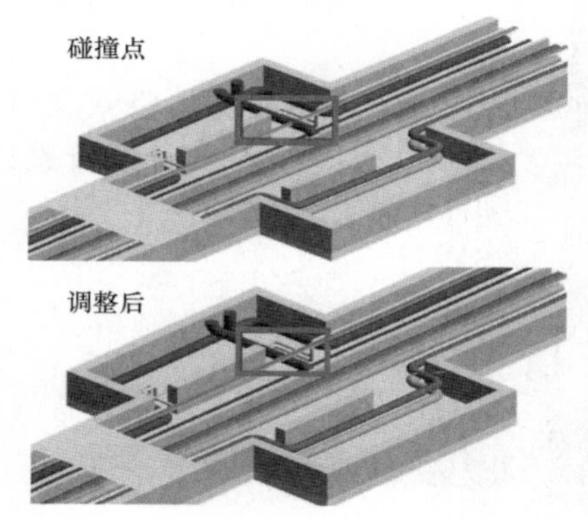

图 5-35　管廊内部管线碰撞检查及碰撞报告图

5. 可视化交底

在模型建立的基础上，通过模型集成展示、制作施工模拟视频，进行施工现场可视化交底。模型集成可以直观展示空间关系，BIM 可视化可以搭建有效的沟通桥梁，减小项目管理人员和施工班组之间三维想象的落差，简化并加速沟通过程。

本项目应用 BIM 技术对承插口部位钢筋绑扎、土方开挖及支护体系施工工艺进行可视化交底。

（1）承插口部位钢筋绑扎可视化交底

针对综合管廊承插后部位钢筋密集、异形钢筋种类多的特点，进行集成展示，便于施工班组直观认识，明确钢筋绑扎顺序（图 5-36）。

（2）土方开挖及支护体系施工可视化交底

针对土方开挖及支护体系施工进行施工模拟，桩间挂网锚喷、土方开挖、腰梁安装、钢支撑架设等（图 5-37）。

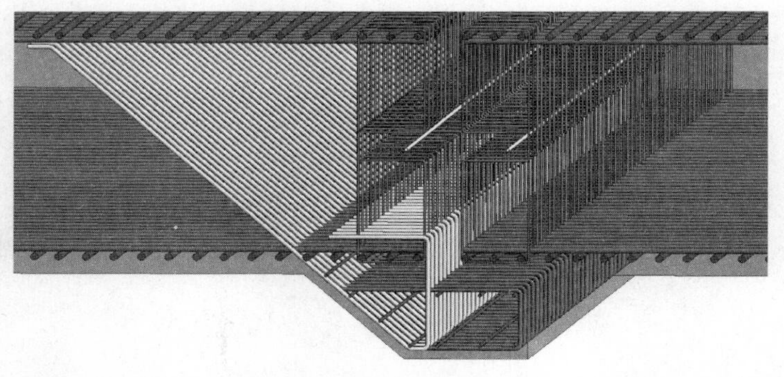

图 5-36　承插口部位钢筋绑扎可视化交底图

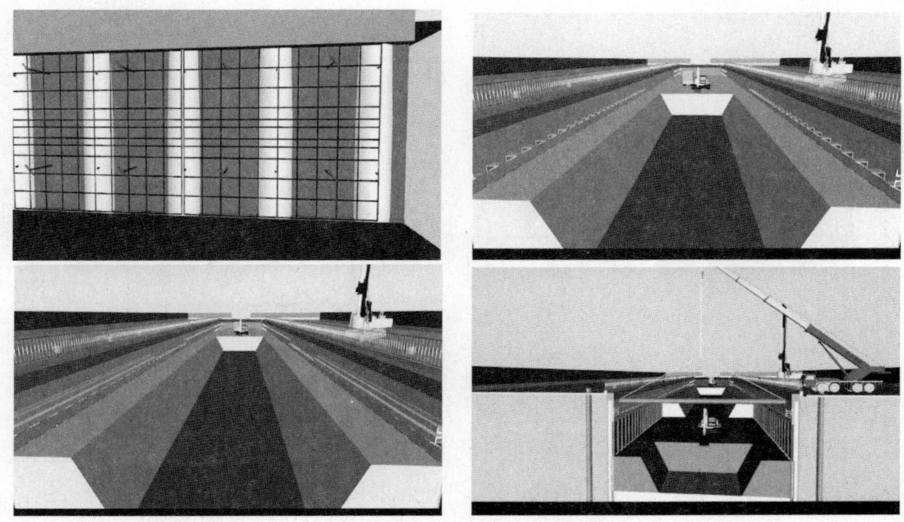

图 5-37　土方开挖及支护体系施工可视化交底视频截图

工艺模拟与现场实际施工情况基本吻合，借助 BIM 技术在事前进行施工模拟具有一定指导意义。可提前发现、解决技术难题，并进行 BIM 可视化交底的二次优化，能够做到有效指导现场实际施工。

6. 二次深化设计

AutoCAD 计算机设计方法不便于管线之间关系的空间展示，可能造成遗漏，通过关联结构与管线模型，BIM 小组技术人员发现管廊四层节点部位内部管线缺失，反馈设计单位后重新进行了深化设计，避免后期结构开洞。

通过检查建模规则建立的一次模型，发现缺少施工缝、变形缝等细部构造，造成后续应用不便，通过二次深化设计，添加施工缝、变形缝等细部构造，解决了施工模拟、工程量统计存在的精度问题（图 5-38）。

5.3.4　BIM 落地应用

BIM 技术可以实现建筑信息的集成，建设单位、设计单位、施工单位、运营单位等各方人员可以基于 BIM 进行协同工作，实现全寿命周期管理。BIM 模型是一切应用的基

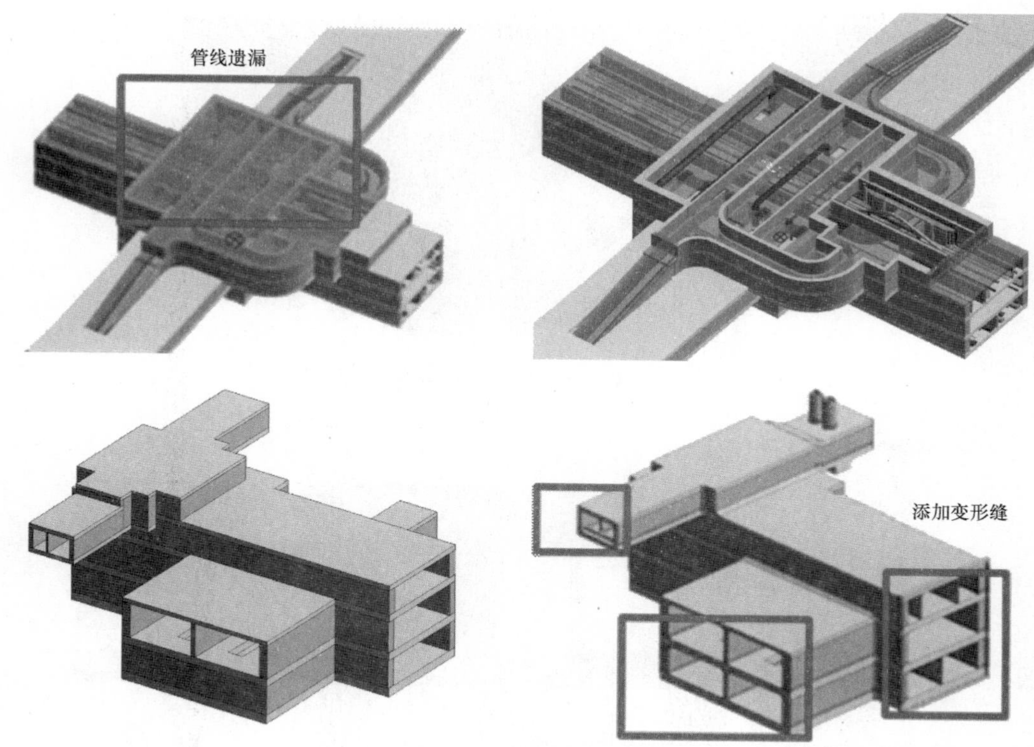

图 5-38　模型二次深化设计前后对比图

础，前面已经介绍基于 BIM 模型进行三维场地布置、构件参数查询、碰撞检查、可视化交底等多项基础应用。BIM 技术也可以进行综合应用，进行施工过程中质量、安全、进度、预算、信息化管理等。本项目在 BIM 应用策划阶段引入 BIM5D 管理平台，通过 BIM 5D 管理平台工具，进行了项目质量、安全、进度、预算、信息化等平台化管理研究。

1. 质量安全管理应用

现场利用手机移动端进行施工现场质量安全问题的数据收集，PC 端进行数据整理，在网页端对现场质量进行数据分析。

管理人员发现质量安全问题，用手机 APP 拍照上传到云端，并指定责任人整改，相关人员整改完后拍照上传，发起人验收后确认完毕，显示已解决。所有质量安全整改记录都保存在云端，方便追踪查看，实行了责任追踪管理。

PC 端对质量安全问题进行统计，按照质量安全事故等级进行分类，落实事故整改人、责任人和验收人，利用管理平台使得项目质量安全管理形成闭环。

网页端利用平台数据进行统计分析，通过例会对质量问题处理情况进行再次分析，有效落实整改措施。

移动端质量问题跟踪处理流程如图 5-39 所示。

2. 进度管理应用

本项目工期紧张，为保证工期节点目标完成，必须严格管控施工进度，借助 BIM5D 管理平台，将 BIM 模型和进度计划关联，根据实际情况划分施工流水段，落实实施责任人。施工现场人员通过手机端记录并反馈各流水段施工进度信息，平台管理人员根据平台

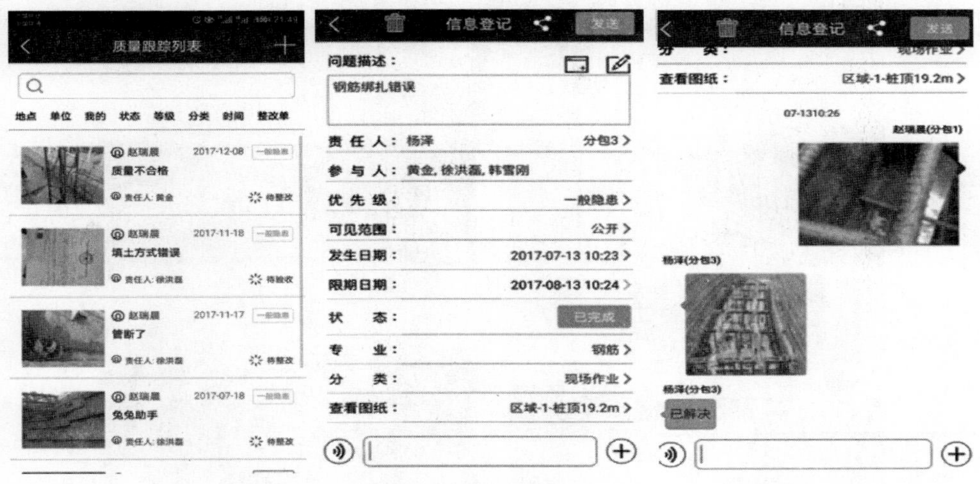

图 5-39 移动端质量问题跟踪处理流程示意图

记录信息进行对比分析，发现进度滞后部位，反馈给主管人员制定切实可行的纠偏措施，保证节点工期（图 5-40）。

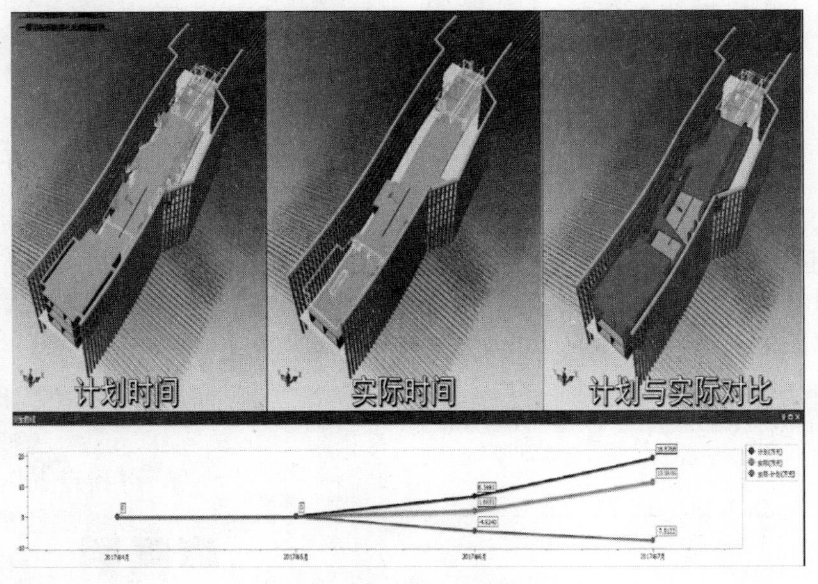

图 5-40 施工进度对比分析图

3. 文明施工管理应用

根据施工现场实际情况及文明施工要求，利用 BIM 技术建立施工围挡、消防设施、安全标示、安全宣讲台等三维模型，生成族文件，进行场地布置方案的模拟。现场实施过程中进行优化然后调整模型，做到现场实际与模型一致。安全文明标识、防护栏杆、施工围挡及大门、安全宣讲台等安全文明设施，通过模型构建与现场实施对比，如图 5-41 所示。

4. 图纸管理应用

利用云平台空间进行数据存储，过程管理资料留存，可随时查看相关技术信息，为日

图 5-41　模型与现场实际安全文明施工对比图

后运行维护奠定数据基础。通过云平台进行工程资料的互通互联，参建各方均可在平台中快速查询相关技术资料。

本项目将图纸分专业上传云端进行管理。将图纸与模型绑定，施工现场管理人员通过手机端可以随时查看图纸，提高了管理效率（图 5-42）。

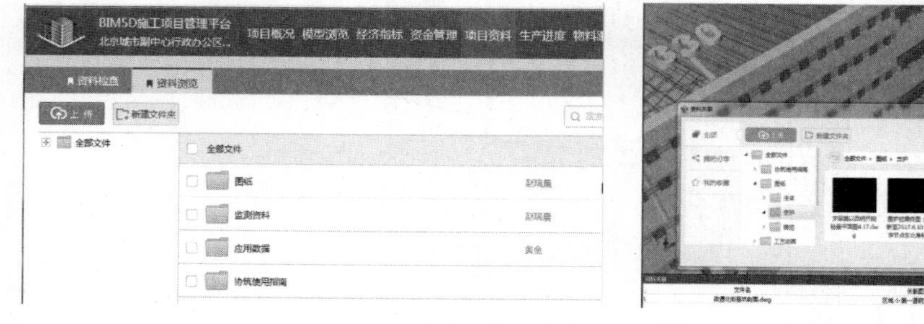

图 5-42　图纸管理及查看示意图

5. 信息管理应用

利用 BIM5D 管理平台为模型构件添加信息，已添加信息可以生成二维码方便跟踪管理；丰富的信息为运维管理提供了有价值的数据，可以帮助降低运维成本，提高运维管理效率。本项目以冠梁为例，添加了详细信息，管理人员通过扫描生成的二维码，可以查看截面尺寸、顶标高、混凝土等级等多个信息（图 5-43）。

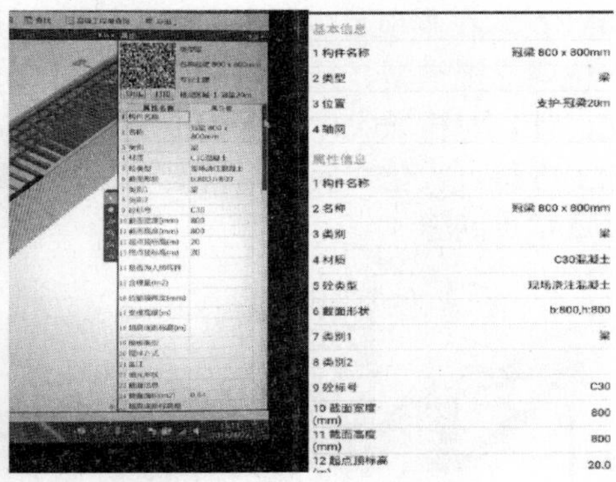

图 5-43 构件信息管理示意图

5.3.5 项目应用效益

在综合管廊项目的应用 BIM 技术，提升了项目管理水平，使 BIM 5D 管理平台实用性更强。

在基坑土方开挖阶段，通过施工模拟（土方与锚索施工协调配合），调整基坑出土马道位置，使工程节点部位相比原计划提前工期 12 天。

利用 BIM 建立施工现场及生活区的三维模型，通过对不同施工阶段现场布置分析，合理运用场地，减少临时设施的投入，为工程节省数十万元的管理成本。

在工程初期全面推行 BIM 5D 手机移动端，使用人群覆盖项目领导班子、BIM 专职及兼职人员、主管部室人员、施工队负责人。通过项目部人员共同努力，积极应用此功能，实现日常质量问题、安全问题上传，工程初期至工程完工，累计上传质量问题 147 项，全部整改完毕；累计上传安全问题 102 项，全部整改完毕。

5.3.6 总结

BIM 技术应用可持续发展的动力是能创造经济效益，BIM 技术应用无论从公司级还是项目级推广，都要结合企业自身条件，合理应用，避免盲目决策。在应用 BIM 技术之前一定要明确项目应用的目的、预期效果，根据目标来选择 BIM 应用的深入程度，过程不断改进纠偏。

5.4 桥梁工程 BIM 应用案例

5.4.1 工程简介

四川省某桥梁全长 263m，第一联与第三联为支架现浇法施工，第二联为连续变截面鱼腹式箱梁，桥面净宽 26.5m，单箱四室，采用悬臂挂篮法现浇施工，下部结构为门架式桥墩。桥梁建造后作为地标性建筑物、历史文化景观桥梁、有水滴式路灯、浮雕式栏杆等艺术造型。工程项目位于清江河下游河段，桥梁建成后横跨清江河，紧邻旧 108 国道，上游为剑门关水库，汛期河水流量大，持续时间长。施工过程中需准确把握时机，钢管柱搭设、0 号块浇筑、挂篮体系拼装须在汛期之前完成，才能保证工期要求。

BIM 技术在本项目中主要针对桥梁施工过程中的技术重难点进行应用。利用 BIM 技术建立桥梁三维模型、挂篮体系模型（图 5-44），对桥梁施工进行碰撞检查、利用模型进行深化设计。对桥墩大体积混凝土浇筑进行温度监测，对 0 号块钢管柱搭设、悬臂法挂篮体系施工进行可视化交底。对桥梁工程过程施工质量、安全进行控制，借助 BIM 技术解决项目重难点问题。

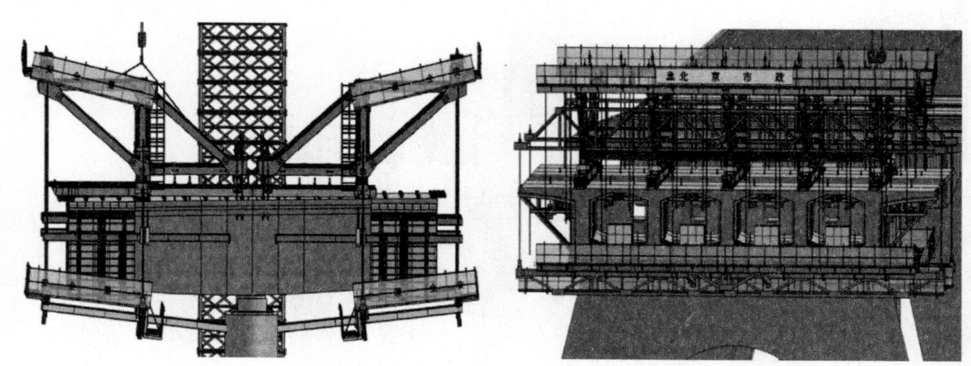

图 5-44　桥梁挂篮体系 BIM 模型图

5.4.2　应用策划

首先成立 BIM 应用小组，配备齐全的应用软件与硬件设施。依据工程实际特点并结合施工组织设计进行分析，确定项目重难点问题，制定 BIM 技术在本项目中应用的目标与应用流程，并在项目中合理配备 BIM 应用人员，对相关 BIM 应用人员进行合理分工，明确岗位责任。根据项目实际特点，制定 BIM 技术应用标准与建模标准，使模型精度符合应用需求。

1. 项目重难点介绍

结合实际情况对本项目进行分析如下：

（1）重点一：工期紧、任务重、进度管控要求严格。

采取对策：引入 BIM 技术，绘制桥梁三维模型并关联进度计划，借助 5D 平台进行进度管理和控制。

（2）重点二：历史文化景观桥梁，施工质量要求高。

采取对策：引入 BIM 5D 管理平台，全方位、多角度管控过程质量与安全、保证出现问题及时整改。

（3）难点一：大截面桥梁挂篮法施工控制难度大。

采取对策：传统交底难以满足施工要求，利用 BIM 技术对挂篮法桥梁施工的复杂节点工序进行施工可视化交底。

（4）难点二：变截面鱼腹式箱梁，预应力体系复杂，碰撞较多。

采取对策：引入 BIM 技术进行三维碰撞检查，提前发现图纸问题，避免窝工、返工现象出现。

2. 应用效果预期

根据项目需求展开应用，对应用效果设定目标值，对应用做出合理预期。

（1）解决项目重难点问题

利用模型进行碰撞检查，对质量、安全、进度进行合理有效控制。

(2) 重难点工艺交底

对施工过程重难点施工工艺进行 BIM 可视化交底。

(3) 提升整体管理水平

对过程质量、安全、进度等进行平台化管理，提高项目管理水平，提质增效。

(4) 提升 BIM 技术应用水平

建立 BIM 应用标准，结合项目特点进行创新应用，补充企业族库资源，为后续 BIM 应用奠定模型数据基础。

5.4.3 BIM 模型应用

BIM 技术应用，模型是基础。模型的精度直接决定了应用的效果。本项目桥梁结构线性复杂，利用 BIM 技术建立桥梁三维模型，借助模型做到准确计量和提取物资工程量，通过建立 BIM 模型，在碰撞检查、模型深化设计、可视化交底、施工场地布置、文明施工等方面进行基础应用。通过相关软件辅助，可以对施工阶段图纸进行设计优化，通过碰撞检查提前发现问题，避免过程停工损失，三维可视化技术交底的应用，在重难点工序上可以做到清晰明确，保证交底的准确性。

1. 利用 BIM 模型提取物资工程量

本项目桥梁施工共分为三联，其中第二联为变截面连续式箱梁结构，箱梁截面上下部变坡点数量多且多为曲面结构，下部形状为圆曲线＋二次抛物线，结构线型复杂。为能准确提取混凝土物资工程量，故对模型绘制精度要求高。本项目 BIM 应用小组采取措施以下措施：在 CAD 电子版图纸中标记出桥梁分段浇筑的位置，将标记好的 CAD 立面图导入 Revit，在 Revit 中拾取桥梁底部曲线，绘制桥梁横截面以下主体结构，对结构顶面两侧高差引起的桥面坡度单独绘制模型，最后进行上下部模型剪切和融合后，进行内部箱室（空心剪切）处理，保证模型精度（图 5-45、图 5-46）。

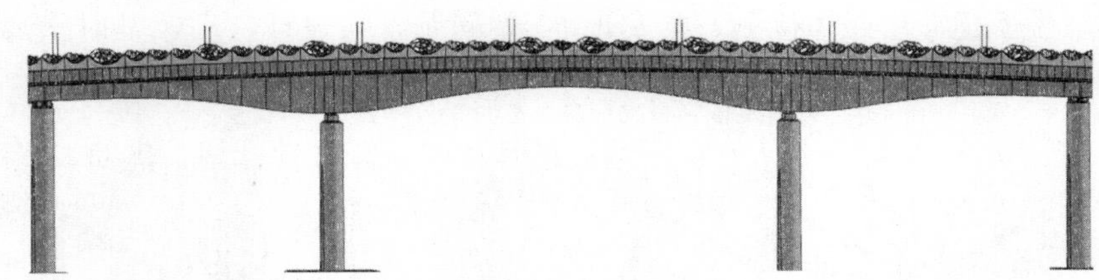

图 5-45 第二联桥梁纵断面 BIM 图

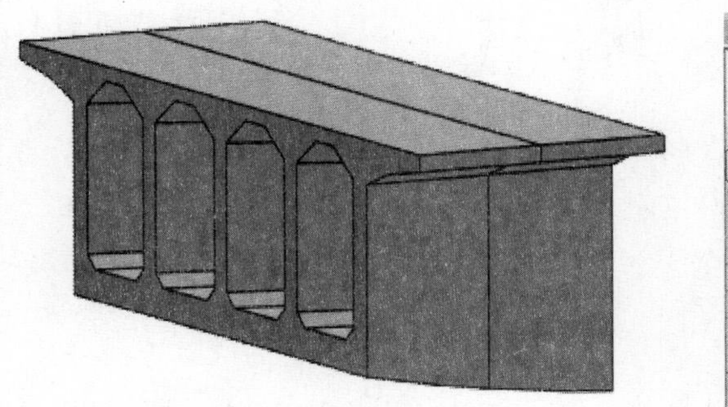

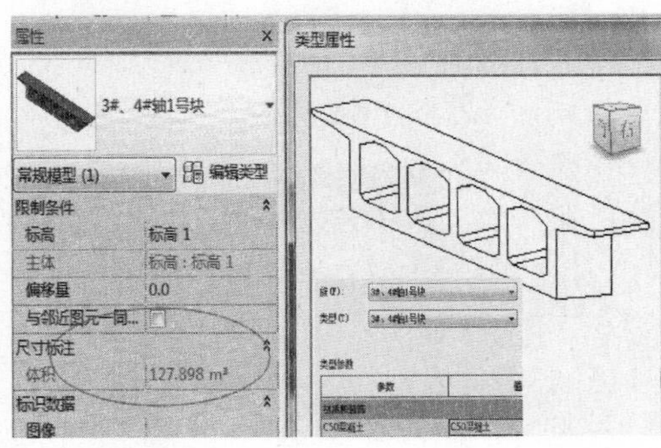

图 5-46 桥梁分块 BIM 模型信息图

2. 利用 BIM 模型解决碰撞问题

碰撞检查是 BIM 技术一项基本工作，同时也是最有效的一项工作。通过模型整合可以直观看出模型之间的碰撞点，通过出具碰撞检查报告可以快速统计碰撞点的数量，有助于帮助项目进行分析解决。本项目根据应用策划及现场实际施工需要利用 BIM 技术建立桥梁三维模型、挂篮体系模型、模板体系模型以及标准断面钢筋、预应力钢筋的 BIM 模型。

在进行模型整合后发现本项目碰撞点如下：箱梁本身内部腋角处钢筋与箍筋碰撞问题，碰撞达到 200 余处（图 5-47）。

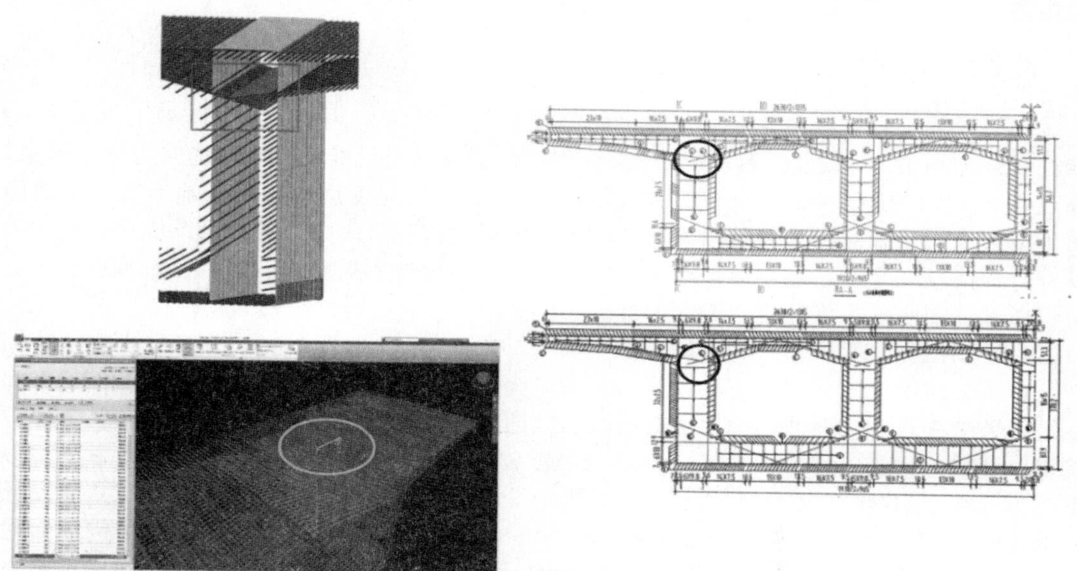

图 5-47　钢筋模型细部展示图

挂篮体系模型建立后碰撞检测，共发现 24 处问题，与设计、厂家及时沟通，提前协调并解决问题（图 5-48）。

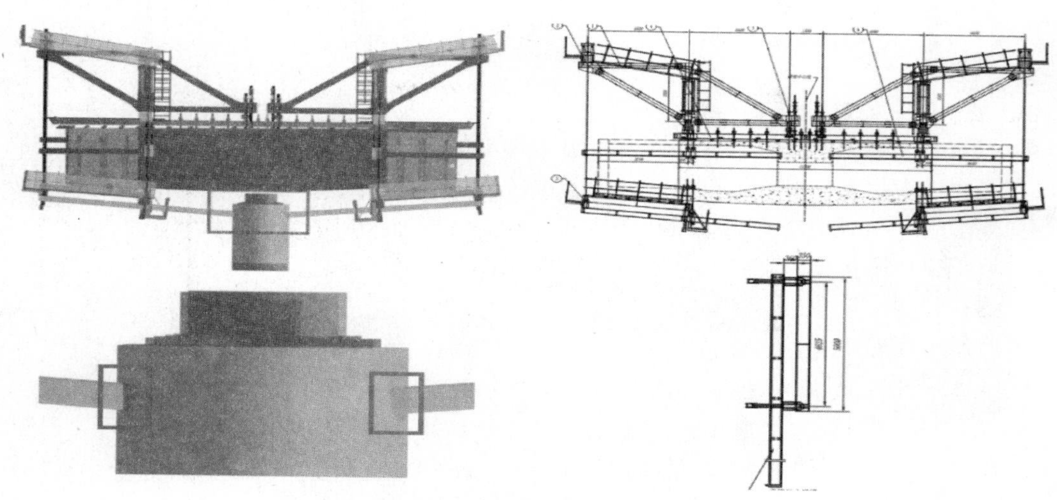

图 5-48　挂篮体系与桥梁结构碰撞展示图

3. 借助BIM模型进行深化设计

通过建立桥梁结构与挂篮体系三维模型，根据碰撞检查报告进行设计优化。利用模型进行不同状态下的方案比选，辅助进行设计优化，快速完成设计变更。做到事前控制，避免出现返工、窝工现象，保证工期要求。本节以挂篮体系安装为例进行应用说明。

在进行挂篮体系和桥梁结构模型整合时发现，挂篮后锚系统精轧螺纹钢与箱梁内预应力筋位置相撞。BIM小组出具不同深化设计方案，提请设计人进行复核计算。最终确定变更方案。具体实施步骤分为以下几步（图5-49）：

（1）模型碰撞分析

依据设计图纸建立挂篮体系与桥梁结构BIM模型，依据实际高程及平面位置进行模型整合。借助BIM的三维可视化进行碰撞分析。

（2）利用BIM变更流程

根据模型整合后我们了解到实际安装中存在的问题，根据现场实际情况提出可行性的实施方案，出具不同方案的模型图以及变更说明书，提请设计人进行设计核算，保证变更后承载力符合要求，保证挂篮整体稳定性和施工安全性。

（3）确定设计变更

设计对承载力进行核算后，将挂篮体系后锚扁担梁锚固位置进行变更，在原设计锚固位置上右移10cm。

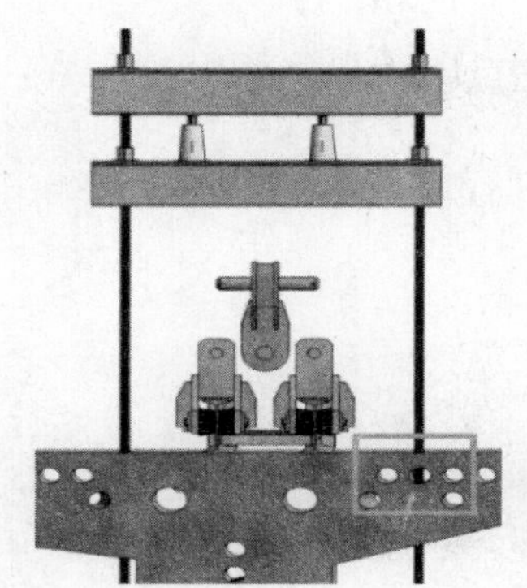

螺纹钢与预应力孔道相撞

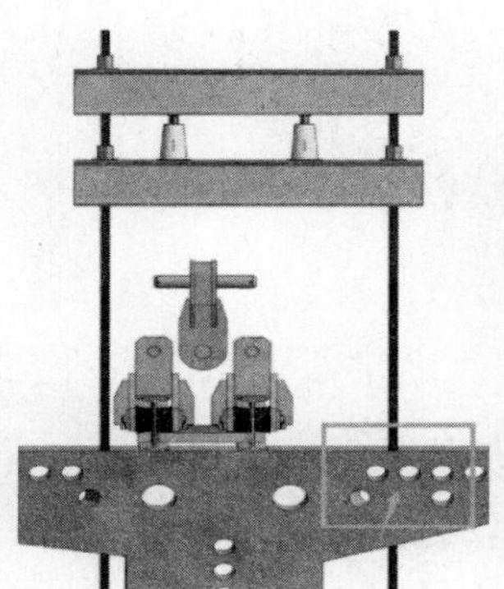

后锚扁担梁锚固位置右移10cm

现场实施安装

图5-49 深化设计流程展示图

4. 施工可视化交底

在模型建立的基础上，借助Navisworks等相关软件制作施工模拟视频，进行施工现场可视化交底。BIM可视化可以搭建有效的沟通桥梁，减小项目管理人员和施工班组之间想象的落差，简化并加速沟通过程。提高施工效率。针对施工交底过程中所需要展现的重点、难点问题进行分析，根据实际需求对模型进行构件拆分，制作工艺演示视频。

本项目应用BIM技术对桥梁施工重难点工艺进行可视化交底，本节主要以挂篮施工和0号块钢管柱施工可视化交底为例进行阐述。

（1）挂篮施工可视化交底

对挂篮体系进行拆分，主要展示挂篮轨道安装、轨道锚固、菱形桁架片吊装、横联杆件安装、行走滑梁安装、上下纵梁安装、模板安装及预压、挂篮移机等工序进行可视化展示（图5-50）。

图 5-50　挂篮施工可视化交底视频截图

(2) 钢管柱施工可视化交底

针对 0 号块钢管柱搭设方法进行施工模拟，钢管柱底垫板安装、钢管柱搭设与固定、横联杆件及斜撑安装、顶部双拼工字钢排布、钢板铺设、搭设防护围栏、浇筑墩顶 0 号块（图 5-51）。

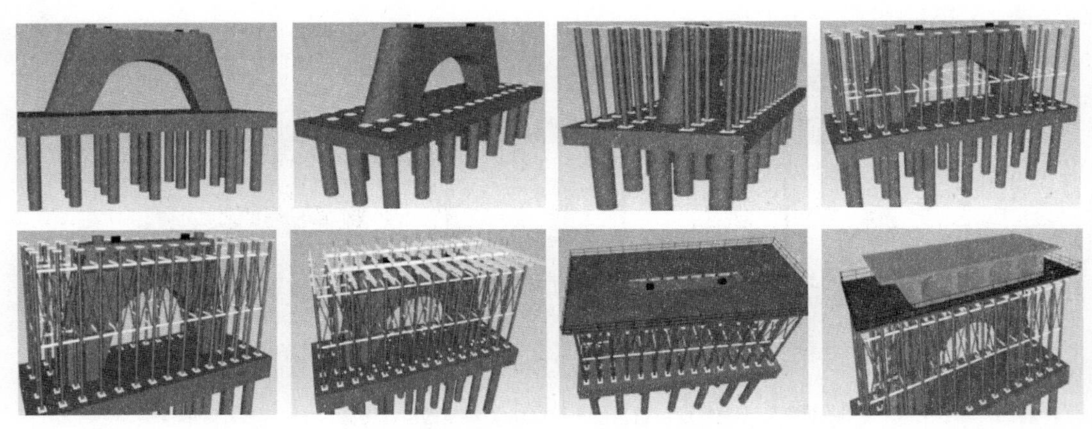

图 5-51　钢管柱施工可视化交底视频截图

各节点处 BIM 工艺模拟与现场实际施工情况基本吻合，借助 BIM 技术在事前进行施工模拟具有一定指导意义。可提前发现、解决技术难题，并进行 BIM 可视化交底的二次优化，能够做到有效指导现场实际施工。

5. 场地布置与文明施工

施工现场平面布置对于工程项目十分重要，既要满足施工整体部署要求，又要做到文明施工相关要求。

根据施工现场实际情况及安全文明施工要求，利用 BIM 技术建立标识标牌、五牌一图、项目大门、企业标识、施工围挡、洗车池、消防用具、小型机械等构件三维模型，进行场地布置方案的模拟（图 5-52）。

利用 Revit、广联达 GCB 等场布软件，快速模拟施工现场平面布置，不断对场地布置进行优化设计，依据模拟效果进行充分讨论，辅助确定现场总平面布置方案。依据确定后

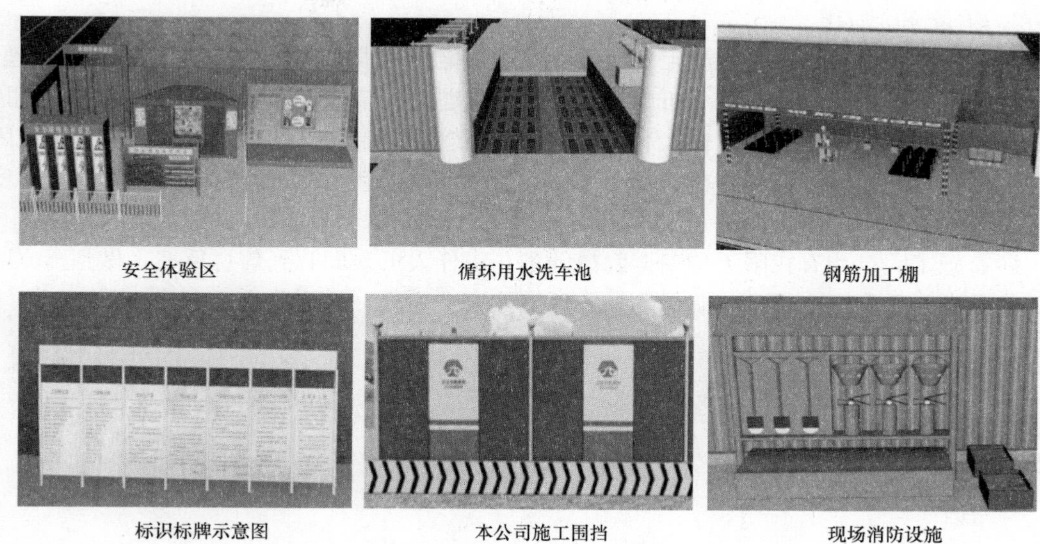
安全体验区　循环用水洗车池　钢筋加工棚
标识标牌示意图　本公司施工围挡　现场消防设施

图 5-52 场地布置设备设施 BIM 模型图

的场布方案导出场地内所需设备设施的工程量清单，提前精准统计设备设施数量，出具设备设施数量表后，指导现场实际施工（图 5-53）。

查看工程量

	A	B	C	D	E	F	G	H
1	汇总表							
2	构件	材质	规格	单位	数量	单价	总价	厂家
3	安全讲台		安全讲台-1	个	1.000	0.000	0.00	
4	钢筋弯曲机		钢筋弯曲机-1	台	2.000	0.000	0.00	
5	围墙	铁皮	围墙-1	米	257.172	0.000	0.00	
6	路口	沥青	路口-1	平方米	1619.029	0.000	0.00	
7	大门	电动门	大门-1	樘	1.000	0.000	0.00	
8	大门	铁门	大门-1	樘	1.000	0.000	0.00	
9	旗杆		旗杆-1	个	1.000	0.000	0.00	
10	水泥		水泥-1	平方米	18940.421	0.000	0.00	
11	线性道路	沥青	线性道路-1	平方米	34746.777	0.000	0.00	
12	小部导入的3d模型		卜部导入的3d模型_	个	9.000	0.000	0.00	
44	钢板墙堆场		钢板墙堆场-1	个	2.000	0.000	0.00	
45	蓄水池		蓄水池-1	间	1.000	0.000	0.00	
46	钢筋调直机		钢筋调直机-1	台	2.000	0.000	0.00	
47	安全带体验		安全带体验-1	个	1.000	0.000	0.00	
48	安全帽体验		安全帽体验-1	个	1.000	0.000	0.00	
49	门卫岗亭		门卫岗亭-1	间	1.000	0.000	0.00	
50	桥梁		桥梁-1	座	1.000	0.000	0.00	
51	集装箱板房		集装箱板房-1	间	3.000	0.000	0.00	
52	垃圾桶		垃圾桶-1	个	2.000	0.000	0.00	
53	拟建建筑		拟建建筑-1	栋	3.000	0.000	0.00	
54	钢丝绳使用方法		钢丝绳使用方法-1	个	1.000	0.000	0.00	
55	防护棚		防护棚-1	个	1.000	0.000	0.00	
56	爬梯体验		爬梯体验-1	个	1.000	0.000	0.00	
57	活动板房		活动板房-1	平方米	158.995	0.000	0.00	
58	公告牌		公告牌-1	组	1.000	0.000	0.00	
59	配电室		配电室-1	间	1.000	0.000	0.00	
60	自动洗车池		自动洗车池-1	个	1.000	0.000	0.00	
61	雾炮		雾炮-1	台	3.000	0.000	0.00	
62	消防体验		消防体验-1	个	1.000	0.000	0.00	
63	总计						0.00	

图 5-53 设备设施工程数量汇总示意图

5.4.4 BIM 管理平台应用

BIM 模型是一切应用的基础，前面已经介绍基于 BIM 模型可进行工程量提取、碰撞检查、可视化交底、场地布置等多项基础应用。BIM 技术应用可以结合很多方面进行综合应用。对于体量大、覆盖面广、工期长的项目可以借助 BIM 管理平台对过程质量、安全、进度以及相关技术资料进行平台化管理。

1. 质量安全应用

现场利用手机移动端进行施工现场质量安全问题的数据收集，电脑端进行数据整理，在网页端对现场质量进行数据分析。对质量安全问题进行统计，按照质量安全事故等级进行分类，落实事故整改人、责任人和验收人，利用管理平台使得项目质量安全管理形成闭环。利用平台数据进行统计分析，每周例会对质量问题处理情况进行再次分析，有效落实整改措施。

所有施工人员均有权限上传安全隐患问题，责任人可立即收到信息反馈，做到多方联动，全员参与质量安全管理，确保现场及时消除安全隐患，做到防患于未然（图 5-54）。

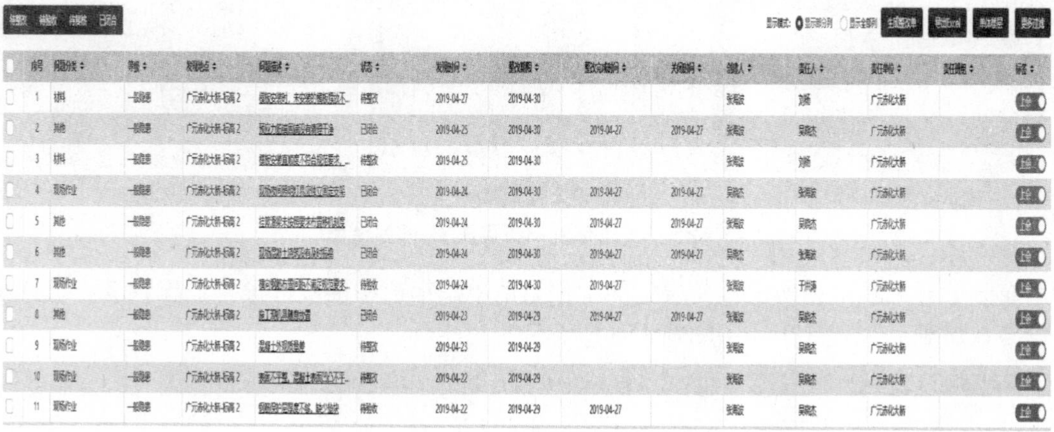

待整改 待验收 待复检 已闭合

序号	问题分类	等级	发现地点	问题描述	状态	发现时间	整改期限	整改完成时间	关闭时间	创建人	责任人	责任单位	责任班组	标签
1	材料	一般隐患	广元赤化大桥-标高2	[illegible]	待整改	2019-04-27	2019-04-30			[illegible]	[illegible]	广元赤化大桥		[illegible]
2	其他	一般隐患	广元赤化大桥-标高2	[illegible]	已闭合	2019-04-25	2019-04-30	2019-04-27	2019-04-27	[illegible]	[illegible]	广元赤化大桥		[illegible]
3	材料	一般隐患	广元赤化大桥-标高2	[illegible]	待整改	2019-04-25	2019-04-30			[illegible]	[illegible]	广元赤化大桥		[illegible]
4	现场作业	一般隐患	广元赤化大桥-标高2	[illegible]	已闭合	2019-04-24	2019-04-30	2019-04-27	2019-04-27	[illegible]	[illegible]	广元赤化大桥		[illegible]
5	其他	一般隐患	广元赤化大桥-标高2	[illegible]	已闭合	2019-04-24	2019-04-30	2019-04-27	2019-04-27	[illegible]	[illegible]	广元赤化大桥		[illegible]
6	其他	一般隐患	广元赤化大桥-标高2	[illegible]	已闭合	2019-04-24	2019-04-30	2019-04-27	2019-04-27	[illegible]	[illegible]	广元赤化大桥		[illegible]
7	现场作业	一般隐患	广元赤化大桥-标高2	[illegible]	待验收	2019-04-24	2019-04-30	2019-04-27		[illegible]	[illegible]	广元赤化大桥		[illegible]
8	其他	一般隐患	广元赤化大桥-标高2	[illegible]	已闭合	2019-04-23	2019-04-29	2019-04-27	2019-04-27	[illegible]	[illegible]	广元赤化大桥		[illegible]
9	现场作业	一般隐患	广元赤化大桥-标高2	[illegible]	待整改	2019-04-23	2019-04-29			[illegible]	[illegible]	广元赤化大桥		[illegible]
10	现场作业	一般隐患	广元赤化大桥-标高2	[illegible]	待整改	2019-04-22	2019-04-29			[illegible]	[illegible]	广元赤化大桥		[illegible]
11	现场作业	一般隐患	广元赤化大桥-标高2	[illegible]	待验收	2019-04-22	2019-04-29	2019-04-27		[illegible]	[illegible]	广元赤化大桥		[illegible]

图 5-54　桥梁项目施工隐患记录图

2. 进度计划应用

由于本项目建设地点汛期河水流量较大，故本桥梁施工进度须严格管控，借助 5D 管理平台，根据实际情况划分施工流水段，落实实施责任人。施工现场人员通过手机端记录并反馈各流水段施工进度信息，相关人员根据平台记录信息进行分析整改，及时调整进度计划网络图，并制定切实可行的纠偏措施，保证节点工期。模型与流水段关联如图 5-55 所示。

3. 资料管理应用

利用云平台空间进行数据存储，过程管理资料留存，可随时查看相关技术信息，为日后运行维护奠定数据基础。通过云平台进行工程资料的互通互联，参建各方均可在平台中快速查询相关技术资料。

本项目应用：施工现场管理人员通过手机端上传过程质量、安全、进度等相关照片，BIM 小组成员进行分类整理，作为资料留存。在分部分项工程开工前，技术质量部门相关人员进行工艺库内容编写，BIM 应用小组成员，根据技术人员编写的技术交底及质量控制措施等，对工艺库进行补充，供施工现场班组人员随时查看。

5.4.5　项目创新应用

本项目工程大桥主体第一联与第三联为支架现浇施工。需要对支架进行排布并对排布后支架的强度、刚度、稳定性进行验算，同时需要对桥梁墩柱大体积混凝土进行应力分

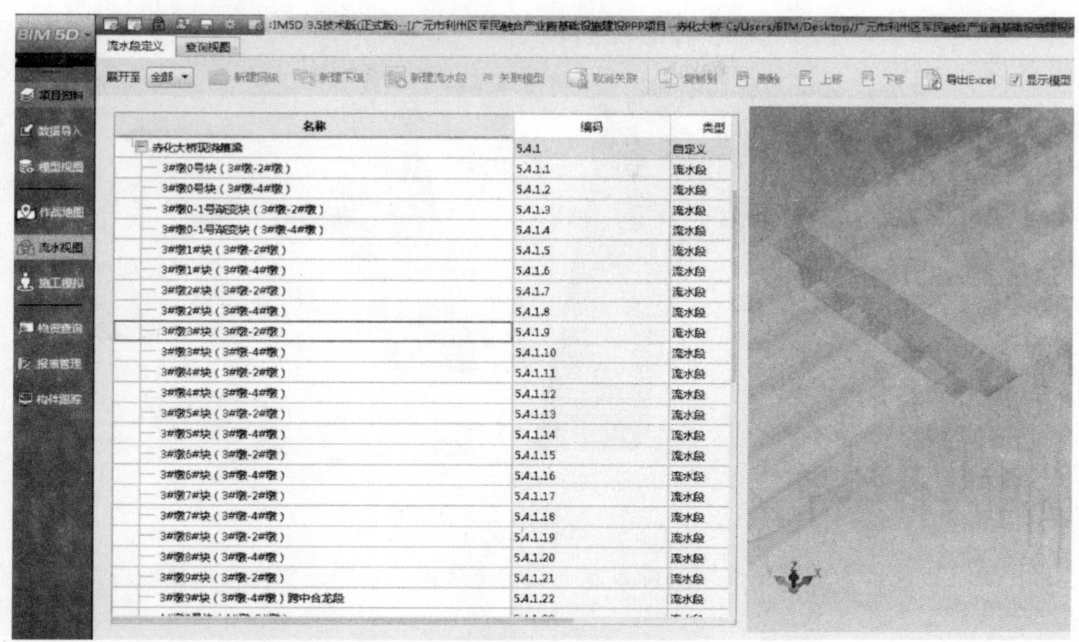

图 5-55　模型与流水段关联示意图

析。根据项目实际情况并基于 BIM 信息化技术进行项目创新应用，主要应用点如下：

（1）利用二维码技术制作安全技术交底，方便作业人员随时查看。

（2）基于 BIM 模型利用 ANSYS 软件进行大体积混凝土应力分析。

（3）支架搭设模拟分析。

1. 二维码技术应用

利用二维码技术制作施工安全技术交底，保证工人在书面交底后能随时随地在现场进行查看。方便快捷，施工现场垂直运输较多，将二维码技术与塔吊作业的每日巡检工作相结合，及时进行数据更新，保证作业安全（图 5-56）。

图 5-56　二维码展示图

2. ANSYS 大体积混凝土应力分析

利用 Revit 建立桥梁三维模型，导出 iges 格式文件，利用 Hypekmesh 软件修改材料与模型单元特性，进行网格划分，填写相关参数后，利用 ANSYS 软件进行有限元分析，出具应力分析图（图 5-57）。

3. 支架搭设模拟分析

本项目桥梁结构第一联与第三联为支架现浇法施工，借助 BIM 技术，建立支架杆件、

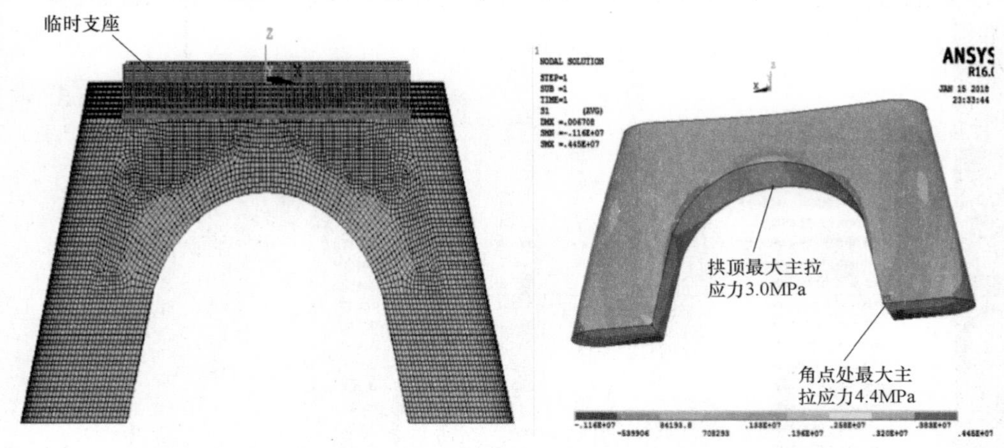

图 5-57　ANSYS 应力分析图

连接件等三维模型，对满堂支架的排布方案进行三维模拟，最终确定支架搭设方案，指导现场安装施工（图 5-58）。

图 5-58　满堂支架 BIM 模型图

5.4.6　总结

BIM 技术应用首先应具备 BIM 技能型人才，拥有配套软硬件设备，然后无论公司级还是项目级 BIM 技术应用，都要结合实际特点，根据需要合理应用。项目应用是基础，在应用 BIM 技术之前要明确项目应用的目的和预期效果以及可实施性，针对相关资料进行分析，设定应用目标，过程不断改进纠偏。

1. 应用效果总结

本项目应用 BIM 技术建立三维模型，从场地布置、方案优化、碰撞检查、辅助设计变更、可视化交底、协同管理、创新应用等多方面参与项目过程管理，解决了项目存在的重难点问题，为项目管理提质增效。

本工程挂篮体系复杂，结构断面大。通过与类似工程对比发现，传统施工方法进行挂篮预拼装和预压等需要 20d。应用 BIM 技术对挂篮法施工进行控制，仅需 10d 可完成预拼装工作。利用 BIM 技术建立变截面箱梁模型，准确提取物资工程量，有效降低材料浪费（图 5-59）。

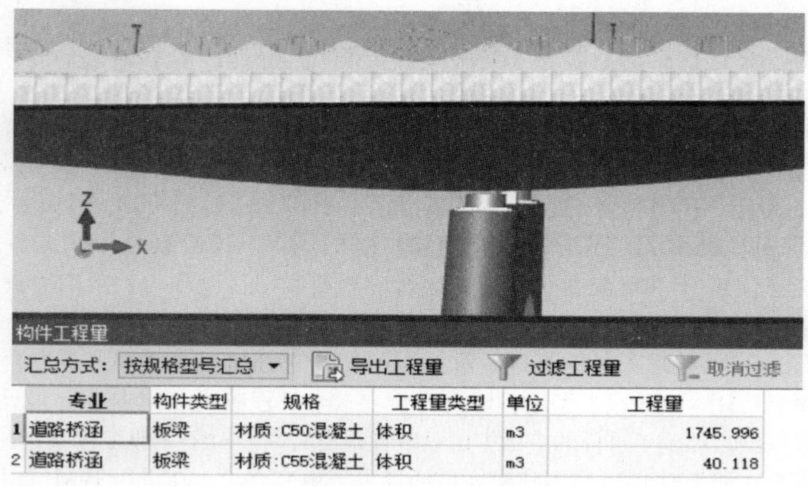

	专业	构件类型	规格	工程量类型	单位	工程量
1	道路桥涵	板梁	材质：C50混凝土	体积	m3	1745.996
2	道路桥涵	板梁	材质：C55混凝土	体积	m3	40.118

图 5-59　混凝土物资工程量提取图

2. 软硬件配置要求

BIM 技术应用可分为公司级和项目级两个层面。根据项目实际应用点配备应用的软硬件环境，本项目应用主要是针对模型基础应用，以及借助 BIM 管理平台进行日常的质量、安全、进度等管理应用。主要软硬件配置如下：

（1）软件配置情况：

本项目 BIM 技术应用软件主要是 Autodesk 公司和广联达公司等相关软件等，主要配置如图 5-60 所示。

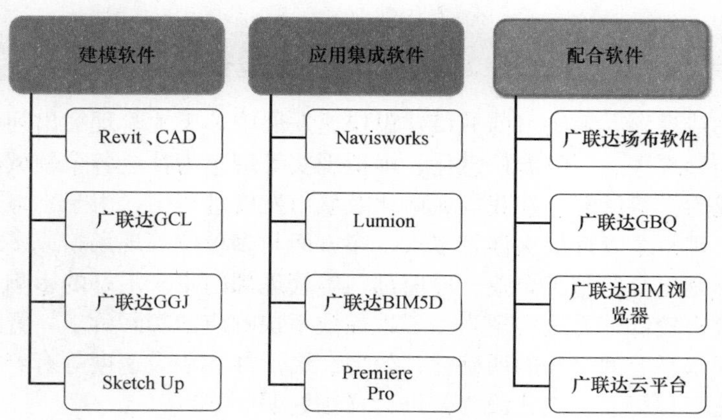

图 5-60　BIM 应用软件配置图

（2）硬件配置情况：

BIM 技术应用建模电脑有笔记本和台式机两种，有服务器和备用服务器各 1 台，建模电脑 7 台。

服务器：CPU（Xeon E5-1620 V4），显卡（NVIDIA Quadro M2000），内存 16G，硬盘 256G。

备用服务器：CPU（E5-1600V4），显卡（NVIDIA Quadro M2000），内存 16G，硬盘 256G。

建模电脑：CPU（i7 7700HQ），显卡（NVIDIA GeForce GTX1050），内存 16G，硬盘 512G。

3. BIM 人才培养

首先作为 BIM 技术用企业领导应该对 BIM 技术给予足够的重视，重视对 BIM 人才的培养工作。可组织具有计算机基础和现场施工经验的人进行统一培训学习，通过软件初识 BIM，在通过项目的沉淀不断加深对 BIM 技术的认识。BIM 技术应用人员须具备一定的现场施工经验，技术和经验缺一不可。项目应用要以项目经理为首全面负责，项目总工全程参与，配备足够管理人员进行 BIM 技术应用。

软件操作是 BIM 技术人员的基础，对参加培训后的 BIM 技术人员，选取合适项目进行 BIM 模型的基础应用，现阶段大型项目建设方会要求全过程应用 BIM 技术，设计方会出具一定深度的三维模型，在施工过程的应用中可以节省很多时间。对于一般工程项目，设计方很少会出具三维模型，那么对 BIM 应用建模人员便提出了更高要求，在进行 BIM 人才培养时，要注重培养建模人员的识图能力，做到快速准确将二维平面转化成三维模型。

所以企业需要根据项目的实际情况并结合 BIM 应用的深度和广度，对 BIM 技术人员提出不同的能力要求，有针对性地进行人才培养。并在项目应用过程中与项目人员相互配合，不断总结经验，不断交流，提高 BIM 技术人员的整体素质。

4. 结语

BIM 技术是一项贯穿全生命周期的管理技术，包括项目启动后的设计、施工、运营管理等方面全过程应用。BIM 技术只是我们管理过程中借助的一种手段、一类工具，我们一定要结合项目的实际特点进行应用，只有这样才能更好地发挥它的价值。

5.5 智慧工地建造技术

智慧工地建造理念是解决目前城市建设快速发展中，工地管理突出问题的一种崭新的工程全生命周期管理理念。随着信息化、虚拟现实等理念为社会各个领域所认可，智慧工地建造理念已成为大势所趋。在我国城市化及城市发展进程中，由于工地数量较多、管理层面互相交错，且每个管理层次涉及多人、多方面与多单位等现场，或多或少地会发生一些问题，这些问题也会给施工企业、质监部门等管理部门带来不好的影响。而且工地现场普通管理方法效率较低，无法实现当今工地高效率快响应的实际诉求，智慧工地建造理念在提高工地管理水平上的交互的明确性、效率、灵活性和响应速度等有着巨大的优势。

下面以地铁工程智慧工地建设为例进行详细说明。

5.5.1 技术特点

（1）在地铁工程中地铁沉降点控制、围护结构位移与轴力监测、监测点动态数据的获取等方面有着良好的体现。

（2）基于物联网、云计算、移动通信等技术，监测数据自动获取，避免人工获取的不便，系统可自动连续监测，可高效率地实时获取监测数据，从而更好地指导地铁施工。根据相应工程特点，利用BIM技术、有限元分析软件等生成风险评估报告，为地铁施工与运营工作者提出技术与数据支撑。

(3) 在地铁工程安全监测报警环节中，能做到更高效、更精确地预警。

5.5.2　适用范围

智慧建造理念在人员庞大、作业面较广、风险复杂的地铁施工管理项目作用显著，为地铁建设项目的信息监测、方案优化、消防、文明施工及项目人员管理等方面提供一定的技术支持。

5.5.3　智慧工地理念实用典例

1. 自动化监测

利用围护结构位移监测装置、支撑轴力监测等智慧型仪器获取准确的监测数据，监测人员通过监测仪器上传更新后的数据形成二维码，使在场施工人员能准确获取第一手监测数据，指导施工（图5-61、图5-62）。

图5-61　围护结构支撑轴力监测

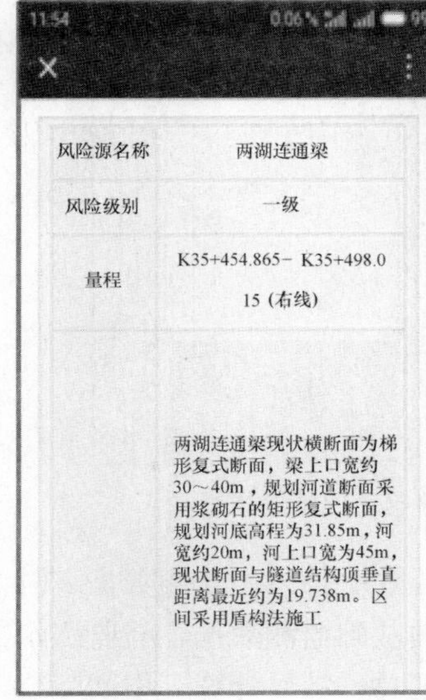

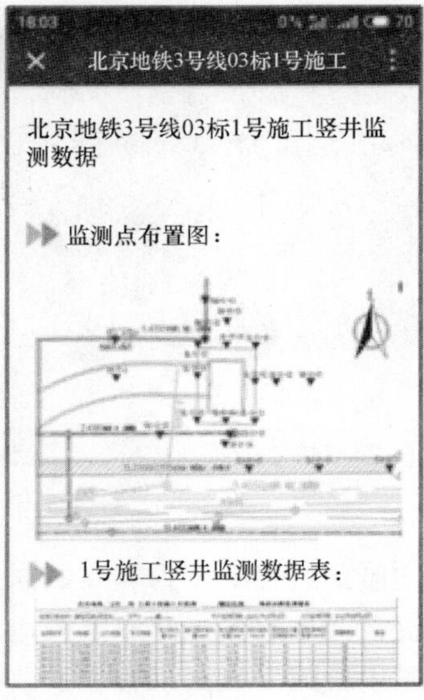

图5-62　监测点及风险源同步指导

自动化监测——桩体水平位移监测（图 5-63）：

桩体水平位移是基坑开挖过程中重要风险之一，实时的监控数据是基坑开挖过程中风险控制的重要保障，智慧理念的新型测斜仪采用固定式传感器，设置测量时间差，定时获取数据并利用移动基站上传至 GPRS 网络，最终汇总到 Internet。用户可以根据需求筛选某一部位各时间段的监测数据并在客户端进行批量下载，动态掌握监测数据，在节省大量人力及时间的前提下，为施工作业及风险评估工作提供了及时可靠的数据支持。

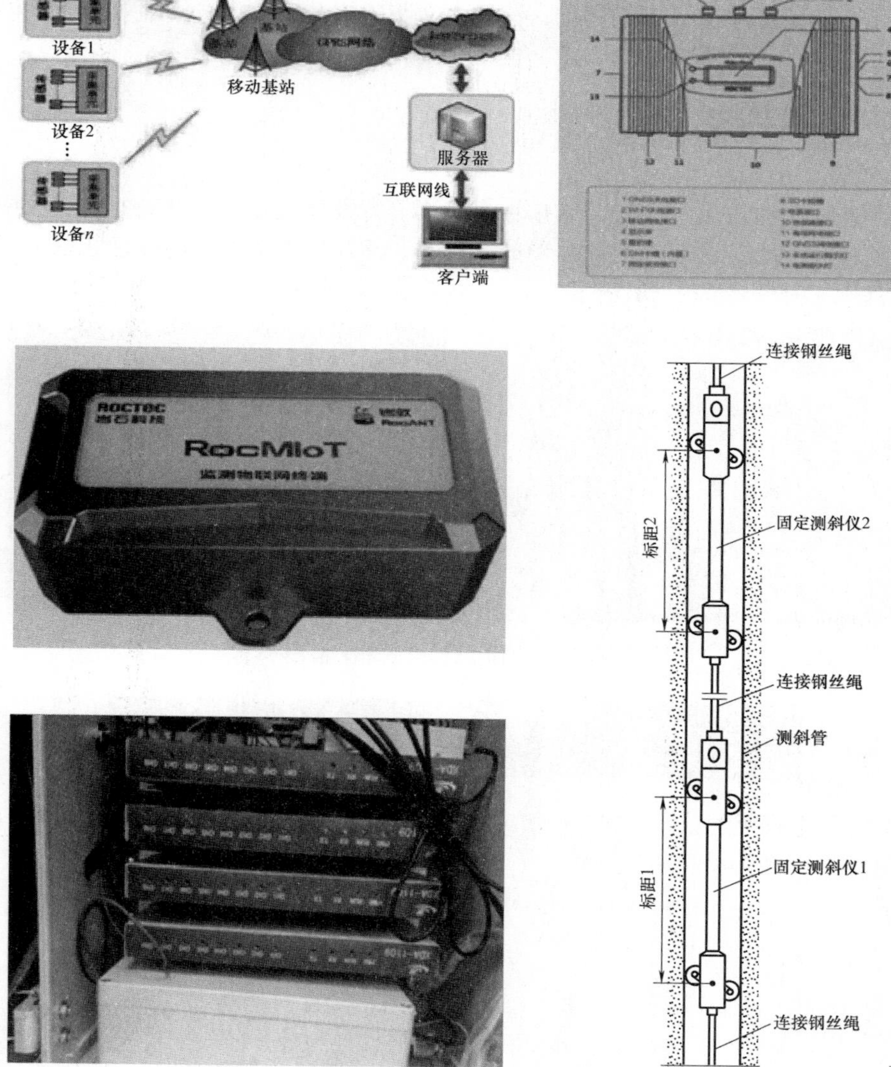

图 5-63 桩体水平位移自动化监测装置

此外，在日常监测过程中，为提高数据上传效率，采用监测数据实时上传系统，监测人员可以利用手机在共享服务器获取监测地点的基础监测数据，与监测仪器测得的数据进行任务连接，及时生成成果数据，省去了数据汇总、结果计算等中间环节，保证监测数据实时上传（图 5-64、图 5-65）。

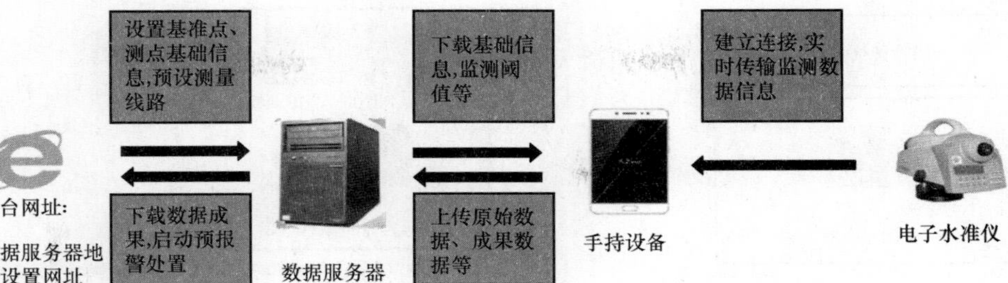

图 5-64　监测数据实时上传系统

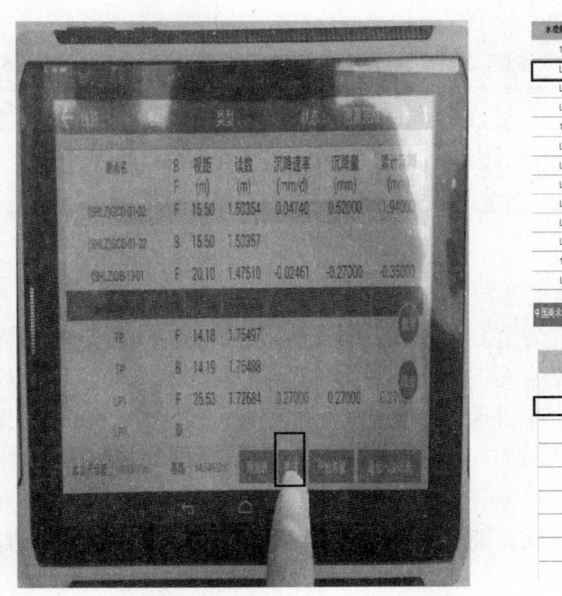

水准线路名称	观测类型	观测日期	测量模式	上传日期
1通道	沉降监测点	2016-10-10 10:05:20	BF	2016-10-10 10:05:22
LP11	沉降监测点	2016-10-10 09:54:53	BF	2016-10-10 09:54:47
LP12	沉降监测点	2016-10-10 09:46:11	BF	2016-10-10 09:46:32
LP14	沉降监测点	2016-10-10 09:16:03	BFFB	2016-10-10 09:16:03
1通道	沉降监测点	2016-10-08 10:18:58	BF	2016-10-08 10:40:16
LP11	沉降监测点	2016-10-08 09:23:39	BF	2016-10-08 10:39:28
LP14	沉降监测点	2016-10-08 10:31:28	BFFB	2016-10-08 10:38:52
LP14	水平位移监测点	2016-10-05 10:27:10	BFFB	2016-10-05 14:42:39
LP11	水平位移监测点	2016-10-05 09:01:20	BF	2016-10-05 14:41:23
LP14	沉降监测点	2016-10-04 09:25:57	BFFB	2016-10-04 09:26:04
LP11	沉降监测点	2016-10-04 09:12:14	BF	2016-10-04 09:12:18
1通道	沉降监测点	2016-10-04 09:08:16	BF	2016-10-04 09:08:19
LP14	水平位移监测点	2016-10-02 09:07:39	BFFB	2016-10-02 11:40:01

查看监控信息 | 上传信息 | 预警信息 | 基本信息编辑 | 工程资料

水准线路	上传时间
1通道	2016-10-10 10:05:22
LP11	2016-10-10 09:54:47
LP12	2016-10-10 09:46:32
LP14	2016-10-10 09:16:03
1通道	2016-10-08 10:40:16
LP11	2016-10-08 10:39:28
LP14	2016-10-08 10:38:52
LP14	2016-10-05 14:42:39
LP11	2016-10-05 14:41:23

图 5-65　监测数据获取及数据计算

2. BIM 应用——有限元数值分析与评估

根据工程特点及重难点，可对重要施工部位进行建模，模型可以对施工主体结构及风险源状态有了更直观的认识，同时结合施工方法，进行有限元数值分析与评估，合理指导施工（图 5-66、图 5-67）。

主体结构模型

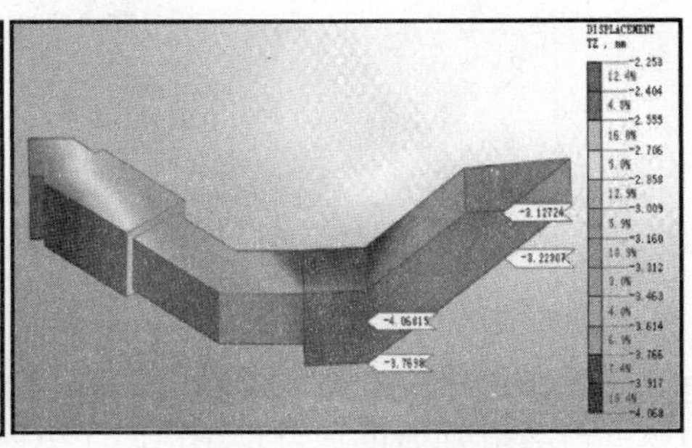

重点部位竖向变形分析

图 5-66　BIM 模型与有限元分析

图 5-67　基于 BIM 模型的重大风险源施工有限元数值分析与评估流程

数据收集：对相关数据进行汇总统计（表 5-3）。

结构位移值统计表（mm）　　**表 5-3**

监测项目	F 出入口	B 出入口	车站主体	1 号紧急疏散口	2 号紧急疏散口	2 号风亭
竖向位移	−1.7	−1.1	−0.7	−1.4	−0.7	−0.3
水平位移	1.7	(1.2,1.3)	1.8	1.6	0.5	0.2

3. 地铁工程安全监测报警系统

（1）无线火灾消防系统转换信号收发器

施工工地消防系统的稳定与精确极为重要，正确地发出警告和报警信号，便可以将火灾给人们所带来的损失降到最低。传统的火灾自动报警系统，通过有线传输，不仅耗时耗力，且价格昂贵，不便于维护和拆建。项目部经过调查、分析，并结合现已掌握的无线数据传输工具，结合传统火灾报警系统的特点，制作出新型无线火灾消防系统（图 5-68）。多次试验及测试显示，当模拟火灾发生后，各个员工手机得到消防信号并由项目领导启动消防应急预案，同时当天值班消防小组成员能迅速集结，迅速到达火灾现场，达到扑灭初期火灾的目的。

图 5-68　无线火灾消防系统转换信号收发器

（2）电器火灾监测系统（图 5-69）

电气火灾监控系统用于在线监测配电线路的剩余漏电动作电流和温度值，当被监测的任意回路漏电电流和温度超过报警值时，系统立即发出声光报警信号，显示漏电电流、温度大小，指示报警方位。安装电气火灾监控系统能有效预防因漏电导致接地电弧短路、过温所引起的电气火灾。

图 5-69　电器火灾监测系统操作示意图

(3) BIM 技术在消防逃生中的应用

应用 BIM 技术，结合现场情况，对现场消防安全疏散场景、逃生设施使用场景、灭火扑救场景等进行三维动画模拟，加强项目员工在发生火灾险情的情况下的自救意识及技能（图 5-70）。

(a) 消防安全疏散模拟

(b) 逃生设施

(c) 灭火扑救

图 5-70　BIM 技术在消防逃生中的应用

(4) VR 技术在施工现场的应用

针对现场可能存在的施工安全隐患设定对应的场景（高空坠落、物体打击、机械伤害等），通过 VR 技术更加真实地展现出来，体验人员通过 VR 技术对环境、感知等的模拟在绝对安全的前提下体验各项违章违规作业带来的严重后果，极大地提高作业人员的安全意识，避免发生安全事故（图 5-71）。

图 5-71　VR 安全体验教育

(5) 红外对射装置在其中吊装过程中的应用

红外对射装置是利用一端的红外发射器发射出多束人眼无法看到的红外线，而另一端的接收器接收红外线，两者之间形成了多条红外警戒线，当有人员经过时红外线被遮挡，产生报警信号。

红外对射装置分散布置在吊车四周，在吊装过程中实现了实时监控、实时警报，降低了吊车吊装过程中无关人员无意闯入吊车作业方位中而产生安全事故的概率（图 5-72）。

图 5-72　红外对射报警装置

4. 测量标监测准化

通过对地表沉降点、围护结构顶部位移监测点、桩体测斜管布置、强制对中观测台等测量监测相关设施的标准化建设，分部位制定统一的规格尺寸，采取统一的保护措施、涂刷统一的红白漆标志，加强施工现场标准化建设（图 5-73～图 5-75）。

5. 项目信息管理系统

一般地铁工程占地面积大，施工作业面多，随之带来的庞大的作业人员数量给人员教育、考勤管理及安全隐患治理等方面带来一定挑战。

图 5-73 地表沉降点标准化

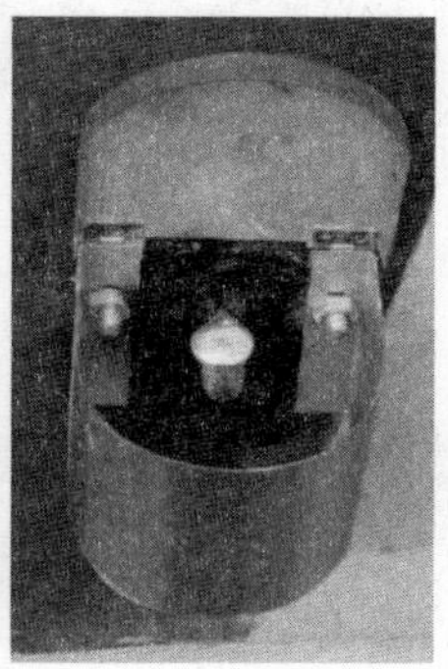

图 5-74 围护结构顶部位移监测

图 5-75 桩体测斜管布置

(1)“互联网+人员教育”

项目部通过人员二代身份证阅读器进行人员录入，系统自动对黑名单、超龄等人员进行限制，初步预防用工风险（图 5-76）。系统可根据人工设定时间，定期批量地提醒项目管理人员或工人进行安全体验式教育、“安全在我心中”答卷等安全教育，未达到要求的人员将失去进入施工现场的资格（图 5-77）。同时，管理人员可以根据系统采集到的实时的劳务数据辅助项目进行生产，从而起到防风险、促生产、提效能、控成本的作用。

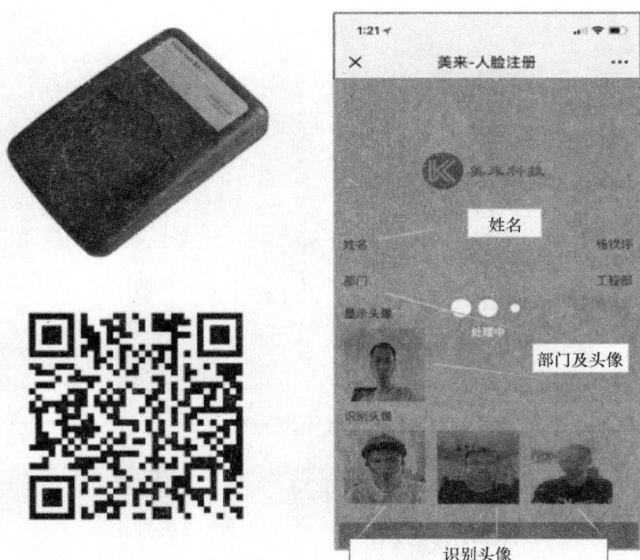

图 5-76　二代身份证阅读器及人脸识别系

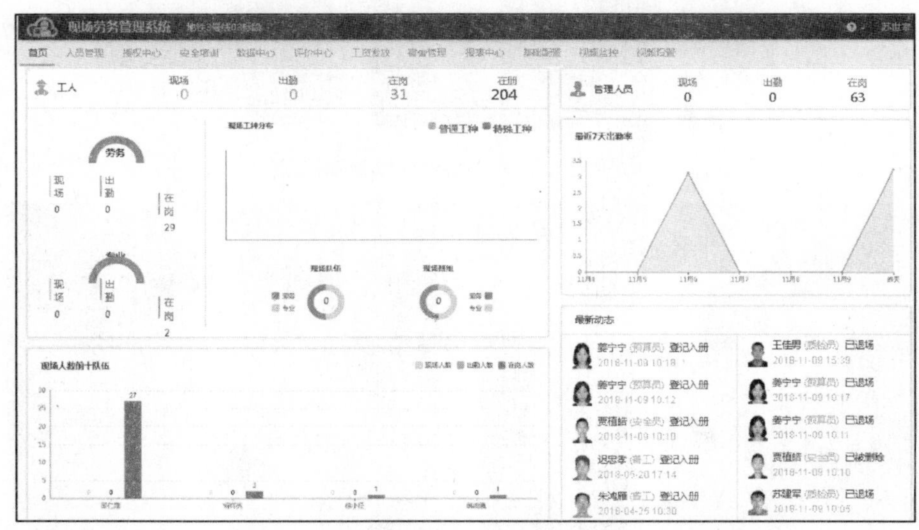

图 5-77　人员核录教育统计部分名单

(2)“互联网＋考勤管理”

人脸识别闸机管理系统通过施工人员进出记录确定其作业时长，并在下班时自动生成考勤记录，省去了数量庞大的作业人员记工问题，提高了现场管理效率（图 5-78）。

(3)“互联网＋隐患排查”

技术人员通过预设责任区域负责人名单，在安全员及质检员上传安全问题时，自动生成安全表单，通过手机 APP 发送至相关整改责任人，并对类似问题进行统计分析，汇入报表中心，用于安全例会会议文件以及汇总分析（图 5-79～图 5-82）。

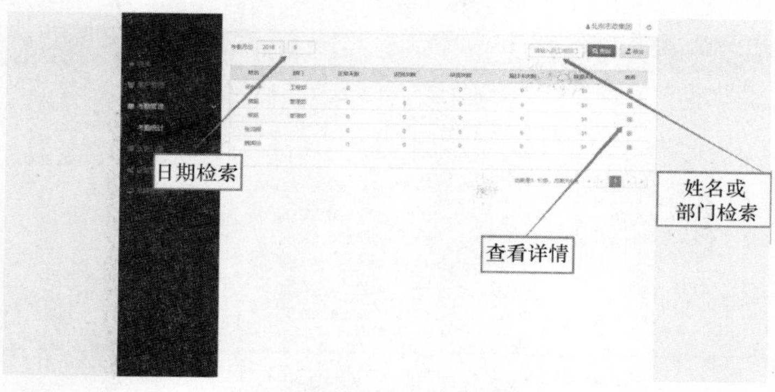

图 5-78 考勤记录台账

图 5-79 隐患排查统计

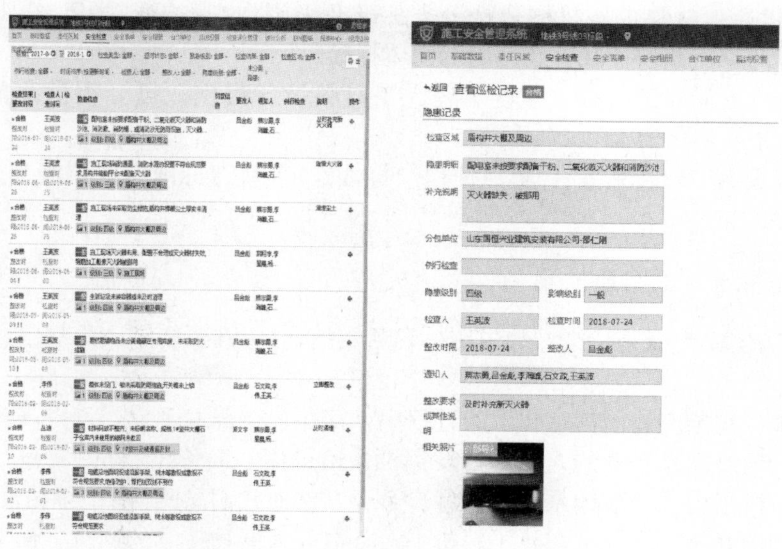

图 5-80 整改回复报告单

施工安全管理系统 地铁3号线03标段

首页 基础数据 责任区域 安全检查 安全表单 安全相册 合作单位 系统设置 检查评分管理 统计分析 BIM图纸 报表中心 视频监控 视频设置

全部收起　　搜责任区域

*整改人/通知人红色字体时表示数据异常，需要重新添加整改人/通知人

编码	区域名称	整改人	通知人	说明
02	钢筋加工棚	李星晨(136****...	杨海健,李海峰,王英波,杨...	
04	1#竖井及横通道及封闭大棚	郑文宇(188****...	杨海健,李海峰,王英波,杨...	
06	盾构井大棚及周边	吕金彪(156****...	李海峰,王英波,杨祥亮,李...	
09	施工现场	王越(182*****3...	杨海健,李海峰,王英波,杨...	
14	生活区及办公区	张涛(132*****3...	杨海健,李海峰,王英波,杨...	

图 5-81　责任区域划分

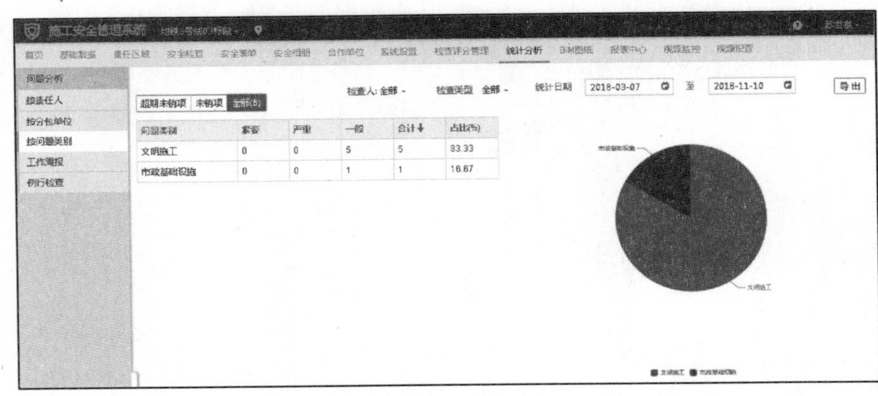

问题类别	紧要	严重	一般	合计	占比(%)
文明施工	0	0	5	5	83.33
市政基础设施	0	0	1	1	16.67

图 5-82　统计分析台账

5.6　工料机械数据分类标准及编码规则解读

《建设工程人工材料设备机械数据分类标准及编码规则》T/BCAT 0001（以下简称《标准》），是北京市建筑业联合会编制的团体标准。

针对《标准》同时配套有《建设工程人工材料设备机械数据分类标准及编码规则》（使用指南），以供参考。

为了方便大家了解《标准》，推广使用《标准》，现就《标准》的编制、内容和使用，做个解读。

5.6.1　《标准》的实质内涵

《标准》的实质内涵是什么？如果用一句话概括，《标准》要解决的是信息的基础语言问题。

近些年来，在推广使用信息技术的过程中，存在一个普遍现象，许许多多的企业出于发展的需要，纷纷建立企业的人工材料设备机械信息库（简称工料机平台）。从社会效果看，这些工料机平台，自成体系，服务各自企业。然而它们又犹如一座座信息孤岛，互不兼容，信息无法共享。另外，搭建工料机平台，需要人财物持续的支持。而对许多企业来讲，没有相应的人才储备，又无力承担那么多资金。

信息无法共享，耗费大量人力物力，不仅存在严重的浪费现象，而且有悖于资源节约型发展的基本国策。

“孤岛效应”问题的根源之一，是“信息的基础语言”五花八门，没有统一的标准。简而言之，就是没有基于工料机科学分类基础上的统一的编码规则。

制定统一、实用的编码规则，既是广大企业的呼声和诉求，更是建设行业推广应用互联网＋技术的基础要素。

5.6.2 《标准》的基本内容

《标准》主要包括三部分。

(1) 工料机的分类标准。运用科学的理论和方法，制定工料机的分类标准。列入这里分类的材料设备，是标准、常用的材料设备。

(2) 工料机的编码规则。在分类标准的基础上，制定工料机的编码规则，也就是编制工料机信息管理的“基础语言”。

(3)《标准》的适用范围，如何理解和应用编码规则。

5.6.3 《标准》对工料机的分类

对工料机作科学的分类，是工料机编码的前提之一。

1. 分类的理论依据

《标准》在工料机分类上，采用了线形分类法、面分类法和混合分类法。

(1) 线形分类法，又称为层次分类法。它是按照总结出的研究对象之共有属性和特征项，以不同的属性或特征项（或它们的组合）为分类依据，按先后顺序建立一个层次分明、下一层级严格唯一对应上一层级的分类体系。把研究的所有对象个体按照属性和特征逐层找出归类途径，最终归到最低分类层级类目。

线形分类法的优点：层次好，类目之间逻辑关系清晰；使用方便，便于计算机对信息的处理。

(2) 面分类法，也称平行分类法。它是把拟分类的商品集合总体，根据其本身固有的属性或特征，分成相互之间没有隶属关系的面，每个面都包含一组类目。将某个面中的一种类目与另一个面的一种类目组合在一起，成为一个复合类目。

面分类法，将整形码分为若干码段，一个码段定义事物的一重意义，需要定义多重意义就采用多个码段。

现实生活中，面分类法应用广泛，用面分类法梳理的类目可以较大量地扩充，结构弹性好，不必预先确定好最后的分组，适用于计算机管理。

(3) 混合分类法。由线性分类法和面分类法组合的分类方法，称之为混合分类方法。混合分类方法可以先进行线性分类再进行面分类，亦可以先进行面分类，再进行线性分类。

2. 分类遵循的原则

《标准》对工料机的分类，遵循了 6 条原则。

(1) 继承性

在继承原有《建设工程人工材料设备机械数据标准》GB/T 50851 分类的基础上，对其进行了修正、补充，完善，细化了分类标准。

经过梳理，我们发现《建设工程人工材料设备机械数据标准》GB/T 50851 二级子类中的材料设备，存在“已禁止使用和不再使用的”“分类不合理的”“分类术语不规范”等问题，特别是缺乏 2013 年后已投入使用的新材料新设备。《标准》对“已禁止使用和不再使用的”材料设备，予以删除。对“分类不合理”的材料设备，作重新整合、划分。对“分类术语不规范的”，予以规范。增加和补充了一批新的材料设备，使原二级子类得到完善和优化。

《标准》还细化了二级子类。在二级子类项下，新设立三级子类。在三级子类项下，细化设立四级子类。《标准》将材料设备的特征属性区分为属性项和属性值。四级子类就是材料设备的特征属性。

在上述分类的基础上，制定了编码的规则。

（2）科学性

在分类结构体系上，《标准》将工料机的分类划分为三级或四级结构体系。

对材料设备进行线性分类及面分类时，每一个层级的节点及其特征属性，都是在不断的平衡中形成的。《标准》对每个大类下的二级子类、三级子类的数量控制，对应的特征属性的数量控制都做了原则规定，既保证了网络检索查询的便捷性，又保证了描述的简单性。这种线面结合的分类体系，把人工处理与计算机处理有机结合起来，达到了协调统一。

在分类方法上，采用了《信息分类和编码的基本原则与方法》GB/T 7027 中的混合分类法，既考虑了分类的明确性，又考虑了适用性。

在材料与设备划分上，严格按照建设部 2000 年发布的《关于工程建设设备与材料划分》中相关规定与说明，进行分类。

（3）实用性

实用，是来自大众长期认可的体验习惯。尊重大众的使用习惯，体现在《标准》的编制中，如将材料设备按照“先通用、后专业”的顺序排布，满足建设项目各个阶段对工料机信息的不同应用等。

坚持实用性，还体现下述两点。

1）《标准》认可，《建设工程人工材料设备机械数据标准》GB/T 50851 一级大类、二级子类的结构模式，是经过科学分析和用户长期使用验证得来的。两级分类结构，考虑了用户对数据信息的查询路径。

结构分类，在统计类别的数量控制上，依据用户长期体验，定在 15～20 个之间，《标准》采信并予以继承了。

2）《标准》对分类结构的贡献是：补充、完善了原二级子类，在二级子类项下细化出三级子类，在三级子类项下细化出四级子类。四级子类实际是为三级子类配置的特征属性（含属性项和属性值），属性项控制在 4～8 个之间，也是考虑了用户体验。

（4）扩充性

《标准》考虑到伴随技术的进步，会不断有新的材料设备问世并投入使用，材料设备分类架构虽然稳定，但也可以吸纳、扩充，将其排列进相应的类别。《标准》设计的类别码基本上取的是奇数，偶数为预留的位码，以便新增类别扩充使用。

《标准》设计的材料设备特征属性编码，也是可以扩充的。同一个三级子类或四级子类下，特征属性之间是相互独立的。这种独立性，适应了材料设备随应用主体在不同阶段的需求。如在项目的设计阶段，工程造价编制阶段，工程物资采购阶段，设计人员，预算人员，采购人员关注的材料设备属性是截然不同的。他们即便选择同一种材料设备，因选择的属性项和属性值不同，其编码也会不同。

（5）标准化

材料设备信息数据的交互与共享，离不开科学严谨的把控。《标准》对材料设备分类及特征属性命名，严格执行现行国家有关法规、政策和标准。

《标准》规定：工料机分类及特征属性命名，要有标准依据。即有国家标准的，遵循国家标准命名；国家标准没有的，依据行业标准；行业标准没有的，依据地方标准。以此类推。在没有标准依据的情况下，分类名的命名以互联网上名称频次最高的方式来确定。

《标准》还规定：建设工程人工材料设备机械数据分类、特征描述及信息数据交换等，除应符合本标准外，还应符合国家现行的其他相关标准。

（6）清晰性

表现为两点：①材料设备分类，实行纬度一致；分类类别名称的命名，需简单、易懂。②材料设备信息的基本特征与应用特征的分离，使原本复杂的应用变得简单、清晰。材料设备的基础数据与应用数据分离，使采集、管理、应用都方便。

3. 分类的结构体系

《标准》依据线形分类法，将工料机划分的一级大类，包含人工、材料、设备、机械类别。

在一级大类下，划分出二级子类；二级子类下，划分出三级子类。运用线、面混合分类法，在三级子类下划分出四级子类。

（1）框架体系

《标准》对工料机的分类，实行三级和四级框架体系。

1）三级框架体系，含有一级大类、二级子类、三级子类。三级子类表示的是特征属性（图 5-83）。

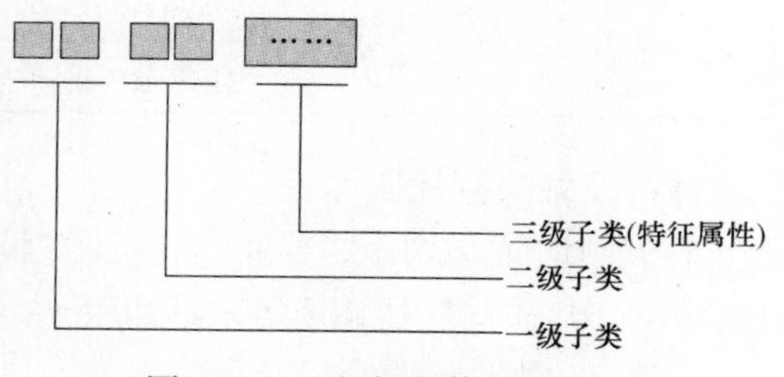

图 5-83　三级框架体系示意图

2）四级框架体系，含有一级大类、二级子类、三级子类和四级子类。四级子类表示的是特征属性（图 5-84）。

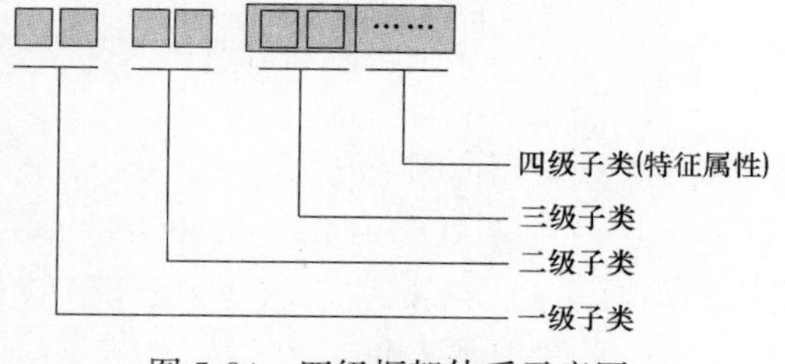

图 5-84　四级框架体系示意图

（2）工料机的特征属性

在三级子类或四级子类下描述。

三级子类：在材料分类时，有相当一部分材料只能分到三级子类。这种三级子类，表示特征属性。

例如，一级大类黑色及有色金属项下的二级子类：0103 钢丝，0105 钢丝绳，0107 钢绞线、钢丝束等，其三级子类为特征属性（表 5-4）。

黑色及有色金属属性项 **表 5-4**

<table>
<tr><th>类别编码</th><th>类别名称</th><th>属性项</th><th>说 明</th></tr>
<tr><td>0103</td><td>钢丝</td><td>A 品种
B 规格
C 抗拉强度(MPa)
D 牌号
E 表面形式</td><td>包含碳素钢丝、合金钢丝、冷拔低碳钢丝等</td></tr>
<tr><td>0105</td><td>钢丝绳</td><td>A 品种
B 表面处理
C 截面形式
D 抗拉强度(MPa)
E 规格
F 直径(mm)
G 牌号</td><td>包含光面钢丝绳、镀锌钢丝绳、不锈钢钢丝绳等</td></tr>
<tr><td>0107</td><td>钢绞线、钢丝束</td><td>A 品种
B 表面处理
C 抗拉强度(MPa)
D 规格
E 直径(mm)</td><td>包含预应力钢绞线、镀锌钢绞线以及用于架空电力线路的地线和导线及电气化线路承力索用铝包钢绞线</td></tr>
<tr><td>0109</td><td>圆钢</td><td rowspan="2">A 品种
B 牌号
C 规格</td><td>包含热轧圆钢、锻制圆钢、冷拉圆钢</td></tr>
<tr><td>0111</td><td>方钢</td><td>包含热轧方钢、冷拔方钢</td></tr>
</table>

而四级子类，全部表示材料设备的特征属性。

例如，编码 010101 的热轧光圆钢筋，010103 普通热轧带肋钢筋，010105 热轧细晶粒带肋钢筋，010109 冷轧带肋钢筋，010111 冷轧扭钢筋等，其四级子类为特征属性项（表 5-5）。

五种钢筋属性项 **表 5-5**

<table>
<tr><th>类别编码</th><th>类别名称</th><th>属性项</th><th>说 明</th></tr>
<tr><td>010101</td><td>热轧光圆钢筋</td><td>A 牌号
B 公称直径(mm)
C 轧机方式</td><td>不同牌号光圆钢筋</td></tr>
<tr><td>010103</td><td>普通热轧带肋钢筋</td><td rowspan="2">A 牌号
B 公称直径(mm)
C 定尺长度(m)
D 轧机方式</td><td></td></tr>
<tr><td>010105</td><td>热轧细晶粒带肋钢筋</td><td></td></tr>
<tr><td>010109</td><td>冷轧带肋钢筋</td><td>A 牌号
B 公称直径(mm)</td><td>包含不同牌号的冷轧带肋钢筋</td></tr>
<tr><td>010111</td><td>冷轧扭钢筋</td><td>A 强度级别
B 型号
C 标称直径(mm)
D 牌号</td><td>包含冷轧Ⅰ型扭钢筋、冷轧Ⅱ型扭钢筋、冷轧Ⅲ型扭钢筋</td></tr>
</table>

(3) 工料机特征属性排列

特征属性的顺序，按重要优先级顺序排列。有两层含义：

1) 材料设备提供市场前，经政府部门授权的检测机构出具的检测报告、用户使用报告，对特征属性的说明和排列。

2) 依据用户使用习惯，形成的排列顺序。在建设项目全生命周期中，同一种材料设备，处在不同使用阶段，其特征属性的排列是不一样的。

5.6.4 工料机的编码规则

工料机的编码，建立在科学、实用分类的基础上。

1. 工料机编码体系

工料机编码体系由“类别码＋特征属性码构成”。该体系包含三级框架和四级框架两部分。

(1) 三级框架的编码

三级框架编码 ＝ 一级大类码＋二级子类码＋三级子类码

(2) 四级框架的编码

四级框架编码 ＝ 一级大类码＋二级子类码＋三级子类＋四级子类码

(3) 开放和可扩充

改革和创新，促使建设技术不断进步。新材料、新设备、新机械，即“全新型新产品”和“换代型新产品”会不断问世并投入使用。同时，落后的、不适用的材料、设备、机械相继被禁用或淘汰。

作为工料机信息管理基础工作的分类及编码，必须适应行业发展进步的需要，实行动态管理。所以，工料机分类结构和编码结构的开放性、可延续性和可扩展性是必然的。

2. 工料机类别码的设计

《标准》制定的类别码，分别用两位数字表示。

(1) 一级大类编码，采用两位固定数字表示，码位区间为 00～99。码位分配如下：

1) 人工 00。

2) 材料 01～49。

3)（工程设备）设备 50～79。

4) 配合比 80。

5) 仪器仪表设备 87。

6) 机械设备 99。

二级子类，采用两位固定数字表示，码位区间为 01～99。

三级子类，采用两位固定数字表示，码位区间为 01～99。

该三级子类，不是特征属性类。

(2) 奇数码位与偶数码位

工料机编码，除了一级大类外，类别码有奇数码位与偶数码位之分。奇数码位按 1、3、5、7、9 排列。偶数码位按 2、4、6、8 排列。如一级大类黑色及有色金属项下的二级子类钢筋，编码为 0101。其前两位 01，表示一级大类黑色及有色金属代码；后两位 01，表示钢筋的代码。钢筋项下三级子类热轧光圆钢筋的编码为 010101，其第五位和第六位数字（01），表示热轧光圆钢筋代码。同样，类别码 010103 的第五位和第六位数字（03），表示普通热轧带肋钢筋的代码。010105 的第五位和第六位数字（05），表示热轧细晶粒带肋钢筋的代码（表 5-6）。

类别码，在其码位区间，优先用奇数排列。如有增加时，用偶数排列补充。实践证明，在工料机的类别中，一级大类相对稳定。相对变动较大的是二级子类和三级子类。

三种钢筋的类别码　　表 5-6

10101	热轧光圆钢筋
010103	普通热轧带肋钢筋
010105	热轧细晶粒带肋钢筋

二级子类或三级子类的编码，在其码位区间按奇数优先分配排列。当二级子类或三级子类增加时，仍按奇数优先分配排列。如奇数不足时，根据相近性的原则，用偶数补充分配的方式进行编码。简而言之，奇数码位优先用于编码，偶数码位为“后补编码”。

3. 工料机特征属性码的设计

(1) 特征属性编码表示

工料机的特征属性由属性项和属性值组成。工料机特征属性用字母＋数字表示。字母表示属性项，数字表示属性值。

1) 属性项：用大写英文字母（A、B、C、D、E 等）表示。

材料设备的属性项，少的有一种，多的过十种。如此多的选项，选择哪一种或哪几种，完全由用户根据自身的需要和使用习惯来决定。

2) 属性值：用 1～3 位数字表示。

这个规则，是在总结实际经验的基础上设计的。属性值用几位数字表示，取决于每个属性项后边属性值的数量和实际需要。

如果属性值是一位数，就用 1～9 表示；属性值是两位数，就用 01～99；属性值是三位数，就用 001～999 表示。

属性值无论用一位、两位，还是三位数字表示，均是顺序排列，如 1、2、3，01、02、03，001、002、003。

(2) 特征属性参与编码

《标准》对工料机特征属性码位的设计，是一项重要的贡献。换句话说，对工料机属性项及属性值授予码位，且参与编码，是工料机编码的重要规则。

4. 属性值编码的选择

在实际使用中，用户往往纠结：“属性值到底用几位数字表示为好?”上面我们讲到它“取决于每个属性项后边属性值的数量和实际需要”。

公称直径（mm）是钢筋的一个属性值。钢筋的公称直径为 6～50（mm），推荐采用的直径为 8、10、12、16、18、20、22、25、28、32、36、40（mm）。由于它的属性值共有 12 个，所以钢筋公称直径的属性值用二位数 01～99 表示即可。

普通热轧钢筋，属性项“轧机方式”，其属性值只有“热轧”和“冷轧”两种。其属性值用一位数（1～9）表示或用 2 位数（01～99）表示均可。

而冷弯等边角钢，其属性项之一的“截面尺寸”，用“边长×边长×厚度”表示，因属性值的数量较多，其编码用三位数（001～999）表示是适宜的。

讲了这些，可能还纠结于属性值的编码几位为好，其实大可不必。一个简单的方法，就是取属性值1～3个数字的“最大边界”即3位数（001～999）来排列，就足够了。

5. 同一种产品，编码会不同

对同一种产品，因用户选择不同的属性项和属性值，其编码会不相同。

以三级子类的普通热轧带肋钢筋为例。它有4个属性项，分别为A牌号，B公称直径，C定尺长度，D轧机方式。4个属性项各有不同的属性值（表5-7）。

普通热轧带肋钢筋属性项属性值 表5-7

类别编码及名称	属性项	属性值
010103 普通热轧带肋钢筋	A 牌号	HRB400(01)、HRB400E(02)、HRB500(03)、HRB500E(04)、HRB600(05)
	B 公称直径(mm)	6(01)、8(02)、10(03)、12(04)、14(05)、16(06)、18(07)、20(08)、22(09)
	C 定尺长度(m)	6(01)、9(02)、10(03)、12(04)
	D 轧机方式	普通线材(1)、高速线材(2)

用户甲，选择属性项A，属性值选择HRB400。由于表中对HRB400授予的编码是01，所以普通热轧带肋钢筋的编码为010103A01。

用户乙，选择属性项C，属性值选择6m。表中已将6m列为第一个属性值，授予的编码是01。这时普通热轧带肋钢筋的编码为010103C01。如选择9m的，其编码就变为010103C02。可见，仅仅因选择的属性值不同，其编码就有多种变化。

在产品的每一个属性项中选择不同的属性值进行组合，会形成该产品的多个标准产品单位（SUP）及产品编码，少则几个，多则成百上千。从表5-7我们可以看到，010103普通热轧带肋钢筋共有4个属性项和17个属性值，运用排列组合的原理，通过计算机设定的程序，可形成560个标准产品单位和编码。

对于编码，其实我们要做的工作是制定“业务规程”，定出“游戏规则”。编码是给计算机使用的，也是由计算机来完成的。有了“业务规程”和“游戏规则”，计算机就会显示出相应的编码。

6. 用字母+数字表示属性的意义

(1) 便于识别、检索和查询

在编码中如果看到A，你会很快分辨出，选择的是第一个属性；如果看到D，一定是选择了第四个属性。同样，在属性A的后面看到02，一定是选择了属性A的第二个属性值。属性A后面是08，那一定是属性A的第八个属性值。如果在类别码后面是A02D03，则是用户选择了A和D两个属性项，以及A的第二个属性值和D的第三个属性值。

(2) 省去“补零位”的烦恼

以往，在设计材料设备编码时，多用数字表示。

对某产品，如果用户选择了第二个属性项及其项下的第一个属性值。假设，其属性项、属性值用两位数字表示。

其产品编码 = 该产品的类别码+00(第一个属性项的编码)+00(第一个属性项后面的属性值编码)+02(第二个属性项编码)+01(第二个属性项后面的第一个属性值的编码)。虽然这里第一个属性项及其属性值没有出现，但是需用4个“0”补位。

用字母+数字表示产品属性，不仅省去“补零位”的烦恼，还有利于提高效率和节省计算机容量。

(3) 体现了编码最小化的理念

用字母+数字表示属性，形成的编码码位长短不一，区别于“整齐划一”的编码格式，体现了编码最小化的理念，又节省时间成本。

(4) 便于数据信息流通

用字母+数字表示属性，便于跨专业数据信息的流通，有利于推进行业信息化的统一。

7. 工料机授码的原则

(1) 一旦授码，不再变更

《标准》规定，对工料机一旦授码，不得再变更，确保工料机编码的唯一性。

(2) 禁用的产品，其码位保留

《标准》规定，对明令禁止和淘汰使用的材料设备，在工料机数据库中做淘汰标注。但其码位保留，不再授予其他材料设备。如用户需要查询，可按数据库管理办法相关规定，进行查询。

8. 工料机编码的唯一性

工料机编码的唯一性包含两层意思。

(1)《标准》对一级大类、二级子类、三级子类的编码是唯一的，不会有重复。

(2) 用户按《标准》的编码规则，添加实用信息形成的工料机编码，是唯一的。大家知道，工程项目的建设是由若干阶段组成的。在项目的不同阶段，依据不同的需要，用户给工料机的编码也是唯一的。在项目设计阶段，设计师在确认所需材料设备的规格、型号、等级等属性后，形成的编码是唯一的。而在采购阶段，同一种材料设备会有诸多品牌、厂家可供选择。采购人员在满足设计要求的前提下，综合考虑众多因素后，会选定其中某个品牌的产品。由此形成的编码，因增加了品牌、厂家、计量单位、采购单价等新的属性，该材料设备的编码也是唯一的。

(3) 编码的唯一性，为实现建设项目所用工料机的“可追索性”，提供技术支持。

“编码的唯一性”，具有重要的实用性。例如建设项目出现质量和安全问题，涉及材料设备时，材料设备编码的“唯一性”，为追索相关材料设备的品牌、厂家、批次、价格等，提供技术支持。因为品牌、厂家、批次、价格等实用信息，均可以作为属性列入编码。

9. 尊重用户的使用习惯

(1) 属性的排列用户说了算

我们根据长久以来用户的使用习惯，在《建设工程工料机属性特征列表》中，将材料设备的属性项、属性值做了排列。属性项列出了A、B、C、D，属性值排出了1、2、3、4或01、02、03、04。在实际使用中，有的用户根据自己的需要和习惯，不同意A、B、C、D的排列，认为C应排第一，D排第二，是可以的。

的确如此，用户的需求多种多样。材料设备的属性项如何排列，属性值如何排列，应当“用户说了算”。因为它符合编码规则的“价值观”——“工料机特征，按照重要优先级顺序列项”“尊重大众的使用习惯”。但是，为了保证《标准》的严肃性和信息传递的一致性，我们认为变动后的属性项的英文代码不应更改。如上述讲到的原属性项排序是A、B、C、D，用户将C应排第一，D排第二，那么调整后的排列顺序应为C、D、A、B。

(2) 因用户使用而产生的属性

工料机的属性有基本属性和应用属性之分。《标准》所列的工料机的属性项、属性值，均是工料机的基本属性（或叫自然属性）。换句话说，《标准》对工料机属性编码的深度，是完成了对工料机基本属性的编码。

工料机的应用属性，是因用户使用而产生的属性。这些属性具有的显著的实用特点，决定工料机的使用去向。工料机的应用属性是大量的、最活跃的。所以，工料机的应用属性应列入编码。

关于工料机应用属性的编码，可参照工料机基本属性的编码规则与做法。因工机料的用户不同，用户的使用目不同，其编码只能由用户自己完成。

为了以示区别，工料机应用属性的编码，宜采用小写英文字母＋数字表示（表 5-8）。

基本属性与应用属性示例表　　　　表 5-8

类别编码及名称	基本属性项	基本属性值	应用属性项	应用属性值
010103 普通热轧带肋钢筋	A(01)牌号	HRB400(01)、HRB400E(02)、HRB500(03)、HRB500E(04)、HRB600(05)	a 品牌	某品牌(01)、某品牌(02)……
	B(02)公称直径(mm)	6(01)、8(02)、10(03)、12(04)、14(05)、16(06)、18(07)、20(08)、22(09)	b 产地	某产地(01)、某产地(02)……
	C(03)定尺长度(m)	6(01)、9(02)、10(03)、12(04)	c 批次	某批次(01)、某批次(02)……
	D(04)轧机方式	普通线材(01)、高速线材(02)		

例如，用户在采购普通热轧带肋钢筋时，选择定尺长度为 6m 的，其类别码＋基本属性码为 01 01 03 c01。在此基础上，选定品牌（01）、产地（02）、批次（02），该钢筋的使用属性编码为 a01 b02 c02。

此时，普通热轧带肋钢筋的编码＝01 01 03＋ C01＋ a01 b02 c02，即类别码＋基本属性码＋使用属性码。这个编码同样具有唯一性的特点。

5.6.5　《标准》的适用范围

（1）适用于不同建设专业，对工料机信息数据的交互和管理。

（2）适用于建设项目全生命周期中，对工料机信息数据的交互和管理。

1）有利于 BIM 的推广使用。

《标准》规定的工料机统一的“信息语言”，对 BIM 在项目全生命周期中的推广使用，具有重要的价值。在建筑项目设计阶段，造价定额编制阶段，招标投标阶段，采购加工阶段，施工管理阶段，竣工验收阶段，运营维护阶段等，《标准》确立的编码规则，对上述阶段工料机信息数据的收集、整理、分析、发布与交换，推广应用信息化管理，奠定了基本保证。

2）有利于项目的精准管理。

《标准》在编码规则中倡导的“编码的唯一性”，为推进工程项目的“精准管理”，提升项目管理水平，提供技术支持。

6 工程项目商务管理

6.1 施工招标投标管理

6.1.1 招标投标管理

工程施工招标投标活动应当遵循公开、公平、公正和诚实信用的原则。工程施工招标投标活动，依法由招标人负责。任何单位和个人不得以任何方式非法干涉工程施工招标投标活动。施工招标投标活动不受地区或者部门的限制。

1. 招标文件编制原则

(1) 招标文件（包括资格预审文件）应按《中华人民共和国招标投标法》《房屋建筑和市政基础设施工程施工招标投标管理办法》的有关规定和地方政府有关规定及要求编制。

(2) 招标文件内容应全面、条件合理、标准明确、文本规范，以最大限度减少招投标和合同履行过程中产生的矛盾、争议和纠纷，保证招投标工作的顺利进行。

(3) 依法公开招标的工程，应本着严格、准确的原则，依据《建设工程工程量清单计价规范》编制工程量清单或计价。

2. 招标文件

招标人根据施工招标项目的特点和需要编制招标文件。

(1) 招标文件主要内容包括：投标邀请书、投标人须知、合同主要条款、投标文件格式、工程量清单、技术条款、设计图纸、评标标准和方法、投标辅助材料等。

(2) 招标方式

工程施工招标分为公开招标和邀请招标：

公开招标，是指招标人以招标公告的方式邀请不特定的法人或者其他组织投标。依法必须进行招标的项目的招标公告，应当通过国家指定的报刊、信息网络或者其他媒介发布。

国家重点建设项目的邀请招标，应当经国务院相关部门批准；地方重点建设项目的邀请招标，应当经各省、自治区、直辖市人民政府批准。

公开招标的条件为：

1) 招标人已经依法成立。

2) 初步设计及概算应当履行审批手续的，已经批准。

3) 招标范围、招标方式和招标组织形式等应当履行核准手续的，已经核准。

4) 有相应资金或资金来源已经落实。

5) 有招标所需的设计图纸及技术资料。

邀请招标，是指招标人以投标邀请书的方式邀请特定的法人或者其他组织投标。应当向 3 个以上具备承担招标项目的能力、资信良好的特定的法人或者其他组织发出投标邀请书。符合公开招标条件，有下列情形之一的，经批准可以进行邀请招标：

1）项目技术复杂或有特殊要求，只有少量几家潜在投标人可供选择的。

2）受自然地域环境限制的。

3）涉及国家安全、国家秘密或者抢险救灾，适宜招标但不宜公开招标的。

4）拟公开招标的费用与项目的价值相比，不值得的。

5）法律、法规规定不宜公开招标的。

（3）招标公告

招标公告或者投标邀请书应当至少载明下列内容：招标人的名称和地址、招标项目的内容、规模、资金来源、招标项目的实施地点和工期、获取招标文件或者资格预审文件的地点和时间、对招标文件或者资格预审文件收取的费用、对投标人资质等级的要求。

（4）资格预审

资格审查分为资格预审和资格后审。资格预审是指在投标前对潜在投标人进行的资格审查。

资格后审是指在开标后对投标人进行的资格审查。

3. 投标文件

投标人应当按照招标文件的要求编制投标文件。投标文件应当对招标文件提出的实质性要求和条件做出响应。

投标文件通常由商务部分、经济部分、技术部分等组成。

（1）商务部分

投标函及投标函附录、法定代表人身份证明或附有法定代表人身份证明的授权委托书、联合体协议书、投标保证金、资格审查资料、投标人须知前附表规定的其他材料。

投标人须知前附表规定不接受联合体投标的，或投标人没有组成联合体的，投标文件内不包括联合体协议书。

（2）经济部分

投标报价、已标价的工程量、拟分包项目情况。

（3）技术部分（主要内容）

主要包括施工方案、进度计划及措施、质量保证体系及措施、安全管理体系及措施、消防、保卫、健康体系及措施、文明施工、环境保护体系及措施、风险管理体系及措施、机械设备配备及保障、劳动力、材料配置计划及保障、项目管理机构及保证体系、施工现场总平面图等。

4. 投标保证金

招标人可以在招标文件中要求投标人提交投标担保。投标担保可以采用投标保函或者投标保证金的方式。投标保证金可以使用支票、银行汇票等。

投标保证金一般不得超过投标估算价的2%。投标保证金有效期应当与投标有效期一致。

投标人应当按照招标文件要求的方式和金额，将投标保证金随投标文件提交给招标人。投标人不按招标文件要求提交投标保证金的，该投标文件将被拒绝，作废标处理。

6.1.2 工程施工项目招标程序

1. 招标文件编制

（1）确定招标项目划分、合同的形式、计价模式及材料（设备）的供应方式，是编制招标文件的基础。

（2）计算工程量和相应工程量费用：

依据工程设计图纸，市场价格，相关定额及计价方法进行工程量及相应工程量费用计算。

（3）确定开、竣工日期：

根据项目总工期的需求和工程实施总计划、各项目、各阶段的衔接要求，确定各分包项目的起始时间。

（4）确定工程的技术要求和质量标准：

根据对工程技术、设计要求及有关规范的要求，确定分包项目执行的规范标准和质量验收标准，满足总承包方对分包项目提出的特殊要求。

（5）拟定合同主要条款：

一般施工合同均分为合同协议书、通用条款、专用条款三部分，招标文件应对专用条款中的主要内容做出实质性规定，使投标方能够做出正确的响应。

（6）确定招标工作日程：

按照有关规定，合理制定发标、投标、开标、评标、定标日期。发标和投标时间间隔根据需要制定；最短时间间隔不得少于《中华人民共和国招标投标法》规定的20d。

（7）分包项目招标文件的编制要求：

招标文件要求内容完整、用词规范，充分表达招标方的意愿和要求，使投标方能够对招标文件做出相应正确的响应。

2. 发布招标公告

（1）通常在指定媒体、行业或当地政府规定的招标信息网上发布招标公告。

（2）发售标书。

（3）组织或要求投标人自行踏勘现场。

（4）澄清招标文件和答疑。

（5）开标。

3. 评标程序

（1）评标专家的选择应在评标专家库采用计算机随机抽取并采用严格的保密措施和回避制度，以保证评委产生的随机性、公正性、保密性。评标委员会中招标人的代表应当具备评标专家的相应条件，工程项目主管部门人员和行政监督部门人员不得作为专家和评标委员会的成员参与评标。

（2）招标人应根据工程项目的复杂程度、工程造价、投标人数量，合理确定评标时间，以保证评标质量。应按照评审时间、评委的技术职称、工作职责等，合理确定评标专家评审费用。

（3）所有的评标标准和方法必须在招标文件中详细载明，要求表达清晰、含义明确，以最大限度地削减评标专家的自由裁量权，杜绝人为因素。

（4）在量化评分中，评标专家只有发现问题才可扣分，并书面写明扣分原因。对于评委评分明显偏高或偏低的，可要求该评委当面说明原因。

（5）对于技术较为复杂工程项目的技术标书，应当采用暗标制作文件、进行暗标评审。

(6) 依据评分，评标委员会推荐出中标单位排名顺序。

4. 评标公示

(1) 评标委员会完成评标后应向招标人提出书面评标报告。

(2) 评标报告由评标委员会全体成员签字。

(3) 招标人应当自收到评标报告后 3d 内公示中标候选人，公示期不得少于 3d。

(4) 中标通知书由招标人发出。

5. 定标原则

(1) 评标委员会推荐出中标单位排名顺序，应选择排名第一的中标候选人为中标人；如排名第一的中标候选人放弃其中标资格或未遵循招标文件要求被取消中标资格，应由排名第二的中标候选人为中标人，以此类推。

(2) 如果出现前三名中标候选人均放弃中标资格或未遵循招标文件要求被取消中标资格的，招标人应重新组织招标。

6. 订立合同

(1) 招标人应在接到评标委员会的书面评标报告并公示期满后，依据推荐结果确定综合排名第一的中标人，发出中标通知书。

(2) 招标人不承诺将合同授予报价最低的投标人。

(3) 中标通知书发出 30d 内双方签订合同文件。

6.1.3 投标人基本条件

(1) 应具备承担招标项目的能力，即投标人应具备法律法规规定的资质等级。

(2) 应符合招标文件对投标人资格规定的条件，主要有：

1) 资质要求：具有招标条件要求的资质证书，并为独立的法人实体。

2) 业绩要求：近三年承担过类似工程项目施工，并有良好的工程业绩和履约记录。

3) 财务要求：财产状况良好，没有经济方面的亏损或违法行为。

4) 质量安全：近几年没有发生重大质量、特大安全事故。

(3) 应能真实、完整地填报投标文件。

6.1.4 投标程序

1. 准备工作

(1) 投标人在编制投标书前应仔细研究和正确理解招标文件的全部内容。投标文件应当对招标文件有关施工工期、投标有效期、质量要求、技术标准和招标范围等实质性内容作出响应。切勿对招标文件要求进行修改或提出保留意见。

(2) 投标文件必须严格按照招标文件的规定编写，填写表格时应根据招标文件的要求，否则在评标时就认为放弃此项要求。重要的项目或数字（质量等级、价格、工期等）如未填写，将作为无效或作废投标文件处理。

(3) 投入本项目的主要人员简历及所需证明材料（证件复印件）应满足招标文件的要求。

(4) 要熟悉图纸和设计说明，不明确的地方要在有效时间内向招标人质疑。

（5）踏勘现场，了解实地情况，作为编制施工方案、措施项目、计算风险费用等相关费用的依据。

（6）了解招标文件规定的招标范围，材料、半成品和设备的加工订货情况，工程质量和工期的要求，物资供应方式等；应仔细研究和正确理解招标文件的全部内容，明确招标文件中的计价方法和要求。

（7）对工程使用的材料、设备进行询价。询价是投标工作的重要基础。投标时除应注意参考定额站的信息价格外，更重要的是实际询价，调查当地市场价。询价的主要内容应包括：材料市场价、当地人工的行情价、机械设备的租赁价、分部分项工程的分包价等。必须根据当时当地的市场情况、材料供求情况和材料价格情况，采用当地的定额标准、当地的相关费用标准、当地的相关政策和规定等因素确定报价，这样才能使报价具有竞争力。

2. 技术标书编制

技术标书编制的主要内容与要求如下：

（1）主要施工方案：编制关键分项工程的施工方案和危险性较大的分部分项工程施工专项方案，全面且针对性强，重点、难点把握准确，措施可靠。

（2）进度计划及措施：根据合同工期，满足要求、保障措施合理。

（3）质量保证体系及措施：质量控制点分析全面，措施有力。

（4）安全管理体系及措施：体系完整、措施有力、风险评估全面准确，事故应急处理预案全面，有针对性。

（5）消防、保卫、健康体系及措施：体系完整、内容全面、措施有力。

（6）文明施工、环境保护体系及措施：符合地区规定，内容全面。

（7）风险管理体系及措施：管理方案和措施有力。

（8）机械设备配备及保障：能够满足招标文件的要求。

（9）劳动力、材料配置计划及保障：满足人力要求，材料使用计划合理。

（10）项目管理机构及保证体系：岗位设计齐全、明确责任。

（11）施工现场总平面图：现场平面图布置合理，满足文明施工、卫生防疫、消防的要求，相应设备齐全。

3. 经济标书编制

（1）依据招标文件、设计图纸、施工组织设计、市场价格、相关定额及计价方法进行仔细的计算和分析。

（2）应根据招标文件中提供的相关说明和施工图，重新校对工程数量，并根据核对的工程数量确定报价；工程量清单给出的数量只是工程实体的数量，在组价的过程中还需计算施工中所增加的数量，合理的组价必须计算工程数量。

（3）分部分项工程费应按招标文件中分部分项工程量清单项目的特征描述确定综合单价计算。综合单价应考虑招标文件中要求投标人承担的风险费用。招标文件中提供了暂估单价的材料，按暂估的单价计入综合单价。

（4）措施项目清单可做调整。通常招标单位只列出措施费项目或不列项目，投标人应分析研究清单项目，采取必要措施降低投标报价风险。投标人对招标文件中所列项目，可根据企业自身特点和工程实际情况结合施工组织设计对招标人所列的措施项目做适当的增减。

(5) 暂估价中的材料和设备单价应按照招标人在招标工程量清单中列出的单价计入相应清单项目的综合单价中；暂估价中的专业工程金额应按照招标工程量清单中列出的金额计算；计日工应按招标工程量清单中列出的项目，根据工程特点和有关计价依据确定综合单价计算；暂列金额应按照招标工程量清单其他项目费中列出的金额计算，不得修改和调整。

(6) 投标人应按招标人提供的工程量清单填报价格。填写的项目编码、项目名称、项目特征、计量单位、工程量必须与招标人提供的一致。

(7) 根据掌握的有关信息和市场的动态分析，进行必要的调整，最后确定报价。当招标人不设拦标价时，投标人必须在分析竞争对手的基础上测算后决定报价，以期获得较理想的投标结果。

4. 投标报价策略

(1) 投标策略是投标人经营决策的组成部分，从投标的全过程分析主要表现有生存型、竞争型和盈利型。

(2) 组价后还可采取投标报价技巧，以既不提高总价、不影响中标，又能获得较好的经济回报为原则，调整内部各个项目的报价。

(3) 保证质量、工期的前提下，在保证预期的利润及考虑一定风险的基础上确定最低成本价，在此基础上采取适当的投标技巧可以提高投标文件的竞争性。最常用的投标技巧是不平衡报价法。

5. 标书制作与递交

(1) 标书制作

1) 投标文件编制完成后应反复核对，尽量避免涂改、行间插字或删除。

2) 投标文件打印复制后，由投标的法定代表人或其委托代理人签字或盖单位章。签字或盖章的具体要求见投标人须知前附表，包括加盖公章、法人代表签字、注册造价工程师签字盖专用章以及按招标文件要求的密封标志等。

3) 投标文件的正本与副本应分别装订成册，并编制目录，具体装订要求见投标人须知前附表规定。投标文件的正本与副本应分开包装，封套上应清楚地标记“正本”或“副本”字样。投标文件正本一份，副本份数见投标人须知前附表。

4) 按要求对投标文件密封。对投标文件进行密封既是保护投标人的权利又是保护招标人的基本要求。

(2) 标书递交

1) 按照招标文件规定，递交投标文件。

2) 参加开标的授权委托人应携带授权委托书、身份证原件和复印件。

6.2 工程造价管理

6.2.1 设计概算的应用

工程设计概算是初步设计或扩大初步设计阶段，由设计单位按设计内容概略算出该工程立项从开始到交付使用之间全过程发生的建设费用文件。设计单位根据初步设计或扩大初步设计的图纸及说明，利用国家或地区颁发的概算指标、概算定额或综合指标预算定额、设备材料预算价格等资料，按照设计要求，概略地计算建筑物或构筑物的造价文件。其特点是编制工作较为简单，在精度上没有施工图预算准确。采用两阶段设计的建设项目，初步设计阶段必须编制设计概算；采用三阶段设计的，扩大初步设计阶段必须编制修正概算。

1. 设计概算作用与分级

（1）设计概算作用

建设项目设计概算是设计文件的重要组成部分，是确定和控制建设项目全部投资的文件，是编制固定资产投资计划、实行建设项目投资包干、签订承发包合同的依据，是签订贷款合同、项目实施全过程造价控制管理以及考核项目经济合理性的依据。

（2）设计概算分级

通常可分为单位工程概算、单项工程综合概算、建设工程总概算三级。

1）单位工程概算：市政公用工程的单位工程往往包括多个专业的建设内容，如道路、桥梁、给水、排水、供热、燃气、垃圾填埋等专业工程，其单位工程概算包含这些有关专业的工程概算，同时还包含与之配套的设备及安装工程的概算。

2）单项工程综合概算：是确定单项工程所需建设费用的文件，由各单位工程概算汇编而成。当不编制建设项目总概算时，单项工程综合概算除应包括各单位工程概算外，还应列出工程建设其他费用概算。

3）建设工程总概算：是确定整个建设工程从立项到竣工验收所需建设费用的文件。它由各单项工程综合概算、工程建设其他费用以及预备费用概算汇总编制而成。

2. 设计概算应包括的主要内容

（1）编制说明

1）项目概况：简述建设项目的建设地点、设计规模、建设性质（新建、扩建或改建）、工程类别、建设期（年限）、主要工程内容、主要工程量、主要工艺设备及数量等。

2）主要技术经济指标：项目概算总投资（有引进的给出所需外汇额度）及主要分项投资、主要技术经济指标（主要单位投资指标）等。

3）资金来源：按资金来源不同渠道分别说明，发生资产租赁的说明租赁方式及租金。

4）编制依据。

5）其他需要说明的问题。

6）总说明附表：

① 建筑、安装工程工程费用计算程序表。

② 引进设备材料清单及从属费用计算表。

③ 具体建设项目概算要求的其他附表及附件。

（2）概算总投资

1）概算总投资由工程费用、其他费用、预备费及应列入项目概算总投资中几项费用组成。

工程费用（第一部分费用）按单项工程综合概算组成编制，采用二级编制的按单位工程概算组成编制。市政公用建设项目一般排列顺序为：主体建（构）筑物、辅助建（构）

筑物、配套系统；工业建设项目一般排列顺序为：主要工艺生产装置、辅助工艺生产装置、公用工程、总图运输、生产管理服务性工程、生活福利工程、厂外工程。

预备费包括基本预备费和价差预备费；应列入项目概算总投资中的几项费用，一般包括建设期利息、铺底流动资金、固定资产投资方向调节税（暂停征收）等。

2）综合概算以单项工程所属的单位工程概算为基础，采用“综合概算表”进行编制，分别按各单位工程概算汇总成若干个单项工程综合概算。对单一的、具有独立性的单项工程建设项目，按二级编制形式编制，直接编制总概算。

（3）单位工程概算编制

1）单位工程概算是编制单项工程综合概算（或项目总概算）的依据，单位工程概算项目根据单项工程中所属的每个单体按专业分别编制。单位工程概算一般分建筑工程、设备及安装工程两大类。

2）建筑工程概算采用“建筑工程概算表”编制，按构成单位工程的主要分部分项工程编制，根据初步设计工程量按工程所在省、市、自治区颁发的概算定额（指标）或行业概算定额（指标），以及工程费用定额计算。

3）设备及安装工程概算费用由设备购置费和安装工程费组成。

$$\text{定型或成套设备购置费}=\text{设备出厂价格}+\text{运输费}+\text{采购保管费} \tag{6-1}$$

引进设备费用分外币和人民币两种支付方式，外币部分按美元或其他国际主要流通货币计算。

非标准设备原价有多种不同的计算方法，如综合单价法、成本计算估价法、系列设备插入估价法、分部组合估价法、定额估价法等。一般采用不同种类设备综合单价法计算，计算公式如下：

$$\text{设备费}=\sum\text{综合单价（元/t）}\times\text{设备单重（t）} \tag{6-2}$$

工具、器具及生产家具购置费一般以设备购置费为计算基数，按照部门或行业规定的工具、器具及生产家具费率计算。

（4）概算调整

1）设计概算批准后，一般不得调整。由于下列原因需要调整概算时，由建设单位调查分析变更原因，报主管部门审批同意后，由原设计单位核实编制调整概算，并按有关审批程序报批。调整概算的原因：

① 超出原设计范围的重大变更。

② 超出基本预备费规定范围不可抗拒的重大自然灾害引起的工程变动和费用增加。

③ 超出工程造价调整预备费的国家重大政策性的调整。

2）影响工程概算的主要因素已经清楚，工程量完成了一定量后方可进行调整，一个工程项目只允许调整一次概算。

3）调整概算编制深度与要求、文件组成及表格形式同原设计概算，调整概算还应对工程概算调整的原因做详尽分析说明，所调整的内容在调整概算总说明中要逐项与原批准概算对比，并编制调整前后概算对比表，分析主要变更原因。

4）在上报调整概算时，应同时提供有关文件和调整依据。

3. 概算文件的编审程序和质量控制

（1）设计概算文件编制的有关单位应当一起制定编制原则、方法，以及确定合理的概算投资水平，对设计概算的编制质量、投资水平负责。

(2) 项目设计负责人和概算负责人对全部设计概算的质量负责；概算文件编制人员应参与设计方案的讨论；设计人员要树立以经济效益为中心的观念，严格按照批准的工程内容及投资额度设计，提出满足概算文件编制深度的技术资料；概算文件编制人员对投资的合理性负责。

(3) 概算文件需经编制单位自审，建设单位（项目业主）复审，工程造价主管部门审批。

(4) 概算文件的编制与审查人员必须具有国家注册造价工程师资格，或者具有省市（行业）颁发的造价员资格证，并根据工程项目大小按持证专业承担相应的编审工作。

(5) 各造价协会（或者行业）、造价主管部门可根据所主管的工程特点制定概算编制质量的管理办法，并对编制人员采取相应的措施进行考核。

6.2.2 施工图预算的应用

建设项目施工图预算（以下简称施工图预算）是建设工程项目招投标和控制施工成本的重要依据。

1. 施工图预算的作用与组成

(1) 施工图预算的作用

1) 施工图预算对建设单位的作用

① 施工图预算是施工图设计阶段确定建设工程项目造价的依据，是设计文件的组成部分。

② 施工图预算是建设单位在施工期间安排建设资金计划和使用建设资金的依据。

③ 施工图预算是招投标的重要基础，既是工程量清单的编制依据，也是标底编制的依据。

④ 施工图预算是拨付进度款及办理结算的依据。

2) 施工图预算对施工单位的作用

① 施工图预算是确定投标报价的依据。

② 施工图预算是施工单位进行施工准备的依据，是施工单位在施工前组织材料、机具、设备及劳动力供应的重要参考，是施工单位编制进度计划、统计完成工作量、进行经济核算的参考依据。

③ 施工图预算是项目二次预算测算、控制项目成本及项目精细化管理的依据。

(2) 施工图预算编制形式与组成

1) 当建设项目只有一个单项工程时，应采用二级预算编制形式，二级预算编制形式由建设项目总预算和单位工程预算组成。

2) 当建设项目有多个单项工程时，应采用三级预算编制形式，三级预算编制形式由建设项目总预算、单项工程预算、单位工程预算组成。

建设项目总预算是反映施工图设计阶段建设项目投资总额的造价文件，是施工图预算文件的主要组成部分，由组成建设项目的各个单项工程预算和相关费用组成。

单项工程预算是反映施工图设计阶段一个单项工程（设计单元）造价的文件，是总预算的组成部分，由构成该单项工程的各个单位工程施工图预算组成。

单位工程预算是依据单位工程施工图设计文件、现行预算定额以及人工、材料和施工机具台班价格等，按照规定的计价方法编制的工程造价文件。单位工程预算包括建筑工程预算和安装工程预算。建筑工程施工图预算是建筑工程各专业单位工程施工图预算的总称，按其工程性质分为一般土建工程预算、建筑安装工程预算、构筑物工程预算等。

2. 施工图预算的编制方法

(1) 施工图预算的计价模式

1) 传统计价模式，又称为定额计价模式，是采用国家主管部门或地方统一规定的定额和取费标准进行工程计价来编制施工图预算的方法。市政公用工程多年来一直使用定额计价模式，取费标准依据《全国统一市政工程预算定额》和地方统一的市政预算定额。一些大型企业还自行编制企业内部的施工定额，以提升企业的管理水准。

2) 工程量清单计价模式是指按照国家统一的工程量计算规则，工程数量采用综合单价的形式计算工程造价的方法。计价主要依据是市场价格和企业的定额水平，与传统计价模式相比，计价基础比较统一，在很大程度上给了企业自主报价的空间。

(2) 施工图预算编制方法

1) 工料单价法是指分部分项工程单价为直接工程费单价，直接工程费汇总后另加其他费用，形成工程预算价。具体可分成预算单价法、实物法，预算单价法取费依据是《全国统一市政预算定额》和地方统一的市政预算定额。实物法是依据施工图纸和预算定额的项目划分及工程量计算规则，先计算出分部分项工程量，然后套用预算定额（实物量定额）编制施工图预算的方法；但分部分项工程中工料单价应依据市场价格计价。

2) 综合单价法是指分部分项工程单价综合了直接工程费以外的多项费用，依据综合内容不同，还可分为全费用综合单价和部分费用综合单价。我国目前推行的建设工程工程量清单计价其实就是部分费用综合单价，单价中未包括措施费、规费和税金。所以在工程施工图预算编制中必须考虑这部分费用在计价、组价中存在的风险。

3. 施工图预算的应用

(1) 招投标阶段

1) 施工图预算是招标单位编制标底的依据，也是工程量清单编制依据。

2) 施工图预算造价是施工单位投标报价的依据。投标报价时应在分析企业自身优势和劣势的基础上进行报价，以便在市场激烈竞争中赢得工程项目。

(2) 工程实施阶段

1) 施工图预算在施工单位进行工程项目施工准备和编制实施性施工组织设计时，提供重要的参考作用。

2) 施工图预算是施工单位进行成本控制的依据，也是项目部进行成本目标控制的主要依据。

3) 施工图预算也是工程费用调整的依据。工程预算批准后，一般情况下不得调整。在出现重大设计变更、政策性调整及不可抗力等情况时可以调整。调整预算编制深度与要求、文件组成及表格形式同原施工图预算。调整预算还应对工程预算调整的原因做详尽分析说明，所调整的内容在调整预算总说明中要逐项与原批准预算对比，并编制调整前后预算对比表，分析主要变更原因。在上报调整预算时，应同时提供有关文件和调整依据。

6.2.3　工程量清单计价的应用

《建设工程工程量清单计价规范》GB 50500（以下简称《清单计价规范》），于 2013 年 7 月 1 日起颁布实施。

1. 工程量清单计价有关规定

（1）使用国有资金投资的建设工程发承包，必须采用工程量清单计价。

（2）工程量清单应采用综合单价计价。

（3）措施项目中的安全文明施工费必须按国家或省级、行业建设主管部门的规定计算，不得作为竞争性费用。

（4）实行工程量清单计价的招标投标的建设工程项目，其招标标底、投标报价的编制、合同价款确定与调整、工程结算应按《清单计价规范》执行。

（5）《清单计价规范》规定，建设工程发承包及实施阶段的工程造价应由分部分项工程费、措施项目费、其他项目费、规费和税金组成。

1）分部分项工程量清单应采用综合单价法计价。综合单价是完成一个规定计量单位的分部分项工程量清单项目或措施清单项目所需的人工费、材料费、施工机具使用和企业管理费与利润，以及一定范围内的风险费用。

2）招标文件中的工程量清单标明的工程量是投标人投标报价的共同基础，竣工结算的工程量按发、承包双方在合同中约定应予计量且实际完成的工程量确定。

3）措施项目清单计价，可以计算工程量的措施项目应按分部分项工程量清单的方式采用综合单价计价；其余的措施项目可以“项”为单位来计价，应包括除规费、税金外的全部费用。

4）措施项目清单中的安全文明施工费应按照国家或省级、行业建设主管部门的规定计价，不得作为竞争性费用。

5）规费和税金应按国家或省级、行业建设主管部门的规定计算，不得作为竞争性费用。

（6）风险费用隐含于已标价工程量清单综合单价中，用于化解发、承包双方在工程合同中约定内容和范围内的市场价格波动的风险费用。

2. 工程量清单计价及应用

（1）工程投标阶段

1）招标人提供的工程量清单计价中必须明确清单项目的设置情况，除明确说明各个清单项目的名称外，还应阐释各个清单项目的特征和工程内容，以保证清单项目设置的特征描述和工程内容没有遗漏，也没有重叠。

2）招标人提供的工程量清单中必须列出各个清单项目的工程数量，这也是工程量清单招标与定额招标之间的一个重大区别。工程量清单报价为投标人提供一个平等竞争的条件，相同的工程量，由企业根据自身的实力来填报不同的单价，使得投标人的竞争完全属于价格的竞争，其投标报价应反映出企业自身的技术能力和管理能力。

3）工程量清单的表格格式是附属于项目设置和工程量计算的，为投标报价提供一个合适的计价平台，投标人可根据表格之间的逻辑联系和从属关系，在其指导下完成分部组合计价的过程。

4）工程量清单编制依据：

①《建设工程工程量清单计价规范》GB 50500。

② 国家或省级、行业建设主管部门颁布的计价依据和办法。

③ 建设工程设计文件。

④ 与建设工程项目有关的标准、规范、技术资料。

⑤ 招标文件及其补充文件、通知、答疑文件。

⑥ 施工现场情况、工程特点及常规施工方案。

⑦ 其他相关资料。

5）投标人经复核认为招标人公布的招标控制价未按照工程量清单编制依据的规定编制的，应在招标控制价公布后5d内，向招投标监督机构或（和）工程造价管理机构投诉。

6）招标工程以投标截止日前28d，非招标工程以合同签订前28d为基准日，其后国家的法律、法规、规章和政策发生变化影响工程造价的，应按省级或行业建设主管部门或其授权的工程造价管理机构发布的规定调整合同价款。

（2）工程实施阶段

1）分部分项工程量的费用应依据双方确认的工程量、合同约定的综合单价计算；如发生调整的，以发、承包双方确认调整的综合单价计算。

2）施工中进行工程计量，当发现招标工程量清单中出现缺项、工程量偏差，或因工程变更引起工程量增减，应按承包人在履行合同义务过程中完成的工程量计算。

3）施工中出现施工图纸（含设计变更）与工程量清单项目特征描述不符的，且该变化引起工程造价增减变化的，应按照实际施工的项目特征，以规范相关条款的规定重新确定相应工程量清单项目的综合单价，并调整合同价款。

4）因工程量清单漏项或非承包人原因造成的工程变更，造成增加新的工程量清单项目，其对应的综合单价按下列方法确定：

① 合同中已有适用的综合单价，按合同中已有的综合单价确定。

② 合同中有类似的综合单价，参照类似的综合单价确定。

③ 合同中没有适用或类似的综合单价，由承包人提出综合单价，经发包人确认后执行。

5）分部分项工程量清单缺项、非承包人原因的工程变更，引起措施项目发生变化，造成施工组织设计或施工方案变更，原措施费中已有的措施项目，按原有措施费的组价方法调整；原措施费中没有的措施项目，由承包人根据措施项目变更情况，提出适当的措施费变更，经发包人确认后调整。

6）非承包人原因引起的工程量增减，该项工程量变化在合同约定幅度以内的，应执行原有的综合单价；该项工程量变化在合同约定幅度以外的，其综合单价及措施费应予以调整。

7）施工期内市场价格波动超出一定幅度时，应按合同约定调整工程价款；合同没有约定或约定不明确的，应按省级或行业建设主管部门或其授权的工程造价管理机构的规定调整。

8）因不可抗力事件导致的费用，发、承包双方应按以下原则分担并调整工程价款：

① 工程本身的损害、因工程损害导致第三方人员伤亡和财产损失以及运至施工现场用于施工的材料和待安装的设备的损害，由发包人承担。

② 发包人、承包人人员伤亡由其所在单位负责，并承担相应费用。

③ 承包人施工机具设备的损坏及停工损失，由承包人承担。

④ 停工期间，承包人应发包人要求留在施工现场的必要的管理人员及保卫人员的费用，由发包人承担。

⑤ 工程所需清理、修复费用，由发包人承担。

⑥ 工程价款调整报告应由受益方在合同约定时间内向合同的另一方提出，经对方确认后调整合同价款。受益方未在合同约定时间内提出工程价款调整报告的，视为不涉及合同价款的调整。收到工程价款调整报告的一方应在合同约定时间内确认或提出协商意见，否则视为工程价款调整报告已经确认。

9）其他项目费用调整应按下列规定计算：

① 计日工应按发包人实际签证确认的事项计算。

② 暂估价中的材料单价应按发、承包双方最终确认价在综合单价中调整；专业工程暂估价应按中标价或发包人、承包人与分包人最终确认价计算。

③ 总承包服务费应依据合同约定金额计算，如发生调整的，以发、承包双方确认调整的金额计算。

④ 索赔费用应依据发、承包双方确认的索赔事项和金额计算。

⑤ 现场签证费用应依据发、承包双方签证资料确认的金额计算。

3．合同价款调整

在合同价款调整因素出现后，发、承包双方根据合同约定，对合同价款进行变动的提出、计算和确认，一般规定：

（1）法律法规变化。

（2）工程变更。

（3）项目特征不符。

（4）工程量清单缺项。

（5）工程量偏差。

（6）计日工。

（7）物价变化。

（8）暂估价。

（9）不可抗力。

（10）提前竣工（赶工补偿）。

（11）误期赔偿。

（12）索赔。

（13）现场签证。

（14）暂列签证。

（15）发、承包双方约定的其他调整事项。

6.3 工程合同管理

6.3.1 施工阶段合同履约与管理要求

1. 施工项目合同管理

(1) 合同文件组成

合同文件（或称合同）：指合同协议书、中标通知书、投标函及投标函附录、专用合同条款、通用合同条款、技术标准和要求、图纸、已标价工程量清单以及其他合同文件。

1) 合同协议书：承包人按中标通知书规定的时间与发包人签订合同协议书。除法律另有规定或合同另有约定外，发包人和承包人的法定代表人或其委托代理人在合同协议书上签字并盖单位章后，合同生效。

2) 中标通知书：指发包人通知承包人中标的函件。中标通知书随附的澄清、说明、补正事项纪要等，是中标通知书的组成部分。

3) 投标函：指构成合同文件组成部分的由承包人填写并签署的投标函。

4) 投标函附录：指附在投标函后构成合同文件的投标函附录。

5) 技术标准和要求：指构成合同文件组成部分的名为技术标准和要求的文件，以及合同双方当事人约定对其所作的修改或补充。

6) 图纸：指包含在合同中的工程图纸，以及由发包人按合同约定提供的任何补充和修改的图纸，包括配套的说明。

7) 已标价工程量清单：指构成合同文件组成部分的由承包人按照规定的格式和要求填写并标明价格的工程量清单。

8) 其他合同文件：指经合同双方当事人确认构成合同文件的其他文件。

(2) 发包人的义务

1) 遵守法律：发包人在履行合同过程中应遵守法律，并保证承包人免于承担因发包人违反法律而引起的任何责任。

2) 发出开工通知：发包人应委托监理人按照约定向承包人发出开工通知。

3) 提供施工场地：发包人应按专用合同条款约定向承包人提供施工场地，以及施工场地内地下管线和地下设施等有关资料，并保证资料的真实、准确、完整。

4) 协助承包人办理证件和批件：发包人应协助承包人办理法律规定的有关施工证件和批件。

5) 组织设计交底：发包人应根据合同进度计划，组织设计单位向承包人进行设计交底。

6) 支付合同价款：发包人应按合同约定向承包人及时支付合同价款。

7) 组织竣工验收：发包人应按合同约定及时组织竣工验收。

8) 其他义务：发包人应履行合同约定的其他义务。

(3) 承包人的义务

1) 承包人应按合同约定以及监理人的指示，实施、完成全部工程，并修补工程中的任何缺陷。

2）除合同另有约定外，承包人应提供为按照合同完成工程所需的劳务、材料、施工设备、工程设备和其他物品，以及按合同约定的临时设施等。

3）承包人应对所有现场作业、所有施工方法和全部工程的完备性、稳定性和安全性负责。

4）承包人应按照法律规定和合同约定，负责施工场地及其周边环境与生态的保护工作。

5）工程接收证书颁发前，承包人应负责照管和维护工程。工程接收证书颁发时尚有部分未竣工工程的，承包人还应负责该未竣工工程的照管和维护工作，直至竣工后移交给发包人为止。

6）承包人应履行合同约定的其他义务。

（4）合同管理主要内容

1）遵守《中华人民共和国合同法》规定的各项原则，组织施工合同的全面执行；合同管理包括相关的分包合同、买卖合同、租赁合同、借款合同等。

2）必须以书面的形式订立合同、洽商变更和记录，并应签字确认。

3）发生不可抗力使合同不能履行或不能完全履行时，应依法及时处理。

4）依《中华人民共和国合同法》规定进行合同变更、转让、终止和解除工作。

2. 施工项目合同的履约

合同履约是指合同各方当事人按照合同规定，全面履行各自义务，实现各方权利，使各方目的得以实现的行为。作为施工单位来说，合同一旦签订，重要的问题就是如何加强施工合同的管理，以保证合同的顺利完成，合同的工程管理极为重要。

3. 合同变更与评价

（1）合同变更

1）施工过程中遇到的合同变更，如工程量增减，质量及特性变更，工程标高、基线、尺寸等变更，施工顺序变化，永久工程附加工作、设备、材料和服务的变更等，项目负责人必须掌握变更情况，遵照有关规定及时办理变更手续。

2）承包方根据施工合同，向监理工程师提出变更申请；监理工程师进行审查，将审查结果通知承包方。监理工程师向承包方提出变更令。

3）承包方必须掌握索赔知识，在有正当理由和充分证据条件下按规定进行索赔；按施工合同文件有关规定办理索赔手续；准确、合理地计算索赔工期和费用。

（2）合同评价

当合同约定内容完成后，承包方应进行总结与评价，内容应包括：合同订立情况评价、合同履行情况评价、合同管理工作评价、合同条款评价。

6.3.2 工程索赔的应用

工程索赔是在工程合同履行中，合同当事人一方由于另一方未履行合同所规定的义务或者出现了应当承担的风险而遭受损失，但按照合同约定或法律法规规定，应由对方承担责任，因而向对方提出补偿要求的行为。

1. 工程索赔的处理原则

承包方必须掌握有关法律政策和索赔知识，进行索赔须做到：

（1）有正当索赔理由和充分证据。

（2）索赔必须以合同为依据，按施工合同文件有关规定办理。

（3）准确、合理地记录索赔事件并计算索赔工期、费用。

2. 承包方索赔的程序

（1）提出索赔意向通知

索赔事件发生28d内，向监理工程师发出索赔意向通知。合同实施过程中，凡不属于承包方责任导致项目拖延和成本增加事件发生后的28d内，必须以正式函件通知监理工程师，声明对此事件要求索赔，同时仍需遵照监理工程师的指令继续施工，逾期提出时，监理工程师有权拒绝承包方的索赔要求。

（2）提交索赔申请报告及有关资料

发出索赔意向通知后，承包方应抓紧准备索赔的证据资料，包括事件的原因、对其权益影响的资料、索赔的依据，以及其他计算出该事件影响所要求的索赔额和申请工期延期的天数，并在28d内向监理工程师提交索赔申请报告及有关资料。

（3）审核索赔申请

监理工程师在收到承包方送交的索赔报告和有关资料后，在28d内给予答复，或要求承包方进一步补充索赔理由和证据。监理工程师在28d内未给予答复或未对承包方作进一步要求，视为该项索赔已经认可。

（4）持续性索赔事件

当索赔事件持续进行时，承包方应当阶段性地向监理工程师发出索赔意向通知，在索赔事件终了后28d内，向监理工程师提出索赔的有关资料和最终索赔报告。

3. 索赔项目概述及起止日期计算方法

施工过程中主要是工期索赔和费用索赔。

（1）延期发出图纸产生的索赔

接到中标通知书后28d内，承包方有权免费得到由发包方或其委托的设计单位提供的全部图纸、技术规范和其他技术资料，并且向承包方进行技术交底。如果在28d内未收到监理工程师送达的图纸及其相关资料，作为承包方应依据合同提出索赔申请，接中标通知书后第29天为索赔起算日，收到图纸及相关资料的日期为索赔结束日。

由于是施工前准备阶段，该类项目一般只进行工期索赔。

（2）恶劣的气候条件导致的索赔

可分为工程损失索赔及工期索赔。发包方一般对在建项目进行投保，故由恶劣天气影响造成的工程损失可向保险机构申请损失费用；在建项目未投保时，应根据合同条款及时进行索赔。该类索赔计算方法：以恶劣气候条件开始影响的第1天为起算日，恶劣气候条件终止日为索赔结束日。

（3）工程变更导致的索赔

工程施工项目已进行施工又进行变更、工程施工项目增加或局部尺寸、数量变化等。计算方法：承包方收到监理工程师书面工程变更令或发包方下达的变更图纸日期为起算日期，变更工程完成日为索赔结束日。

（4）以承包方能力不可预见引起的索赔

由于工程投标时图纸不全，有些项目承包方无法作正确计算，如地质情况、软基处理等。该类项目一般发生的索赔有工程数量增加或需要重新投入新工艺、新设备等。计算方法：以承包方未预见的情况开始出现的第 1 天为起算日，终止日为索赔结束日。

（5）由外部环境而引起的索赔

属发包方原因，由于外部环境影响（如征地拆迁、施工条件、用地的出入权和使用权等）引起的索赔。

以监理工程师批准的施工计划受到影响的第 1 天为起算日，经发包方协调或外部环境影响自行消失日为索赔事件结束日。该类项目一般进行工期及工程机械停滞费用索赔。

（6）监理工程师指令导致的索赔

以收到监理工程师书面指令时为起算日，按其指令完成某项工作的日期为索赔事件结束日。

（7）其他原因导致的承包方的索赔

视具体情况确定起算日和结束日期。

4. 同期记录

（1）索赔意向书提交后，就应从索赔事件起算日起至索赔事件结束日止，认真做好同期记录。每天均应有记录，并经现场监理工程师的签认；索赔事件造成现场损失时，还应留存好现场照片、录像资料。

（2）同期记录的内容有：事件发生及过程中现场实际状况；导致现场人员、设备的闲置清单；对工期的延误；对工程损害程度；导致费用增加的项目及所用的工作人员、机械、材料数量、有效票据等。

5. 最终报告应包括以下内容

（1）索赔申请表：填写索赔项目、依据、证明文件、索赔金额和日期。

（2）批复的索赔意向书。

（3）编制说明：索赔事件的起因、经过和结束的详细描述。

（4）附件：与本项费用或工期索赔有关的各种往来文件，包括承包方发出的与工期和费用索赔有关的证明材料及详细计算资料。

6. 索赔的管理

（1）由于索赔引起费用或工期的增加，往往成为上级主管部门复查的对象。为真实、准确反映索赔情况，承包方应建立、健全工程索赔台账或档案。

（2）索赔台账应反映索赔发生的原因、索赔发生的时间、索赔意向提交时间、索赔结束时间、索赔申请工期和费用、监理工程师审核结果、发包方审批结果等内容。

（3）对合同工期内发生的每笔索赔均应及时登记。工程完工时应形成完整的资料，作为工程竣工资料的组成部分。

6.3.3 施工合同风险防范措施

1. 合同风险管理目的与内容

（1）合同风险管理的目的

1）由于市政公用工程的特点和建筑市场的激烈竞争，工程承包风险很大，范围很广；其中合同风险管理已成为工程承包成败的主要因素。

2）随着市场经济的发展，合同风险管理已成为衡量承包商管理水平的主要标志之一，也是合同管理的一项重要内容。

(2) 合同风险管理的主要内容

1) 在合同签订前对风险进行全面分析和预测。主要考虑工程实施中可能出现的风险种类；风险发生的可能性，可能发生的时间；风险的影响（即风险如果发生，对施工、工期和成本有哪些影响）。

2) 对风险采取有效的对策和计划，即考虑如果风险发生应采取什么措施予以防止，或降低它的不利影响，为风险作组织、技术、资金等方面的准备。

3) 在合同实施中对可能发生，或已经发生的风险进行有效的控制。采取措施防止或避免风险的发生；有效地转移风险，降低风险的不利影响，减少己方的损失；在风险发生的情况下对工程施工进行有效的控制，保证工程项目的顺利实施。

2. 常见风险种类与识别

(1) 工程常见的风险种类

1) 工程项目的技术、经济、法律等方面的风险。现代工程规模大，功能要求高，需要新技术、新工艺、新设备；承包商面临风险：技术力量、施工力量、装备水平、工程管理水平不足，在投标报价和工程实施过程中存在一些失误；承包商资金供应不足，周转困难；在国际工程中还常常出现对当地法律、语言不熟悉，对技术文件、工程说明和规范理解不正确或误解。

2) 业主资信风险。应对业主的资信进行评价，以控制风险程度（如业主的业绩、管理运作能力、经济状况）；预防因业主无力支付工程款，致使工程被迫中止（业主的信誉差，有意拖欠或少支付工程款；业主因管理运作能力差经常改变设计方案、实施方案，打乱工程施工秩序，但又不愿意给承包商以补偿等）。

3) 外界环境的风险。在国际工程中，工程所在国政治环境的变化（如发生战争、禁运、罢工、社会动乱等造成工程中断或终止）；经济环境的变化（如通货膨胀、汇率调整、工资和物价上涨）；合同所依据的法律变化（如新的法律颁布、国家调整税率或增加新税种、新的外汇管理政策等）；现场条件复杂，干扰因素多；施工技术难度大，特殊的自然环境（如场地狭小、地质条件复杂、气候条件恶劣）；水电供应、建材供应不能保证等；自然环境的变化（如百年未遇的洪水、地震、台风等，以及工程水文、地质条件的不确定性）。

4) 合同风险。工程承包合同中一般都有风险条款和一些明显的或隐含的对承包商不利的条款；合同条款风险管理和控制首先必须在充分评估基础上确定防范措施。

(2) 合同风险因素的识别

1) 合同风险因素的分类

① 按风险严峻程度分为特殊风险（非常风险）和其他风险。

② 按工程实施不同阶段分为投标阶段的风险、合同谈判阶段的风险、合同实施阶段的风险。

③ 按风险的范围分为项目风险、国别风险和地区风险。

④ 从风险的来源性质可分为政治风险、经济风险、技术风险、商务风险、公共关系风险和管理风险等。

2) 合同风险因素的识别

① 政治风险。

② 经济风险。

③ 技术风险。

④ 公共关系风险。

3）合同风险因素的分析

① 在国际工程承包中，由于政治风险要比国内大，情况更复杂，造成损失也会较大。

② 在国际工程承包中，可能遇到的经济风险比较多，受制约面相对较广。

③ 在国内工程总承包中，经济、技术、公共关系等方面风险同时存在，有时会相互制约、发生连带责任关系。

3. 合同风险的管理与防范

（1）合同风险管理与防范应从递交投标文件、合同谈判阶段开始，到工程合同实施完成为止。

（2）管理与防范措施：

1）合同风险的规避

充分利用合同条款；增设保值条款；增设风险合同条款；增设有关支付条款；外汇风险的回避；减少承包方资金、设备的投入；加强索赔管理，进行合理索赔。

2）风险的分散和转移

向保险公司投保；向分包商转移部分风险。

3）确定和控制风险费

工程项目部必须加强成本控制，制定成本控制目标和保证措施。编制成本控制计划时，每一类费用及总成本计划都应适当留有余地。

6.4 施工成本管理

6.4.1 施工成本管理的应用

1. 施工成本管理目的与主要内容

（1）施工成本管理目的

1）面对竞争日益激烈的建设市场，施工企业在向社会提供产品和服务的同时，也需要获得最大的经济效益，必须追求自身经济效益的最大化。企业的全部管理工作的实质是运用科学的管理手段，最大限度地降低工程成本，获取较大利润。

2）随着招投标制度和工程量清单规则的引入，企业间的竞争已逐渐由产品质量竞争过渡到价格竞争，降低成本成为多数企业提高竞争力的主要途径之一。成本管理直接关系到企业的经济效益，直接关系到企业的生存、发展。加强成本管理，减支增效，已成为大多数企业的长期经营战略。

3）施工项目管理的最终目标是建成质量好、工期短、安全的、成本低的工程产品，而成本是各项目标经济效果的综合反映，更是成为项目管理中的重中之重，因此成本管理是项目管理的核心内容。

（2）施工成本管理主要内容

1）按其类型分有计划管理、施工组织管理、劳务费用管理、机具及周转材料租赁费用的管理、材料采购及消耗的管理、管理费用的管理、合同的管理、成本核算等 8 个方面。

2）在工程施工过程中，在满足合同约定条件下，以尽量少的物质消耗和工力消耗来降低成本。

3）把影响施工成本的各项耗费控制在计划范围内，在控制目标成本情况下，开源节流，向管理要效益，靠管理求生存和发展。

4）在企业和项目管理体系中建立成本管理责任制和激励机制。

2. 施工成本管理的流程

施工成本管理是项目管理的核心，是对工程项目施工成本活动过程的管理。这个过程是一项涉及质量、安全、工期、资金、合约、成本等各项管理的综合管理工作。工程项目施工成本管理寓于项目各种管理之中。

（1）施工成本管理流程

施工成本管理的基本流程：成本预测→成本计划→成本控制→成本核算→成本分析→成本考核。

施工成本管理是通过成本预测、成本计划、成本控制、成本核算、成本分析、成本考核的过程管理进行工程项目施工过程的成本控制。通过项目投标和合同签订、项目标价分离、下达项目部目标管理责任书、编制项目部实施计划、进行过程控制、成本计算和分析等一系列项目管理工作、实现工程项目的预期收益。

（2）施工成本管理基本原则

施工项目经理部在对项目施工过程进行成本管理时，必须遵循以下基本原则：

1）领导者推动原则（企业领导和项目经理）

企业领导者是企业成本的责任人，必然是工程项目成本管理的责任人。领导者应该制订工程项目成本管理的方针和目标，组织项目施工管理体系的建立和保持。创造使企业全体员工能充分参与的项目施工成本管理，实现企业成本目标的内部环境。

2）以人为本，全员参与原则

项目成本管理工作是一项系统工程，项目施工的进度、质量、安全、施工技术、物资管理、劳务管理、计划统计、财务管理等一系列管理工作都关联到项目施工成本，因此，工程项目成本管理是项目施工管理的中心工作，必须让全体人员共同参与。只有如此，才能保证项目施工成本管理工作的顺利进行。

3）目标分解，责任明确的原则

项目施工成本管理的工作业绩最终要转化为定量指标，而这些指标的完成是通过各级各个岗位的工作来实现。为明确各级各岗位的成本目标和责任，必须进行指标分解。把总指标进行层层分解，落实到每个人，通过每个指标的完成来保证总目标的实现，使项目施工成本管理落到实处。

4）管理层次与管理内容（对象）一致性原则

相应的管理层次所对应的管理内容和管理权力必须相称和匹配，否则会发生责、权、利不协调的情况，从而导致管理目标和管理结果的扭曲。

5）工程项目成本控制的动态性、及时向、准确性原则

动态性：施工项目成本的构成是随着工程施工的进展而不断变化的，进行项目施工成本控制的过程就是不断调整项目施工成本支出与计划目标的偏差，使项目施工成本支出基本与目标保持一致。这就需要进行项目施工成本的动态控制。它决定了项目施工成本控制不是一次性的工作，而是项目施工全过程的工作。

及时性：项目施工成本控制需要及时、准确地提供成本核算信息，不断反馈，为上级部门、项目经理进行项目施工成本控制提供科学的决策依据。如果信息严重滞后，就失去指导下阶段工作的意义。

准确性：项目施工成本控制所编制的各种成本计划、消耗量计划，统计的各项消耗、各项费用支出，必须准确。如果计划的编制不准确，各项成本控制就失去了基准。如果各项统计不准确，成本核算就反映不了实际状态，可能出现虚赢或虚亏，最终导致决策失误。

确保项目施工成本控制的动态性、及时性、准确性是项目施工成本控制的灵魂。

6）成本管理信息化原则

在信息化网络时代，企业应加大利用信息技术的力度。在国内，已有很多企业在项目成本管理中运用管理信息系统软件。该软件将施工管理中的进度计划、合同、材料、机具、人工、分包、费用控制、财务监控等各项管理资源有机集合在一个系统中，充分利用各种信息资源，对项目的施工成本进行全过程的及时核算与控制，使项目施工成本始终处于受控状态。以达到降低成本，提高效率，增加收益的目的。

6.4.2 施工成本目标控制

根据成本计划，确定成本目标，根据成本目标进行成本控制，是项目成本管理的目的，也是项目施工成本管理是否成功的关键。

成本计划涵盖 4 个层次：一是公司层面负责标价分离的测算工作，项目部参与；二是公司与项目部签订《工程项目管理目标责任书》；三是项目部根据标价分离的结果和目标责任书编制具体指导项目施工的《项目实施计划书》；四是公司以成本计划为依据进行监控与考核。

标价分离：是指将工程项目中标价或合同价（标）与项目目标责任成本（价）分开。

成本控制是通过预结算管理、合同及索赔管理、劳务分包管理、专业分包管理、材料机械管理、临时设施及现场经费管理、工程结算和资金管理等来实现。项目施工成本控制贯穿于施工项目从报价中标到竣工验收的全过程，它是企业全面成本管理的重要环节。

1. 施工成本控制目标

（1）施工成本控制是企业经营管理的永恒主题，项目施工成本控制是项目部项目经理接受企业法人委托履约的重要指标之一。

（2）施工项目成本控制是运用必要的技术与管理手段对直接成本和间接成本进行严格组织和监督的一个系统过程；其目的在于控制预算的变化（降低项目成本，提高经济效益，增加工程预算收入），为项目部负责人管理提供与成本有关的用于决策的信息。

（3）项目经理应对项目实施过程中发生的各种费用支出，采取一系列措施来进行严格的监督和控制，及时纠偏，总结经验，保证企业下达的施工成本目标实现。

2. 施工成本控制主要依据

（1）工程承包合同

施工成本控制要以工程承包合同为依据，围绕降低施工成本的目标，从预算收入和实际成本两方面，努力挖掘增收节支潜力，以求获得最大的经济效益。

（2）施工成本计划

施工成本计划是企业通过编制工程成本计划，分析中标合同收入与预算成本之间的差异，找到有待加强和控制的成本项目，并提出改进措施，用于指导和控制工程项目实际成本的支出。

（3）进度报告

进度报告提供了时限内工程实际完成量以及施工成本实际支付情况等重要信息。施工成本控制工作就是通过实际情况与施工成本计划相比较，找出二者之间的差别，分析偏差产生的原因，从而采取措施加以改进。

（4）工程变更

在工程实施过程中，由于各方面的原因，工程变更是很难避免的。工程变更一般包括设计变更、进度计划变更、施工条件变更、技术规范与标准变更、施工顺序变更、工程数量变更等。一旦出现变更，工程量、工期、成本都将发生变化，从而使得施工成本控制变得复杂和困难。项目施工成本管理人员应通过对变更要求中各类数据的计算、分析，随时掌握变更情况，包括已发生工程量、将要发生工程量、工期是否拖延、支付情况等重要信息，判断变更以及变更可能带来的索赔额度等。

3. 施工成本控制的方法

施工成本控制方法很多，而且有一定的随机性。

（1）理论上的方法

有制度控制、定额控制、指标控制、价值工程和挣值法等。

其中挣值法主要是支持项目绩效管理，最核心的目的就是比较项目实际与计划的差异，关注的是实际中的各个项目任务在内容、时间、质量、成本等方面与计划的差异情况，然后根据这些差异，可以对项目中剩余的任务进行预测和调整。

然而制度控制、定额控制、指标控制、价值工程均为理论方法，实际操作起来有一定难度。

（2）施工成本控制重点

1）劳务分包管理和控制

① 建立劳务分包队伍的注册和考核制度。

② 做好劳务分包队伍的选择和分包合同签订：

合理选择施工队伍，实行以合理低价选择优秀的劳务队伍。

劳务费单价的范围应该在合同中明确规定。

③ 做好劳务分包队伍进场和退场管理。

外施队伍入场前要进行入场及安全教育，施工过程中进行指导、培训与监督。特殊工种培训上岗。退场时，项目部按合同检查分包工程质量，清点分包方退还的证件、工具、材料等，在分包商按计划退场后，办理分包结算及履约手续的退还。

④ 优化对整建制队伍的管理，防止以包代管。

⑤ 规范劳务分包的结算

在工程施工过程中，项目部按分包合同规定与分包方办理进度款结算，分包工程完工后，项目部与分包方办理分包工程最终结算。

2）材料费的控制

① 供应商管理，供应商应该经过资格预审、供应商考察、供应商评审、供应商考核等管理环节。项目部对项目实施过程中所使用物资的供应商建立数据库，以满足物资管理及工程保修的要求。

② 对材料价格进行控制。实行买家控制，在保质保量的前提下，货比三家，择优购料。可以对大宗材料采购，实行竞标制，也可与大型供应商签订长期供货合同。

材料管理人员须经常关注材料价格的变动，并积累系统的市场信息。

③ 材料消耗量的控制。按照成本计划中该项目月度或分部分项施工所需要的材料消耗量，实行限额领料制度。超出限额领料，要分析原因，及时采取纠正措施。加强材料的计量控制，认真计量验收，余料回收，降低料耗水平。此外，可以采取加强现场材料管理，减少材料运输和储存过程中的损耗，控制工序施工质量一次合格，避免返修和增加材料损耗等措施控制材料消耗量。

④ 支架、脚手架、模板等周转材料的控制

周转材料重复使用的次数越多，投入量越小，对降低成本所起的作用越大。周转材料应该配置合理，避免积压或数量不够影响工期。使用完毕后，及时做到退场退料。

⑤ 对建设方提供物资的管理

项目部对建设方物资要做好质量、样品、价格签证确认手续。组织物资进场、验收检验、储存、使用管理及不合格物资管理。项目部对建设方提供物资定期清理，按合同规定对账，办理相应的结算手续。

3）施工机械使用费的控制

施工项目机械设备包括两类：一类是租赁设备，另一类是自有设备。

① 租赁设备机械费的管理主要是控制好租赁合同价格。租赁合同一般在结算期内不变动，关键的问题是控制实际用量。对设备电费的问题等要在合同单价条款中加以明确。

② 自有机械设备的管理。对自有或融资租赁的设备，应根据施工组织设计和施工方案中要求配备的数量，结合工程结构特点和工期要求，合理选择机械的型号规格，充分发挥机械的效能。加强平时的机械维护保养，保证机械完好，提高机械利用率，减少机械成本。

③ 做好机械设备进退场管理。对设备的完好状态、安全及环保性能进行验收。

④ 机械费控制要点：

优化施工方案，通过合理的施工组织、机械调配，提高机械设备的利用率和完好率；及时掌握市场信息，充分利用社会闲置机械资源，从不同角度降低机械台班价格；加强现场设备的维修、保养工作，降低大修、经常性修理等各项费用的开支；项目部设备工程师按机械设备管理规程对设备日常运转进行监督管理。对在用设备的使用台班进行统计。

4. 增值税后进项税抵扣和成本管理直接相关

2016 年 5 月 1 日以后，营业税改增值税工作在建筑业全面实施。增值税管理重点在于采购环节，增值税的进项税额抵扣和成本管理直接相关。

（1）取得发票与采购定价的策略

实行增值税以后，从不同的企业采购取得的增值税专用发票是不一样的，得到的进项税额也不一样，比如，从一般纳税人企业采购材料，取得的增值税专用发票是按照 9%计算增值税额；而从小规模纳税人企业进行采购，采用简易征收办法，征收率一般为 3%，不同的可抵扣进项税额导致不同的增值税额，从而产生的不同城市维护建设税及教育费附加等税负，最终影响企业的利润。因此，在采购环节，企业必须确定供应商是一般纳税人还是小规模纳税人，能否提供增值税专用发票，能提供何种税率的增值税专用发票，进而提出企业的采购价格条件，制定优选后的采购策略。

（2）进项税抵扣必须取得合格的票据

进项税额，是指纳税人购进货物或者接受加工修理修配劳务和应税服务，支付或者负担的增值税额。纳税人取得的增值税扣税凭证不符合法律、行政法规或者国家税务总局有关规定的，其进项税额不得从销项税额中抵扣。也就是说，必须取得合格的票据，相应的增值税进项税额才有可能得到抵扣。

（3）增值税专用发票必须经过认证才允许抵扣

按照规定，增值税一般纳税人取得的增值税专用发票，应自开具之日起 180d 内认证，并在认证通过的次月申报期内，向主管税务机关申报抵扣进项税额。未及时认证和申报抵扣的发票，将不得抵扣该发票进项税额。这就要求企业必须加强采购票据的管理，确保专用发票能够得到及时的认证。

增值税专用发票由基本联次或者基本联次附加其他联次构成，基本联次为三联：发票联、抵扣联和记账联。发票联，作为购买方核算采购成本和增值税进项税额的记账凭证；抵扣联，作为购买方进行认证和留存备查的凭证；记账联，作为销售方核算销售收入和增值税销项税额的记账凭证。

（4）增值税后虚开发票的风险增加

《国家税务总局关于纳税人虚开增值税专用发票征补税款问题的公告》（国家税务总局公告 2012 年第 33 号）规定，纳税人虚开增值税专用发票，未就其虚开金额申报并缴纳增值税的，应按照其虚开金额补缴增值税；已就其虚开金额申报并缴纳增值税的，不再按照其虚开金额补缴增值税。

纳税人取得虚开的增值税专用发票，不得作为增值税合法有效的扣税凭证抵扣其进项税额。

（5）基础工作的规范性影响到进项税额的抵扣

按照有关规定，一般纳税人会计核算不健全，或者不能够提供准确税务资料的，应当申请办理一般纳税人资格认定而未申请的，应当按照销售额和增值税税率计算应纳税额，不得抵扣进项税额，也不得使用增值税专用发票。

纳税人资料不齐全的，其进项税额不得从销项税额中抵扣。纳税人凭中华人民共和国税收通用缴款书抵扣进项税额的，应当向主管税务机关提供书面合同、付款凭证和发票备查，无法提供资料或提供资料不全的，其进项税额不得从销项税额中抵扣。

因此，企业应建立健全并落实内部管理制度，加强基础管理工作，为增值税的纳税管理奠定基础。

6.4.3 施工成本核算与分析

1. 项目施工成本核算

施工成本核算是按照规定的成本开支范围，对施工实际发生费用所做的总计；是对核算对象计算施工的总成本和单位成本。成本核算是对成本计划是否得到实现的检验，它对成本控制、成本分析和成本考核、降低成本、提高效益有重要的积极意义。

（1）项目施工成本核算的对象

施工成本核算的对象是指在计算工程成本中，确定归集和分配产生费用的具体对象，即产生费用承担的客体。成本计算对象的确定，是设立工程成本明细分类账户、归集和分配产生费用以及正确计算工程成本的前提。

单位工程是合同签约、编制工程预算和工程成本计划、结算工程价款的计算单位。按照分批（订单）法原则，施工成本一般应以每一独立编制施工图预算的单位工程为成本核算对象，但也可以按照承包工程的规模、工期、结构类型、施工组织和施工现场等情况，结合成本管理要求，灵活划分成本核算对象。一般而言，划分成本核算对象有以下几种：

1）一个单位工程由多个施工单位共同施工时，各个施工单位均以同一单位工程为成本核算对象，各自核算自行完成的部分。

2）规模大、工期长的单位工程，可以按工程分阶段或分部位作为成本核算对象。

3）同一“建设项目合同”内的多项单位工程或主体工程和附属工程可列为同一成本核算对象。

4）改建、扩建的零星工程，可把开竣工时间相近的一批工程，合为一个成本核算对象。

5）土石方工程、桩基工程，可按实际情况与管理需要，以一个单位工程或合并若干单位工程为成本核算对象。

（2）项目施工成本核算的内容

进行成本核算时，能够直接计入有关成本核算对象的，直接计入；不能直接计入的，采用一定的分配方法分配计入各成本核算对象成本，然后计算出工程项目的实际成本。

1）人工费：包括在施工过程中直接从事建筑安装施工工人的工资、奖金、津贴、劳动保险费、劳动保护费等。人工费计入成本的方法，一般应根据企业实行的具体工资制度而定。在实行计件工资制度时，所支付的工资一般能分清受益对象，应根据“工程任务单”和“工资计算汇总表”将归集的工资直接计入成本核算对象的人工费成本项目中。实行计时工资制度时，在只存在一个成本核算对象或者所发生的工资在各个成本核算对象之间进行分配，再分别计入。

2）材料费：包括在施工生产过程中耗用的构成工程实体的原材料、辅助材料、机械零配件等，以及周转材料等的摊销和租赁费。工程项目耗用的材料，应根据限额领料单、退料单、报损报耗单，大堆材料耗用计算单等计入工程项目成本。凡领料时能点清数量、分清成本核算对象的，应在有关领料凭证（如限额领料单）上注明成本核算对象名称，据以计入成本核算对象。领料时虽能点清数量，但需集中配料或统一下料的，则由材料管理人员或领用部门，结合材料消耗定额将材料费分配计入各成本核算对象。领料时不能点清数量和分清成本核算对象的，由材料管理人员或施工现场保管员保管，月末实地盘点结存数量，结合月初结存数量和本月购进数量，倒推出本月实际消耗量，再结合材料耗用定额，编制“大堆材料耗用计算表”，据以计入各成本核算对象的成本。

3）施工机械使用费：指在施工生产过程中使用的自有施工机械所发生的折旧费、租用外单位施工机械所发生的租赁费、施工机械安装费、拆卸和进出厂费用。从外单位或本企业内部独立核算的机械厂租入施工机械支付的租赁费，直接计入成本核算对象的机械使用费。自有机械费用应按各个成本核算对象实际使用的机械台班数计算所分摊的机械使用费，分别计入不同的成本核算对象成本中。

此外，还有专业分包费、其他直接费、项目部管理费等费用需要直接或者分配计入成本核算对象。

（3）项目施工成本核算的方法

1）表格核算法

建立在内部各项成本核算的基础上，由各要素部门与核算单位定期采集信息，按相关规定填制表格，完成数据比较、考核与简单核算，形成项目施工成本核算体系，作为支撑项目施工成本核算的平台。由于表格核算法具有便于操作和表格格式自由特点，可以根据企业管理方式和要求设置各种表格，因而对项目内各岗位成本的责任核算比较实用。

2）会计核算法

建立在会计核算的基础上，利用会计核算所独有的借贷记账法和收支全面核算的综合特点，按照项目施工成本内容与收支范围，组织项目施工成本核算。其优点是核算严密、逻辑性强、人为调节的因素较小、核算范围较大。但对核算人员的专业水平要求很高。

总的说来，用表格核算法进行项目施工各个岗位成本的责任核算与控制；用会计核算法进行项目成本核算，两者互补，可以确保项目施工成本核算工作的质量。

2. 项目施工成本分析

一方面，施工成本分析，就是根据成本核算提供的资料，对成本形成过程和影响成本升降的因素进行分析，以寻求进一步降低成本的途径，包括成本中的有利偏差的挖掘和不利偏差的纠正；另一方面，通过成本分析，可以透过账簿、报表反映的成本现象看到成本的实质，从而增强成本的透明度和可控性，为加强成本控制，实现成本目标创造条件。

（1）施工成本分析的任务

1）正确计算成本计划的执行结果，计算产生的差异。

2）找出产生差异的原因。

3）对成本计划的执行情况进行正确评价。

4）提出进一步降低成本的措施和方案。

（2）施工成本分析的形式

施工成本分析的内容一般包括以下形式：

1）按施工进展进行的成本分析

包括：分部分项工程分析、月（季）度成本分析、年度成本分析、竣工成本分析。

2）按成本项目进行的成本分析

包括：人工费分析、材料费分析、机械使用费分析、专业分包分析、项目管理费分析。

3）针对特定问题和与成本有关事项的分析

包括：施工索赔分析、成本盈亏异常分析、工期成本分析、资金成本分析、技术组织措施节约效果分析、其他有利因素和不利因素对成本影响的分析。

(3) 成本分析的方法

由于工程成本涉及的范围很广，需要分析的内容很多，应该在不同的情况下采取不同的分析方法。

1) 比较法

比较法又称指标对比分析法，是通过技术经济指标的对比，检查目标的完成情况，分析产生差异的原因，进而挖掘内部潜力的方法。这种方法具有通俗易懂、简单易行、便于掌握的特点，因而得到广泛的应用，但在应用时必须注意各项技术经济指标的可比性。比较法的应用形式有：将实际指标与目标指标对比；本期实际指标与上期实际指标对比；与本行业平均水平、先进水平对比。

2) 因素分析法

因素分析法又称连锁置换法或连环替代法。可用这种方法分析各种因素对成本形成的影响程度。在进行分析时，首先要假定众多因素中的一个因素发生了变化，而其他因素则不变，然后逐个替换，并分别比较其计算结果，以确定各个因素变化对成本的影响程度。

3) 差额计算法

差额计算法是因素分析法的一种简化形式，是利用各个因素的目标值与实际值的差额计算对成本的影响程度。

4) 比率法

比率法是用两个以上指标的比例进行分析的方法。常用的比率法有相关比率、构成比率和动态比率三种。

7 法律法规及相关标准

7.1 道桥工程施工及质量验收的有关规定

7.1.1 道路工程施工及质量验收的有关规定

1. 工程施工有关规定要求

(1) 城镇道路施工中必须建立安全技术交底制度，并对作业人员进行相关的安全技术教育与培训。作业前主管施工技术人员必须向作业人员进行详尽的安全技术交底，并形成文件。

(2) 城镇道路施工中，前一分项工程未经验收合格严禁进行后一分项工程施工。

(3) 人机配合土方作业，必须设专人指挥。机械作业时，配合作业人员严禁处在机械作业和走行范围内。配合人员在机械走行范围内作业时，机械必须停止作业。

(4) 挖方施工应符合下列规定：

挖土时应自上向下分层开挖，严禁掏洞开挖。作业中断或作业后，开挖面应做成稳定边坡。

机械开挖作业时，必须避开构筑物、管线，在距管道边 1m 范围内应采用人工开挖；在距直埋缆线 2m 范围内必须采用人工开挖。

严禁挖掘机等机械在电力架空线路下作业。需在某一侧作业时，垂直及水平安全距离应符合相关规定。

(5) 沥青混合料面层不得在雨、雪天气及环境最高温度低于 5℃时施工。

(6) 道路施工应满足道路结构的强度、稳定性及耐久性要求。

(7) 道路施工应进行必要的施工工艺性能检测、工程质量检验及专项验收，并满足道路防（排）水要求。

(8) 基坑、基槽及道路边坡、挡土墙施工前进行必要的监控量测，合理控制地下水，保障结构安全，同时应保护水环境。

(9) 高填土路基与软土路基施工，应进行沉降观测，在沉降稳定后再进行道路基层施工。

(10) 当面层混凝土弯拉强度未达到 1MPa 或抗压强度未达到 5MPa 时，必须采取防止混凝土受冻的措施，严禁混凝土受冻。

(11) 道路工程施工开放交通应满足下列规定：

1) 热拌沥青混合料路面应待摊铺层自然降温至表面温度低于 50℃后，方可开放交通。

2) 水泥混凝土道路在面层混凝土弯拉强度达到设计强度，且填缝完成前，不得开放交通。

3) 铺砌面层完成后，必须封闭交通，并应湿润养护，当水泥砂浆达到设计强度后，方可开放交通。

2. 工程质量验收有关要求

(1) 各分项工程应按《城镇道路工程施工与质量验收规范》CJJ 1 进行质量控制，各分项工程完成后应进行自检、交接检验，并形成文件，经监理工程师检查签认后，方可进行下一个分项工程施工。

(2) 隐蔽工程在隐蔽前，应由施工单位通知监理工程师和相关单位人员进行隐蔽验收，确认合格，并形成隐蔽验收文件。

7.1.2 桥梁工程施工及质量验收的有关规定

1. 工程施工有关规定要求

(1) 施工单位应按合同规定或经过审批的设计文件进行施工。发生设计变更及工程洽商应按国家现行有关规定程序办理设计变更与工程洽商手续，并形成文件。严禁按未经批准的设计变更进行施工。

(2) 施工中必须建立技术与安全交底制度。作业前主管施工技术人员必须向作业人员进行安全与技术交底，并形成文件。

(3) 浇筑混凝土和砌筑前，应对模板、支架和拱架进行检查和验收，合格后方可施工。

(4) 工程采用的主要材料、半成品、成品、构配件、器具和设备应按相关专业质量标准进行验收和按规定进行复验，并经监理工程师检查认可。凡涉及结构安全和使用功能的，监理工程师应按规定进行平行检测或见证取样检测并确认合格。钢筋应按不同钢种、等级、牌号、规格及生产厂家分批验收，确认合格后方可使用。

(5) 预制构件的吊环必须采用未经冷拉的热轧光圆钢筋制作，不得以其他钢筋替代。

(6) 预应力筋的张拉控制应力必须符合设计规定。

(7) 基坑内地基承载力必须满足设计要求。基坑开挖完成后，应会同设计、勘察单位实地验槽，确认地基承载力满足设计要求。

(8) 在桥墩两侧梁段悬臂施工应对称、平衡。平衡偏差不得大于设计要求。

(9) 悬臂拼装施工时桥墩两侧应对称拼装，保持平衡。平衡偏差应满足设计要求。

(10) 钢梁施工时高强度螺栓终拧完毕必须当班检查。每栓群应抽查总数的 5%，且不得少于 2 套。抽查合格率不得小于 80%，否则应继续抽查，直到合格率达到 80%以上。对螺栓拧紧度不足者应补拧，对超拧者应更换、重新施拧并检查。

(11) 拱桥拱架上浇筑混凝土拱圈，分段浇筑程序应对称于拱顶进行，且应符合设计要求。

(12) 斜拉桥施工过程中，必须对主梁各个施工阶段的拉索索力、主梁标高、塔梁内力及索塔位移量等进行监测，并应及时将有关数据反馈给设计单位，分析确定下一施工阶段的拉索张拉量值和主梁线形、高程及索塔位移控制量值等，直至合龙。

(13) 悬索桥施工过程中，应及时对成桥结构线形及内力进行监控，确保符合设计要求。加劲梁架设前，应将猫道改吊于主缆上，然后解除猫道承重索与塔和锚锭的连接。主缆防护工程完工后，方可拆除猫道。

2. 工程质量验收有关要求

(1) 各分项工程应按《城市桥梁工程施工与质量验收规范》CJJ 2 进行质量控制，各分项工程完成后应进行自检、交接检验，并形成文件，经监理工程师检查签认后，方可进行下一个分项工程施工。

（2）隐蔽工程在隐蔽前，应由施工单位通知监理工程师和相关单位人员进行隐蔽验收，确认合格，并形成隐蔽验收文件。

7.2　轨道交通工程施工及质量验收的有关规定

7.2.1　工程施工有关规定要求

1. 基本规定

（1）工程开工前应按照现行国家标准《地铁工程施工安全评价标准》GB 50715 和《城市轨道交通地下工程建设风险管理规范》GB 50652 的规定进行施工风险评估并制定安全应急预案。

（2）施工现场宜设立试验室，负责对混凝土等材料的检验和控制，当土建或设备试验、检验需要对外委托时，受托单位应具有相应的专业资质。

（3）当采用新技术、新工艺、新材料、新设备时，应有认证、鉴定、评估或推广证书方可使用。

（4）人防段土建结构宜在人防门框安装后，绑扎门框墙钢筋，门框和门框墙钢筋、预埋件、吊环验收合格后方可支立模板和浇筑混凝土。

（5）工程所用的原材料、预制品等应有合格证和出厂质量证明等资料。

（6）设备进场验收应符合下列规定：

1）设备应有合格证，实行安全认证制度的系统应有安全认证标志或文件。

2）应保证外观完好，产品应无损伤、变形、瑕疵和锈蚀。

3）设备及配件进入施工现场应有清单、使用说明书、质量合格证明文件、国家法定质检机构的检验报告等文件。

4）进口产品应提供原产地证明、商检证明，配套的质量合格证明、检测报告及安装、使用及维护说明书，文件应为中文文本或附中文译文。

2. 风险控制的规定

（1）施工准备阶段应完成工程安全风险评估，并应列出风险因素清单。

（2）施工过程中应进行动态风险评估。

（3）施工准备阶段安全风险评估：

1）施工单位应依据岩土工程勘察报告、环境条件、施工图设计文件和补充调查资料进行安全风险评估。

2）施工图设计阶段应列出风险因素清单，并应完成Ⅱ级及以上工程风险评估报告和专项设计文件。

3）施工单位应对Ⅱ级及以上工程风险，编制对应的分部或分项工程专项安全施工方案和监控量测方案，并应进行专家评审或论证。

4）各参建单位宜将风险因素清单、风险评估报告、专项安全施工方案和监控量测方案在开工前传输到信息平台。

（4）施工过程安全风险控制：

1）施工过程中应对作业面进行远程视频监控，宜对施工现场100%覆盖。

2）矿山法开挖过程中应对掌子面的实际地层状况进行记录。当工程地质和水文地质与岩土工程勘察报告出现较大偏差时，应根据实际工程地质情况重新进行安全风险评估。

3）参建各方应根据监测数据，分析测点累计变化值和变化速率，绘制累计变化值随时间的变化曲线，预测监测数据发展趋势。应结合现场巡视状况，对工程自身风险、地质水文风险和周边环境风险进行动态风险评估，判定工程安全风险状态，适时发布风险预警。

4）施工过程工程安全风险预警类型应分为监测预警、巡视预警和综合预警。监测预警、巡视预警和综合预警等级由低到高宜分为三级，分别为黄色、橙色和红色。综合预警应依据监测数据和现场巡视综合确定。

5）当风险达到预警标准时，安全风险监控信息平台应向参建各方发布预警信息。

6）应按照风险预警等级分级响应，预警首次响应行动应符合下列时限要求：

发生监测预警或巡视预警，应在24h内对预警做出响应。

发生黄色综合预警，应在12h内做出响应；发生橙色综合预警，应在6h内做出响应；发生红色综合预警，应在2h内做出响应。

3. 明挖法施工的规定

（1）围护结构的放样、定位应准确，同时应根据机械设备等情况考虑适当外放。

（2）围护结构施工前，应对桩位或墙位挖探坑，确保无地下管线和障碍物后方可施工。

（3）围护结构采用水下灌注混凝土时，混凝土强度等级应提高一个等级。混凝土灌注宜高出设计文件规定的标高300～500mm。冬期施工时，桩（墙）顶混凝土未达到设计文件规定强度等级的40%时不得受冻。

（4）主体基坑开挖应水平分段、竖向分层依次开挖，土方开挖水平分段长度应依据设计文件规定的结构流水段长度划分，设计文件无要求时，宜为12～16m；开挖应与结构施工配合，并应符合设计文件要求。

（5）钢筋绑扎：

1）绑扎接头保证搭接长度不小于35d，绑扎接头受拉区不超过25%。

2）钢筋搭接时，中间和两端共绑扎3处，并应单独绑扎后，再和交叉钢筋绑扎。

3）主筋和分布筋，除变形缝、施工缝处2～3列交叉点全部绑扎外，其他可间隔绑扎。

4）主筋之间或双向受力钢筋交叉点应全部绑扎。

5）单肢箍筋和双肢箍筋拐角处与主筋交叉点应全部绑扎，平直部分与主筋交叉点可间隔绑扎。

6）墙、柱竖向钢筋与底板水平主筋交叉点应绑扎牢固，悬臂超过2m时，交叉点宜焊接，并宜增加临时支撑。

7）钢筋网片除外围两行钢筋交叉点全部绑扎外，中间部分交叉点可间隔交错绑扎牢固。

8）钢筋绑扎接头与钢筋弯曲处相距不应小于10倍主筋直径，也不宜位于最大弯矩处。

9）梁板在绑扎双层钢筋时，应设置马凳钢筋。马凳钢筋直径不宜小于 22mm，间距应符合设计文件或方案要求。

（6）混凝土浇筑：

1）垫层混凝土应沿线路方向浇筑，混凝土布设应均匀。

2）底板混凝土应沿线路方向分层浇筑。混凝土浇筑至高程且初凝前，应用表面振捣器振后抹面。

3）墙体单独浇筑时，应水平分层连续浇筑，分层厚度宜为 500mm。墙体高度大于 3m 时应设串筒，防止混凝土离析。浇筑高度应留有混凝土沉降量。

（7）墙体和中板（顶板）混凝土一体浇筑时应符合下列规定：

1）墙体混凝土应左右对称、水平、分层连续浇筑，两侧高差不宜大于 500mm，浇筑至墙板交界处应间歇 1～1.5h，再浇筑顶板混凝土。

2）中板（顶板）混凝土应由两边墙分别向中间方向浇筑。混凝土浇筑至板顶设计文件规定的高程时，在初凝前应用表面振捣器振捣一遍后再人工抹面。

4．盖挖法施工的规定

（1）盖挖逆作法跨中需要设竖向支承时，宜利用永久结构柱或墙；盖挖顺作法跨中需要设竖向支承时，宜设临时支承柱或桩。跨中竖向支承结构应与围护结构同时施工。

（2）铺盖体系用于交通导改或解决施工场地等问题时，应进行专项设计，其受力除应满足自身荷载外，还应满足车辆、行人动荷载及施工机具、材料堆放等施工荷载的要求。

（3）盖挖顺作法铺盖体系设置标高应满足主体结构顶板施工净空、管线改移埋设等需求。

（4）盖挖顺做法铺盖板拆除应按安装顺序后装先拆，先装后拆，临时支撑柱在铺盖板拆除后进行拆除。

5．矿山法施工的规定

（1）工程开工前，应核对地质资料，调查沿线地下管线、各构筑物及地面建筑物基础等，并制定保护措施。

（2）隧道施工应制定施工全过程的监控量测方案及工程应急处理预案。当施工前方地质出现异常变化迹象或接近围岩重要分界线时，应及时探明隧道的工程地质和水文地质情况后方可继续开挖。

（3）隧道施工应采取必要的安全措施，保护施工人员身体健康和安全。

（4）隧道施工应进行地质预测、预报，实施动态管理。

（5）矿山法隧道采用钻爆法施工时，应编制爆破方案，并应符合现行国家标准《爆破安全规程》GB 6722 的规定。

（6）矿山法施工开挖后应及时施作初期支护并封闭，当开挖面围岩稳定时间不能满足初期支护结构施工时，应采取超前支护及加固措施。

（7）隧道初期支护、二次衬砌完成后，均应进行贯通测量。

（8）矿山法施工应在无水条件下进行，需要采取降水或止水措施时，应符合相关规定。

（9）矿山法隧道内的施工机械、设备宜采用电动，采用内燃动力的废气排放应符合现行国家标准《大气污染物综合排放标准》GB 16297 的要求。

6. 盾构法施工的规定

（1）盾构法隧道施工应具有施工管理体系，应建立质量控制和检验制度，并应采取安全和环境保护措施。

（2）盾构施工专项施工方案和应急预案应根据盾构类型、地质条件和工程实践制定。

（3）钢筋混凝土管片进场时的混凝土强度、抗渗等级等性能和管片结构性能应符合设计要求。钢筋混凝土管片外观质量不应有严重缺陷。钢管片外观不应有裂缝。

（4）盾构掘进应根据隧道工程地质和水文地质条件、隧道埋深、线路平面与坡度、周边环境、施工监测成果、盾构姿态以及试掘进阶段的掘进数据，确定和及时调整刀盘转速、掘进速度和仓内压力等参数。盾构掘进施工应严格控制排土量、盾构姿态和地表沉降。

（5）浅覆土层地段施工应控制掘进参数和盾构姿态。

（6）在富水稳定岩层掘进时，应采取防止管片上浮、偏移或错台的措施。

（7）管片拼装前，管片防水密封材料的粘贴效果应验收合格。

（8）壁后注浆应根据工程地质条件、地表沉降状态、环境要求及设备性能等选择注浆方式。管片与地层间隙应填充密实。壁后注浆过程中，应采取减少注浆施工对周围环境影响的措施。

（9）隧道防水应包括管片自防水、管片接缝防水和特殊部位防水。遇水膨胀防水材料在运输、存放和拼装前应采取防雨、防潮措施。隧道渗漏水处理应符合现行国家标准《地下工程防水技术规范》GB 50108 的规定。

7.2.2 工程质量验收有关要求

1. 一般规定

（1）城市轨道交通建设工程质量验收应按检验批、分项工程、分部及子分部工程、单位及子单位工程、项目工程和竣工验收的顺序进行验收。

（2）工程质量验收的前提条件为施工单位自检合格，验收时施工单位对自检中发现的问题已完成整改。

（3）参加工程质量验收的各方人员资格包括岗位、专业和技术职称等要求，具体的要求符合国家、行业和地方有关法律、法规的规定，保证参加验收等各方人员的专业性和代表性。

（4）主控项目和一般项目的划分要符合各专业验收的规定。

（5）见证检验的项目、内容、程序、抽样数量等按相关标准具体规定进行。

（6）隐蔽工程在隐蔽后难以检验，因此规定隐蔽工程在隐蔽前进行验收。

（7）涉及结构安全、使用功能、节能、环境保护的分部工程，抽验检验和实体检验结果符合相关的规定。

（8）观感质量通过观察和简单的测试确定。观感质量的综合评价结果由验收各方共同确定并达成一致，对影响观感及使用功能或质量评价为差的项目要进行返修。

2. 单位工程、子单位工程宜按下列规定划分

（1）车站的单位、子单位工程划分宜符合下列规定：

1）每座独立的车站宜划分为一个单位工程。

2）分属于不同线路的换乘站的车站工程、同一车站采用不同工法施工的区段、不同期实施施工的车站工程、车站每个出入口或风道等附属结构工程宜划分为子单位工程。

(2) 区间的单位、子单位工程划分宜符合下列规定：

1）每段独立的区间宜划分为一个单位工程。

2）同一区间采用不同工法施工的区段、区间附属工程、同一区间不同期实施施工的区段、同一区间划分为不同施工标段的区段宜划分为子单位工程。

(3) 车辆基地的单位、子单位工程划分宜符合下列规定：

1）每座车辆段、停车场或车辆基地宜划分为一个单位工程。

2）车辆段、停车场或车辆基地内具有独立使用功能单体工程、工艺设备安装、道路及环境、管线等附属工程宜分别划分为子单位工程。

(4) 轨道工程的单位、子单位工程划分宜符合下列规定：

1）轨道工程宜为一个单位工程。

2）分期施工的、分标段施工的、场段范围内的轨道工程宜分别划分为子单位工程。

(5) 通信、信号、供电等独立的线性工程宜各划分为一个单位工程，子单位工程的划分宜符合下列规定：

1）分期施工的、分标段施工的、场段范围内的通信、信号、供电工程宜分别划分为子单位工程。

2）专用通信系统、公安通信系统、民用通信系统宜各划分为一个子单位工程。

3）每座主变电站（所）工程宜划分为子单位工程。

(6) 具有独立功能的火灾自动报警、环境与设备监控、综合监控、站台屏蔽门、自动售检票等系统宜按整个项目工程各为一个单位工程；分期施工的、分标段施工的上述工程宜划分为一个子单位工程。

3. 分部工程、分项工程和检验批

分部工程、分项工程和检验批划分应符合现行国家标准《建筑工程施工质量验收统一标准》GB 50300 规定。

4. 工程质量验收要求

(1) 检验批验收应包括下列内容：

1）对工程实体和原材料、构配件和设备的实物检验

2）工程实体和原材料、构配件和设备的资料检查。

(2) 检验批质量验收合格应符合下列规定：

1）主控项目的质量经抽样检验应全部合格。

2）一般项目的质量经抽样检验应合格。当采取计数检验时，一般项目的合格点率应达到 80%以上，且不合格点的最大偏差值不应大于规定允许偏差的 1.5 倍，钢结构工程不合格点的最大偏差值不应大于规定允许偏差的 1.2 倍。

3）应具有完整的施工操作依据、质量验收记录。

(3) 分项工程、分部及子分部工程的质量验收应符合现行国家标准《建筑工程施工质量验收统一标准》GB 50300 的规定。

(4) 单位工程验收组织：

1）施工单位对单位工程质量自验合格后，总监理工程师应组织专业监理工程师，依据有关法律、法规、工程建设强制性标准、设计文件及施工合同，对施工单位报送的验收资料进行审查后，组织单位工程预验。单位工程各相关参建单位须参加预验。

2）单位工程验收由建设单位组织，勘察、设计、施工、监理等各参建单位的项目负责人参加，组成验收小组。

3）建设单位应对验收小组主要成员资格进行核查。

4）建设单位应制定验收方案，验收方案的内容应包括验收小组人员组成、验收方法等。方案应明确对工程质量进行抽样检查的内容、部位等详细内容，抽样检查应具有随机性和可操作性。

5）建设单位应当在单位工程验收7个工作日前，将验收的时间、地点及验收方案书面报送工程质量监督机构。

（5）单位工程验收内容应符合下列规定：

1）完成工程设计和合同约定的各项内容，对不影响运营安全及使用功能的缓建项目已经相关部门同意。

2）质量控制资料应完整。

3）单位工程所含分部工程的质量均应验收合格。

4）有关安全和功能的检测、测试和必要的认证资料应完整；主要功能项目的检验检测结果应符合相关专业质量验收规范的规定；设备、系统安装工程需通过各专业要求的检测、测试或认证。

5）有勘察、设计、施工、工程监理等单位签署的质量合格文件或质量评价意见。

6）检查单位工程实体质量（涉及运营安全及使用功能的部位应进行抽样检测）。

7）观感质量应符合验收要求。

8）有关部门责令整改的问题已经整改完毕。

（6）项目工程验收组织：

1）城市轨道交通建设项目工程验收工作由建设单位组织，各参建单位项目负责人以及运营单位、负责专项验收的城市政府有关部门代表参加，组成验收组。

2）建设单位应对验收组主要成员资格进行核查。

3）建设单位应制定验收方案，验收方案的内容应包括验收组人员组成、验收方法等。

4）建设单位应当在项目工程验收7个工作日前，将验收的时间、地点及验收方案书面报送工程质量监督机构。

（7）项目工程质量验收内容应符合下列规定：

1）项目所含的单位及子单位工程均应完成验收。

2）对不影响运营安全及使用功能的缓建、缓验项目应经相关部门同意。

3）单位工程验收中提出的问题应已整改完成。

4）设备系统经联合调试应符合运营整体功能要求。

5）应已通过对试运营有影响的专项验收。

（8）竣工质量验收组织：

1）城市轨道交通建设工程竣工验收由建设单位组织，各参建单位项目负责人以及运营单位、负责规划条件核实和专项验收的城市政府有关部门代表参加，组成验收委员会。

2）建设单位应对验收组主要成员资格进行核查。

3）建设单位应制定验收方案，验收方案的内容应包括验收委员会人员组成、验收内容及方法等。

4）验收委员会可按专业分为若干专业验收组。

5）建设单位应当在竣工验收7个工作日前，将验收的时间、地点及验收方案书面报送工程质量监督机构。

（9）竣工质量验收内容应符合下列规定：

1）项目工程质量验收中提出的问题应已整改完成。

2）应已完成至少3个月的空载试运行。

3）空载试运行过程中发现的问题应已整改完成，并应有试运行总结报告。

4）应已完成全部专项验收。

城市轨道交通建设工程竣工验收由建设单位组织，各参建单位项目负责人以及运营单位、负责规划条件核实和专项验收的城市政府有关部门代表参加，组成验收委员会。

7.3 管道工程施工及质量验收的相关规定

7.3.1 给水排水管道工程施工及质量验收的相关规定

1. 工程所用材料产品的规定

工程所用的管材、管道附件、构（配）件和主要原材料等产品进入施工现场时必须进行现场验收并妥善保管。进场验收时应检查每批产品的订购合同、质量合格证书、性能检验报告、使用说明书、进口产品的商检报告及证件等，并按国家相关标准规定进行复检，验收合格后方可使用。

2. 给水管道功能性试验的规定

给水管道必须水压试验合格，并网运行前进行冲洗与消毒，经检验水质达到标准后，方可允许并网通水投入运行。管道第一次冲洗应用清洁水冲洗至出水口水样浊度小于3NTU为止，冲洗流速应大于1.0m/s；在第一次冲洗后，用有效氯离子含量不低于20mg/L的清洁水浸泡24h，然后再用清洁水进行第二次冲洗，直至水质检验、管理部门取样化验合格为止。

3. 特殊地区排水管道功能性试验的规定

污水、雨污合流管道及湿陷土、膨胀土、流砂地区的雨水管道，必须经严密性试验合格后方可投入运行。

7.3.2 城镇供热管道工程施工及质量验收的相关规定

1. 关于管道安装有限空间作业的相关规定

在有限空间内作业应制定作业方案，作业前必须进行气体检测合格后方可进行现场作业。作业时的人数不得少于2人。

2. 预制直埋管道气密性检验的相关规定

预制直埋管道现场安装完成后，必须对保温材料裸露处进行密封处理。接头外护层安装完成后，必须全部进行气密性检验并应合格。气密性检验应在接头外护管冷却到 40℃以下进行。气密性检验的压力应为 0.02MPa，保压时间不应小于 2min，压力稳定后应采用涂上肥皂水的方法检查，无气泡为合格。

7.3.3 城镇燃气管道工程施工及质量验收的相关规定

1. 关于埋地钢管防腐层检验的相关规定

管道下沟前必须对防腐层进行 100%的外观检查，回填前应进行 100%的电火花检漏，回填后必须对防腐层完整性进行全线检查，不合格必须返工处理直至合格。

2. 关于燃气管道穿（跨）越顶管施工的相关规定

燃气管道顶管施工中，采用钢管时，燃气钢管的焊缝应进行 100%射线照相检验；采用 PE 管时，应先做相同人员、工况条件下的焊接试验。

3. 关于燃气管道穿（跨）越定向钻施工的相关规定

燃气管道定向钻施工时，燃气钢管的焊缝应进行 100%射线照相检验，在用导向钻回拖过程中，应根据需要不停注入配置的泥浆，燃气钢管的防腐应为特加强级，敷设曲率半径应满足管道强度要求，且不得小于钢管外径的 1500 倍。

4. 关于聚乙烯燃气管道施工及验收的相关规定

根据《聚乙烯燃气管道工程技术标准》CJJ 63 规定，聚乙烯管道和钢骨架聚乙烯复合管道严禁用于室内地上燃气管道和室外明设燃气管道；上述两种管材与管件连接时，必须根据不同连接形式选用专用的连接机具，不得采用螺栓连接或粘结，连接时严禁采用明火加热；进行强度试验和严密性试验时，所发现的缺陷，必须待试验压力降至大气压后进行处理，处理合格后应重新进行试验。

7.4 场站工程施工及质量验收的相关规定

7.4.1 给水排水场站工程施工及质量验收的相关规定

1. 关于管道穿过水处理构筑物墙体施工的相关规定

根据《给水排水构筑物工程施工及验收规范》GB 50141 第 6.1.9 条规定，管道穿过水处理构筑物墙体时，穿墙部位施工应符合设计要求，设计无要求时可预埋防水套管，防水套管的直径应至少比官道直径大 50mm。待管道穿过防水套管后，套管与管道空隙应进行防水处理。

2. 关于设备安装施工的相关规定

根据《给水排水构筑物工程施工及验收规范》GB 50141 第 3.1.16 条第 3 款规定，设备安装前应对有关设备基础、预埋件、预留孔的位置、高程、尺寸等进行复核。

7.4.2 供热场站工程施工及质量验收的相关规定

1. 关于站内设备及管道安装工程安装前检查的相关规定

根据《城镇供热管网工程施工及验收规范》CJJ 28 第 6.1.8 条规定，站内管道、设备、管路附件安装前需进行检验和记录。检验项目包括：说明书和产品合格证；箱号、箱数及包装情况；名称、型号及规格；装箱清单、测试单、材质单、出厂检验报告、技术文件资料及专用工具；有无缺损件，表面有无损坏和锈蚀等；其他需要记录的情况。

2. 关于站内管道临时封闭措施的相关规定

站内管道安装过程中，当临时中断安装时应对管口进行临时封闭；中继泵站、热力站施工完成后，与外部管线连接前，管沟或套管应采取临时封闭措施。

7.4.3 燃气场站工程施工及质量验收的相关规定

根据《城镇燃气输配工程施工及验收规范》CJJ 33 第 11.1.1 条规定，燃气场站内燃气管道吹扫和强度试验需符合下列规定：场站内管道吹扫的强度试验应符合规定；埋地管道的严密性试验应符合规定；地上管道的严密性试验的试验压力应为设计压力，且不得小于 0.3MPa；试验时压力应缓慢上升到规定值，采用发泡剂进行检查，无渗漏为合格。

7.5 工程测量及监控量测的有关规定

7.5.1 工程测量的有关规定

1. 一般规定

(1) 工程测量工作必须编制测量方案，并严格按照方案执行。

(2) 为保证工程质量要求，测量人员必须持证上岗；测量仪器设备精度及数量必须满足工程建设要求，仪器检定证书需真实有效且在检定期内，应按时对仪器进行自检并做好相应的记录。

(3) 测量数据的各项技术指标应满足现行国家标准《工程测量规范》GB 50026 的相关要求。

(4) 应用新技术新设备要符合相关的行业标准和规定。

2. 卫星定位测量的主要技术要求

根据《工程测量规范》GB 50026 第 3.2.1 条规定，各等级卫星定位测量控制网的主要技术指标，应符合表 7-1 的规定。

卫星定位测量控制网的主要技术指标 **表 7-1**

等级	平均边长(km)	固定误差 A(mm)	比例误差系数 B(mm/km)	约束点间的边长相对中误差	约束平差后最弱边相对中误差
二等	9	≤10	≤2	≤1/250000	≤1/120000
三等	4.5	≤10	≤5	≤1/150000	≤1/70000
四等	2	≤10	≤10	≤1/100000	≤1/40000
一级	1	≤10	≤20	≤1/40000	≤1/20000
二级	0.5	≤10	≤40	≤1/20000	≤1/10000

3. 导线测量的主要技术要求

(1) 根据《工程测量规范》GB 50026 第 3.3.1 条规定，各等级导线测量的主要技术要求应符合表 7-2 的规定。

导线测量的主要技术指标 **表 7-2**

等级	导线长度(km)	平均边长(km)	测角中误差(")	测距中误差(mm)	测距相对中误差	测回数		方位角闭合差(")	相对闭合差
						DJ1	DJ2		
三等	14	3	1.8	20	≤1/150000	6	0	$3.6\sqrt{n}$	≤1/55000
四等	9	1.5	2.5	18	≤1/80000	4	6	$5\sqrt{n}$	≤1/35000
一级	4	0.5	5	15	≤1/30000	—	2	$10\sqrt{n}$	≤1/15000
二级	2.4	0.25	8	15	≤1/14000	—	1	$16\sqrt{n}$	≤1/10000

注：1. 表中 n 为测站数。

2. 当测区测图的最大比例尺为 1∶1000，二级导线的导线长度、平均边长可适当放长，但最大长度不应大于表中规定相应长度的 2 倍。

(2) 当导线平均长度较短时，应控制导线边数不超过表 7-2 相应等级导线长度和平均边长算得的边数；当导线长度小于表 7-2 规定长度的 1/3 时，导线全长的绝对闭合差不应大于 13cm。

(3) 导线网中，结点与结点、结点与高级点之间的导线段长度不应大于表 7-2 中相应等级规定长度的 0.7 倍。

4. 水准测量的主要技术要求

根据《工程测量规范》GB 50026 第 4.2.1 条规定，水准测量的主要技术要求应符合表 7-3 的规定。

水准测量的主要技术要求 **表 7-3**

等级	每千米高差全中误差(mm)	路线长度(m)	水准仪的型号	水准尺	观测次数		往返较差、附合或环线闭合差	
					与已知点联测	附合或环线	平地(mm)	山地(mm)
三等	6	≤50	DS1	因瓦	往返各一次	往一次	$12\sqrt{L}$	$4\sqrt{n}$
			DS3	双面		往返各一次		
四等	2	—	DS1	因瓦	往返各一次	往返各一次	$4\sqrt{L}$	—

注：1. 结点之间或结点与高级点之间，其路线的长度，不应大于表中规定的 0.7 倍。

2. L 为往返测段、附合或环线的水准路线长度（km）；n 为测站数。

3. 数字水准仪测量的技术要求和同等级的光学水准仪相同。

7.5.2 监控量测的有关规定

1. 一般规定

(1) 目前除地铁工程、管廊工程 、穿越工程、基坑工程外，根据《住房城乡建设部办公厅关于实施〈危险性较大的分部分项工程安全管理规定〉有关问题的通知》（简称 31 号文）要求，满足以下条件的基坑工程也应进行监控量测：

1) 开挖深度超过 3m（含 3m）的基坑（槽）的土方开挖、支护、降水工程。

2) 开挖深度虽未超过 3m，但地质条件、周围环境和地下管线复杂，或影响毗邻建、构筑物安全的基坑（槽）的土方开挖、支护、降水工程。

(2) 监控量测工作应编制专项施工方案，内容包括工程概况、水文地质情况、测点布设、监测方法、监测项目及频率、监测人员、仪器设备、数据采集分析、预警机制、安全保证措施等项目。

(3) 地铁工程、管廊工程监控量测工作应满足《城市轨道交通工程监测技术规范》GB 50911 及《地铁工程监控量测技术规程》DB11/490 的相关规定。

(4) 基坑工程监控量测工作应满足《建筑基坑工程监测技术规范》GB 50497 的相关规定。

2. 相关要求

(1) 根据《工程测量规范》GB 50026 第 10.5.8 条规定，对于建（构）筑物沉降观测，将变形量 0.02mm/d 作为统一的终止观测稳定指标值。

(2) 监测数据要及时准确的报送给相关人员。

(3) 监测表格要经各方审批确认后方可使用。